JN103758

ライブラリ データ科学 2

データ科学入門 II

特徴記述・構造推定・予測 ―― 回帰と分類を例に

松嶋敏泰 監修
早稲田大学データ科学教育チーム 著

サイエンス社

「ライブラリ データ科学」について

本ライブラリでは，データ科学を統一的視点から体系化することで，データ科学を総合的に体系的に学べる教育プログラムを目指して構成されている．以下で述べるように，データ科学は，分野を問わずすべての方に身につけてもらいたい，データからの論理的な意思決定の考え方であると同時に具体的方法論でもある．このデータ科学の重要性を理解し，興味を持って学んでいただくことが，このライブラリの一つの目的ともいえる．

【データ科学とは何か，なぜ重要か —科学的方法としてのデータ科学—】

本ライブラリでは，データ科学とは何か，なぜ重要であるかという問いに対して，科学的方法の視点からデータ科学を考えている．科学的方法の一つの定義として「事実/証拠/データから論理的な推論により明確な決定（結論）を得る方法」がある．この論理的な推論の数理的方法論として，統計学が歴史的に担ってきた役割は大きく，近代統計学の発展に貢献したカール・ピアソン（K. Pearson）の“The Grammar of Science”等においても論じられている．

科学的方法によって結論を導くことは，科学や研究という領域に限らず，様々な状況において人間が行う意思決定としても望ましい方法と考えられる．国家の政策や経営の戦略などの大きなことから，目的地までのルート選択等の日常の小さいことまで，我々は常に意思決定を行っているといえる．これらの様々な問題に対しても，データからの科学的方法による意思決定が可能ならば，より望ましいと考えられる．

近年この科学的方法とその対象範囲に変化が生じてきている．大きな影響を与えた要因として情報・通信の理論・技術の進歩やインフラの発展があげられる．これにより科学的方法の１つ目のポイントであるデータの獲得において，数値のみならずテキスト，音声，画像等のデータの種類の多様化と，収集できる範囲と量が飛躍的に拡大された．さらに２つ目のポイントである論理的推論については，情報処理の理論・技術の進歩を背景に統計学とは異なった視点から発展してきた人工知能，機械学習，データマイニング等の理論と技術により，より多角的考え方から上記の多様で多量のデータに対して数理による論理的推論が可能になった．

これらの大きな変化により，以前と比較にならないほど広範な学問領域や様々な意思決定問題において，データを用いた数理的な科学的方法が適用可能となってきた．この飛躍的な科学的方法の発展がデータ科学と捉えられるのではないだろうか．

以上からデータ科学は「データからの科学的方法による意思決定の科学」であると捉えられ，単なる一つの学問領域，専門分野というより，広範な領域を対象とした意思決定のメタ科学であるといえよう．それは，人間の知的活動を対象とする根源的な学問分野であると共に，人間の活動や社会の変革・発展に直接的に寄与する，今後益々重要となっていく分野であるともいえる．

【メタ科学の具体的方法論としてのデータ科学 ―意思決定写像による統一的記述―】

データ科学が以上のような広い領域を対象とする新しい科学的方法として直接的に寄与するためには，具体的方法論としての役割も担う必要がある．それは歴史的には統計学が科学的方法の具体的数理的方法論を提示して担ってきた役割を，さらに広い対象領域に広げた新しい方法論となるはずである．データ科学に含まれる統計学をはじめ AI，機械学習，データマイニング等のそれぞれの分野では，データからの意思決定の具体的方法論を提示しているものの，発展の経緯や利用目的等から考え方や意思決定のプロセスには違いが見られる．それらをバラバラに集めただけでは，新しいメタ科学の方法論としてはまだ不十分であるように考えられる．

本ライブラリでは，データ科学のコアとなる統計学や機械学習等の学問領域を個々別々でなく，統一的視点から一つの体系として扱うことを大きな特徴とする．統一するための視点を明確にしていくこと自体が容易ではないと考えられるが，それにチャレンジしたのが本ライブラリとお考えいただきたい．

本ライブラリの体系化の視点とはどのような視点か．データ科学の意思決定プロセスを，先にあげた科学的方法として要請される特徴であるデータ，論理的推論，決定の 3 つの要素を軸にして視点を整理していく．

より具体的には，データを集合として，決定も集合として表すことで，意思決定プロセスはデータ集合を定義域，決定集合を値域とする写像として表現される．例えば，統計学の仮説検定問題の場合，決定集合は { 帰無仮説,対立仮説 } となる．この写像で意思決定したい具体的問題が明確に記述されたことになり，この写像を本ライブラリでは意思決定写像と呼んでいる．

データ集合と決定集合が定まっても，その間をつなぐ意思決定写像はまだ様々な写像が考えられ一つには定まらない．どのような意思決定が望ましいのかの評価基準と，背景から設定される条件を明確にし，意思決定写像を絞り込んでいくことになる．例えば，評価基準として推定値と真のパラメータの2乗誤差損失を考えたり，設定として判別関数を線形に制限したり，データの生成や観測の数理モデルを仮定したりすることが考えられる．

このようにして，データ科学の意思決定のプロセスを，目的，設定，評価基準，（データを定義域，決定を値域とした）写像として統一的に明確に記述することができた．問題が数理的に明確になると，望ましい意思決定写像は数理的に導出され，科学的方法の論理的な推論が行われることになる．

【「ライブラリ データ科学」の統一的視点と狙い】

ここまで述べてきたことは，単に統計学や機械学習の問題や推論の考え方などを，統一したフォーマットで数理的に記述しただけと捉えられるかもしれないが，実は大きな意味を持っている．

統一したフォーマットで記述されたことにより，データ科学のコアとなる統計学，AI，機械学習，データマイニング等の学問領域それぞれの考え方やプロセスの違いが意思決定写像等の違いとして鮮明になると共に，それらに共通に流れる科学的方法としてのデータ科学の本質的考え方が浮かび上がってくることにもなる．

このアプローチがデータ科学の統一的体系化への一つの試みともなっていることも付け加えておきたい．

もう一つの意義は，データからの科学的方法による意思決定の具体的方法論の提示としてである．この統一的フォーマットに従い，問題と目的を整理して，データ集合，決定集合，評価基準や設定を明確化し，そのもとで適切な意思決定写像を構成していく手順そのものが，データからの科学的方法による意思決定のプロセスの具体的な一つの方法論を表していることでもある．

ライブラリ データ科学は，以上のように統一的視点からデータ科学を体系化し具体的方法論も提示しようとする狙いで構成され，他の参考書や教科書とは異なる特徴を有している．このライブラリがデータ科学の今後の発展やデータ科学を学ぼうとする方々の一助となれば幸いである．

松嶋敏泰

本書のはじめに

本書では，回帰や分類と呼ばれているデータ科学の代表的問題を扱う．この問題で扱うデータは変数を 2 つの群に分け，一方の変数 y（目的変数と呼ばれる）をもう一方の変数 $\boldsymbol{x}$（説明変数と呼ばれる）で説明，あるいは y の値が $\boldsymbol{x}$ の値に従って決まるメカニズムなどについての意思決定を扱っていく．この問題は，記述統計学と位置づけられる多変量解析や，推測統計学や，機械学習の分野でそれぞれの立場から様々な分析法が存在している．一般的なデータ科学での解説では，これらの分野や立場ごとに，それぞれの分析法が別々に扱われることが多いが，本書データ科学入門 II ではデータ科学 I と同様に「ライブラリ データ科学」の基本理念に従い，別々の分野や立場の違う様々な分析法を，意思決定写像を用いた統一的視点から整理し対比しながら解説することを試みている．

【第 1 章】では，本書で扱う回帰と分類の問題の全体像を，データからの意思決定の統一した視点から俯瞰（ふかん）している．まず目的変数や説明変数のデータの種類から問題，分析法，モデルの類別を行う．次に意思決定の目的や設定からの区分として，データの特徴記述，データの生成メカニズムを設定したものでの構造推定，予測のそれぞれについて類別を行っている．この章を道標に各章を自由に渡り歩き必要な箇所を重点的に読むことも可能であろう．また，最初はこの章を飛ばして次の章から読み進め，最後にこの章に戻って全体像を把握することにも利用できよう．

【第 2 章】では，単回帰と呼ばれる，目的変数 y が量的変数で，説明変数 x が 1 変数の量的変数の場合の問題を扱う．特に，y を x の線形関数 $f(x) = \beta_0 + \beta_1 x$ により表現する場合は線形回帰と呼ばれる．本章ではこの線形単回帰の問題について様々な立場の分析法を統一した視点から整理し，順序立てて説明を試みている．

まずは，データの特徴記述として代表的手法である最小 2 乗法を説明する．データ生成観測メカニズムとしては上記の線形関数に正規分布の確率変数が加算された確率モデルを扱う．メカニズムの構造推定の主要な問題は，この β

（回帰係数と呼ばれる）を推定することで，優れた特性を持つ一様最小分散不偏推定量や最尤推定量，さらにベイズ危険関数最小の推定量についても説明する．また，区間推定や検定についても解説を行っている．

データ生成観測メカニズムを仮定した場合のもう一つの重要な問題として，新たな x が与えられたもとで，それに対応する y を推測する予測問題がある．予測方法は，大きく間接予測と直接予測に大別され，その両方について説明を行っている．

【第 3 章】では，第 2 章と同じ線形回帰の問題で，説明変数が多変量の場合（説明変数はベクトル $\boldsymbol{x}$ で表されることになる）の重回帰と呼ばれる問題を扱う．説明の順序は第 1 章と同様で，特徴記述，データの観測生成メカニズムを仮定した構造推定，そして予測の問題を扱っていく．

考え方の本質は第 2 章の説明変数が 1 変数の場合と変わらないが，例えば生成観測メカニズムとして多変量正規分布が仮定されるなど，数理的にはベクトルや行列が用いられ一見複雑に見える．ただし，これらの線形代数の記述法に慣れると説明変数が 1 変数の場合を含んだ一般的で整然とした記述になっていることに気づくであろう．

説明変数が 1 変量でなく多変量になったことで，説明変数 $\boldsymbol{x}$ 間の相関の問題が新たに発生する．例えば説明変数間に強い相関があると多重共線性という問題が生じ，回帰係数の推測や解釈に注意が必要となる．これらを含めた線形重回帰モデルの評価や解釈として重相関係数や寄与率についても説明している．ここまで，説明変数 $\boldsymbol{x}$ は量的変数の場合を取り扱っていたが，ダミー変数を用いることによって，質的変数の場合もほぼ同様に取り扱えることも説明する．

【第 4 章】からは，分類や判別と呼ばれる，目的変数 y が質的変数の場合の問題を取り扱う．説明変数 $\boldsymbol{x}$ については主に量的変数の場合で説明を行っている．この問題も最初はデータの特徴記述を考えていくが，目的変数 y が量的変数の場合の問題との違いは，$\boldsymbol{x}$ の簡単な関数 $f(\boldsymbol{x})$ で y を表現する特徴記述ができないことにある．そこで，別の方法として，説明変数 $\boldsymbol{x}$ の空間（説明変数が多変量の場合は多次元空間となる）をいくつかの領域に分割し，そこに対応する質的変数 y の値を割り当てるという方法をとることが考えられる．分割領域を決める境界もシンプルなほうが良く，線形分離と呼ばれる多次元空間の超平面（$\boldsymbol{x}$ が 2 変数で 2 次元空間の場合は直線に対応する）で境界を表す方法がよく用いられ，その代表的方法である群間群内分散比を用いた方法と SVM（サポートベクトルマシン）を説明する．

また，もう一つの代表的な領域分割による記述法として，説明変数 $\boldsymbol{x} = [x_1, x_2, \cdots, x_p]^\top$ の各 x_i 値の範囲で階層的に領域を分割していき，最後の葉ノードまで分割した領域に y の値を割り当てる決定木についても解説している．機械学習の SVM や決定木の手法は予測の手法として説明されることが多いが，その基本的評価の考え方は，学習データをいかにうまく特徴記述できているか，であることを認識してほしい．

その他のデータの特徴記述法として，2 値の目的変数 $y \in \{0, 1\}$ を説明変数 $\boldsymbol{x}$ の線形関数で直接表現せず，0 と 1 をとる比率を $\boldsymbol{x}$ で説明する表現を考える．これは，第 5 章の生成観測メカニズムとしてロジスティック回帰のモデルを考える準備となる考え方で，まずこの章で，特徴記述の方法として説明を行っている．

【第 5 章】では，分類や判別の問題を，データ生成観測メカニズムの視点から取り扱っていく．第 4 章のデータの特徴記述で説明変数 $\boldsymbol{x}$ の空間をいくつかの領域に分割して，y を記述する方法を説明した．その視点からのデータ生成観測メカニズムとして，目的変数 y がある確率 $p(y)$ で発生し，各 y の群ごとに説明変数 $\boldsymbol{x}$ が条件付き確率 $p(\boldsymbol{x}|y)$ に従って発生する確率モデルが考えられる．最もよく用いられる条件付き確率 $p(\boldsymbol{x}|y)$ のモデルとして，y の群ごとに設定された母平均 $\boldsymbol{\mu}_y$ の多変量正規分布から説明変数 $\boldsymbol{x}$ が発生するモデルが用いられる．これはフィッシャー判別分析モデルと呼ばれ，y が 2 値で，それぞれの群の正規分布の共分散が等しい場合の間接予測では，特徴記述で述べた線形分離が誤り確率を最小とすることも説明している．

その他，2 値をとる目的変数 y の場合に 0 と 1 をとる比率を用いた特徴記述方法も前章で述べた．これに対応したデータ生成観測メカニズムとして，説明変数 $\boldsymbol{x}$ の線形回帰を考え，その値をさらにロジスティック関数で変換した値を母比率とするベルヌーイ分布から目的変数 y が発生する確率モデルを考える．このように質的目的変数に対しても第 2 章，第 3 章の回帰モデルと類似の確率モデルが考えられ，ロジスティック回帰モデルと呼ばれている．質的目的変数

のデータ生成観測メカニズムの確率モデルとして，領域型と比率型で，条件付き確率の条件の設定の仕方が $p(\boldsymbol{x}|y)$ と $p(y|\boldsymbol{x})$ のように逆になっていることも特徴的である．

【第6章】では，主に機械学習分野の分類・判別の予測問題で用いられる手法である，SVM と決定木について扱う．これまで述べた回帰や分類問題においても，新たな $\boldsymbol{x}$ が与えられたもとで，対応する y を予測するためには，それまでに観測されたデータ対 $(\boldsymbol{x}_i, y_i)$ と新たなデータは同じ生成観測メカニズムから発生しているという仮定が必要であった．逆にそのような仮定がなければ論理的な予測は不可能である．ところが，SVM や決定木の多くの手法はそのような仮定は設定せず，第4章で述べている，与えられたデータ（機械学習では学習データと呼ばれる）をある基準でうまく特徴記述できた $\boldsymbol{x}$ と y の関数を用いて，新たなデータについて予測を行っている．これは，暗に学習データと新規データは同じメカニズムで発生しているとする仮定をおいていると解釈される．本章ではそのような同質性の仮定のもと分類・判別の予測問題を説明している．

【付録】では，以下の項目について補足の説明を行っている．データ生成観測メカニズムとして，第3章でも第5章でも多変量正規分布が登場する．これらのモデル以外でも，生成観測メカニズムの設定として正規分布を含むものはデータ科学で多く用いられており，多変量正規分布の基本的性質については付録Aにまとめてある．

ある設定のもとある評価基準を最小化/最大化する意思決定写像を求めることは数理の最適化問題に帰着されるが，本書の本論ではその解法について詳しく論じていない．その部分を補完するため，最適化問題とその解法の基本的事項について付録Bで説明している．

2023年2月 早稲田大学データ科学教育チーム

本書で掲載できなかった具体的な例や詳しい証明などを Web ページで公開しております．詳しくはサイエンス社 HP（https://www.saiensu.co.jp）からたどれます本書のサポートページをご覧ください．

目　　次

第 3 章 量的変数を目的変数とする意思決定写像（説明変数が複数の場合） 46

第5章 確率的データ生成観測メカニズムと意思決定写像 116

第6章 同質性を仮定した予測の意思決定写像 137

付録A 正規分布の性質 146

本書で用いる記号一覧

記号	意味
$\mathcal{X}$（花文字）	集合
$\boldsymbol{x}$（太字小文字）	ベクトル
$\boldsymbol{X}$（太字大文字）	行列
$\boldsymbol{x}^\top$, $\boldsymbol{X}^\top$	ベクトル $\boldsymbol{x}$ や行列 $\boldsymbol{X}$ の転置
$\boldsymbol{X}^{-1}$	行列 $\boldsymbol{X}$ の逆行列
$\det(\boldsymbol{X})$	行列 $\boldsymbol{X}$ の行列式
$\boldsymbol{x}_{i\cdot}$	行列 $\boldsymbol{X}$ の第 i 行ベクトル
$\boldsymbol{x}_{\cdot j}$	行列 $\boldsymbol{X}$ の第 j 列ベクトル
$\underset{\sim}{x}$（下付き波線）	確率変数
$\int f(x)\mathrm{d}x$	関数 $f(x)$ の積分
$\sum_{i=1}^{n} x_i$	総和．$x_1 + x_2 + \cdots + x_n$
$\prod_{i=1}^{n} x_i$	総積．$x_1 x_2 \cdots x_n$
$\max_{x\in\mathcal{X}} f(x)$	関数 $f(x)$ の最大値
$\max\{x_1, x_2, \ldots x_n\}$	$x_1, x_2, \ldots x_n$ の最大値
$\min_{x\in\mathcal{X}} f(x)$	関数 $f(x)$ の最小値
$\min\{x_1, x_2, \ldots x_n\}$	$x_1, x_2, \ldots x_n$ の最小値
$\arg\max_{x\in\mathcal{X}} f(x)$	関数 $f(x)$ を最大にするような x
$\arg\min_{x\in\mathcal{X}} f(x)$	関数 $f(x)$ を最小にするような x
$\widehat{x}$（ハット記号）	x の推定量
$\exp(\cdot)$	指数関数．すなわち，$\exp(x) = e^x$
$\log(\cdot)$	対数関数
$\mathrm{E}[\underset{\sim}{x}]$	確率変数 $\underset{\sim}{x}$ の期待値
$\mathrm{V}[\underset{\sim}{x}]$	確率変数 $\underset{\sim}{x}$ の分散
$\mathcal{N}(\mu, \sigma^2)$	平均 μ，分散 σ^2 の正規分布
$L(\cdot)$	尤度関数
$l(\cdot)$	対数尤度関数
$d(\cdot)$	意思決定写像
$\ell(\cdot)$	損失関数
$R(\cdot)$	危険関数
$BR(\cdot)$	ベイズ危険関数
$\frac{\mathrm{d}f}{\mathrm{d}x}, \frac{\mathrm{d}^2 f}{\mathrm{d}x^2}, \ldots$	関数 $f(x)$ の微分，2 階微分など
$\frac{\partial f}{\partial x_i}, \frac{\partial^2 f}{\partial x_i \partial x_j}, \ldots$	多変数関数 $f(\boldsymbol{x})$ の x_i による偏微分，x_i, x_j による偏微分など

第1章 本書で扱う回帰・分類の全体像

この章では，本書の内容を俯瞰して整理し，個々の内容がどの章や節で述べられているかをまとめている．例えば，[2, 3.2] は第 2 章と第 3.2 節にその内容が説明されていることを表している．

もちろん基本的には章の順番に読み進めていただければ理解しやすいよう構成されているが，必要とする考え方や分析法を，この章を道標に，いくつかの章や節を渡り歩いて読んでいただくことも可能であろう．また，最初はこの章を読み飛ばして次の章から読み進め，最後にこの章に戻って全体像を把握することにも利用できよう．この説明で使われる用語や概念はデータ科学入門 I で用いられていたものであるので，必要に応じてそちらも参照されたい．

1.1 本書で扱う回帰・分類とは

本書では，関連性のある 2 種類のデータ群 $\boldsymbol{x}$ と y からの意思決定について扱う[†1]．2 つの変数 x,y の関連性については，データ科学入門 I でも相関係数などで扱ったが，相関係数では x から y をあるいは y から x を説明するというような方向性はあまり考えず，関係性の強さを論じていた．データ科学入門 II で扱う意思決定では，一方の変数 $\boldsymbol{x}$ によるもう一方の変数 y の説明，あるいは $\boldsymbol{x}$ の値に従って y の値が決まるメカニズム，などについて扱っていく．この問題では，変数 $\boldsymbol{x}$ は説明変数（あるいは独立変数），変数 y は目的変数（あ

[†1] 太字で表現した $\boldsymbol{x}$ はベクトルを表し，変数が多変量のときの表現法として用いられる．ベクトル演算や表記法などについては前ページの「本書で用いる記号一覧」を参照のこと．

るいは従属変数）などと呼ばれる．

このような問題は，様々な応用分野で登場してくるデータ科学で扱う重要な問題の一つであり，この問題や分析法は「回帰」や「分類」と呼ばれている．データ科学の代表的な分野や立場において，データ科学入門Iで述べた様々な意思決定の目的や設定で，この問題が扱われている．例えば，記述統計学と位置づけられる多変量解析の立場からはデータの特徴記述を目的として，推測統計学の立場からはデータの生成観測メカニズムを設定したもとで構造推定や予測を目的として，機械学習の立場からは主に予測を目的として様々な分析法が存在している．

これらの分野や立場ごとに，それぞれの分析法を別々に扱い解説されることが多いが，本書では「ライブラリ データ科学」の基本理念に従い，別々の分野や立場の違う様々な分析法を，意思決定写像を用いた統一的視点から整理し対比しながら解説することを試みている．

1.2　データの種類からの類別

データ科学入門Iではデータの種類を，温度や重さのような量的データ（間隔尺度，比例尺度）と，{Yes, No}や{上, 中, 下}のような質的データ（名義尺度，順序尺度）の2つに大別した．目的変数 y と説明変数 $\boldsymbol{x}$ がそれぞれ量的データか質的データかの組合せにより，データの種類をもとに**表 1.1** のような4つの組合せパターンの問題に大別できる．

表 1.1　データの種類に基づく問題の分類

y ＼ $\boldsymbol{x}$	量的	質的
量的	① [2,3]	② [3]
質的	③ [4,5,6]	④ [4,6]

この4つの組合せパターンの目的変数と説明変数データを扱った問題，分析法，モデルは様々な名称で呼ばれている．その呼称が問題を指すのか分析法を指すのかモデルを指すのかをあえて区別せず，**表 1.1** の①②③④に対応する代表的呼称を以下にまとめる．

① 回帰（分析），単回帰（$\boldsymbol{x} = x$ が 1 変量）[2]，重回帰（$\boldsymbol{x} = [x_1, x_2, \ldots, x_p]^\top$ が多変量）[3]，決定木（回帰木）

② 分散分析，数量化 I 類，決定木（回帰木）

③ 分類，パターン認識，SVM（サポートベクトルマシン）[4.2, 6.1.1]，判別分析 [4.2, 5.1]，ロジスティック回帰 [4.3, 5.2]，決定木（分類木）[4.4, 6.2]

④ 数量化 II 類，決定木（分類木）[4.4, 6.2]

目的変数 y が量的か質的かは重要な視点となるが，実は，説明変数 $\boldsymbol{x}$ が量的か質的かは y に比べるとそれほど厳密に区別する必要はない．それは例えば質的データ $x \in \{\bigcirc, \triangle, \times\}$ について，単純な方法は ○，△，×をそれぞれ 3 つの変数を使って $(1,0,0),(0,1,0),(0,0,1)$ のようなダミー変数として表現することで，x が量的データであった場合とほぼ同様な取り扱いが可能となるからである [3.6] †2．この他にもダミー変数の表現法はあり，より精密な方法も考えられている．

その視点からは，②は質的変数 $\boldsymbol{x}$ をダミー変数で表現することで①の回帰とほぼ同様に分析ができる [3.6]．③はデータの特徴記述の関数や生成観測モデルが様々あり①から②のように単純な関係でないが，やはり④の質的説明変数 $\boldsymbol{x}$ をダミー変数で表現することで③とほぼ同様な取り扱いが可能である．例えば②はダミー変数を用いた回帰①であり，説明変数 $\boldsymbol{x}$ が量的変数と質的変数が混在する①＋②の場合も同様に取り扱える．①＋②は分散分析の拡張として共分散分析と呼ばれてもいる．

決定木は後のデータの特徴記述で説明するように，説明変数 $\boldsymbol{x}$ を木グラフを用い階層的に分割して目的変数 y を説明する表現法なので，$\boldsymbol{x}$ が質的変数でも量的変数でも対応可能である [4.4, 6.2]．さらに目的変数 y が質的変数でも量的変数でも表現は可能なので①②③④すべてのパターンに対応できる特徴記述法，予測法であるといえる．

---

†2 目的変数 y が質的データの場合，名義尺度に比べ順序尺度は順序関係を利用し，より精密な解析ができる可能性があり，様々な方法が考えられているが，本書の範囲を超えるため扱わない．

1.3　意思決定の目的と設定からの類別

データの種類からの問題の区分①から④を，さらに本ライブラリの特徴である意思決定の目的や設定についての統一的視点から整理すると

A　データの特徴記述

B　データの生成観測メカニズムを設定したもとでの

　B1　構造推定

　B2　予測

C　同質性を仮定したもとでの予測

に区分される．この統一的視点の詳細についてはデータ科学入門 I を参照されたい．

これらの区分 **A**，**B**，**B1**，**B2**，**C**，とデータの類別①②③④を合わせて類別の表記とする．例えば量的目的変数と量的説明変数の特徴記述は **A**①と表す．これらの類別と本書の各章の内容との対応関係を以下で説明する．

1.4　データの特徴記述からの類別

1.4.1　回帰の特徴記述

A①②[2.1, 3.1]：線形回帰

量的な目的変数 y を説明変数 $\boldsymbol{x}$ を用いて数理的に記述することがデータの特徴記述となるので，$y = f(\boldsymbol{x})$ となる $\boldsymbol{x}$ を引数とした関数 $f(\boldsymbol{x})$ を求めることが，代表的な特徴記述の意思決定写像と捉えられる．①②の場合は直感的にわかりやすく取り扱いが容易な $f(\boldsymbol{x}) = \boldsymbol{\beta}^\top \boldsymbol{x}$ のような $\boldsymbol{x}$ の線形関数で表すことが多く，線形回帰式と呼ばれ，$\boldsymbol{\beta}$ は回帰係数（ベクトル）と呼ばれる．**図 1.1** は，$f(\boldsymbol{x}) = \beta_0 + \beta_1 x_1$ の回帰式のイメージを表し，$\boldsymbol{\beta} = [\beta_0, \beta_1]^\top$，$\boldsymbol{x} = [1, x_1]^\top$ とおいている．特徴記述の評価基準として，データ y と特徴記述関数 $f(\boldsymbol{x})$ の距離，例えば $(y - f(\boldsymbol{x}))^2$ のような 2 乗距離が用いられることが多く，それを最小化する特徴記述は最小 2 乗法と呼ばれている．

1.4.2　分類の特徴記述

A③④ [4.2, 4.3, 4.4]

③④の特徴記述として，質的な目的変数，例えば $y \in \{○, ×\}$ を $\boldsymbol{x}$ で直接

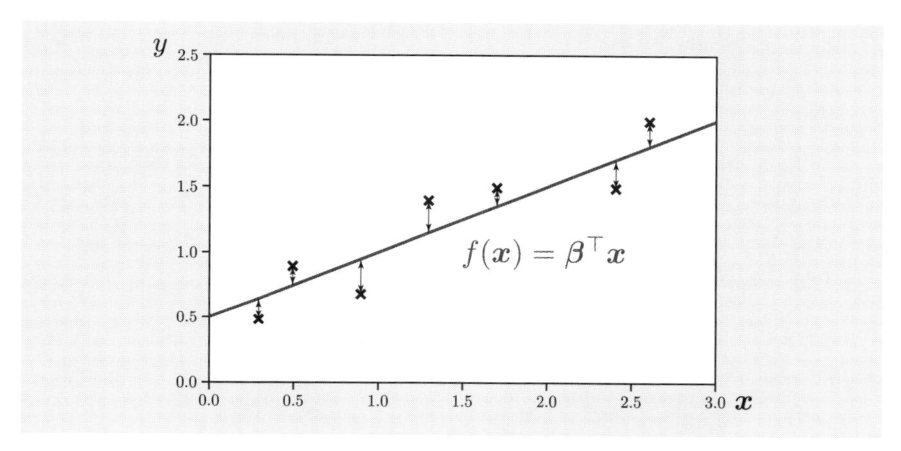

図 1.1　線形回帰式による特徴記述

表現する関数は **A**①②のように簡単ではなく，別の方法を考える必要がある．特徴記述の方法は領域による記述と比率による記述に大きく分かれる．

A③④領域 1 [4.2]：線形分離

図 1.2 のように $y \in \{◯, ×\}$ を $\boldsymbol{x}$ の空間上の点として表し，その ◯, ×の点をうまく分割する空間上の領域によって特徴記述をすることが考えられる．領域の境界も直感的にわかりやすく取り扱いが容易な表現が望ましいので，こ

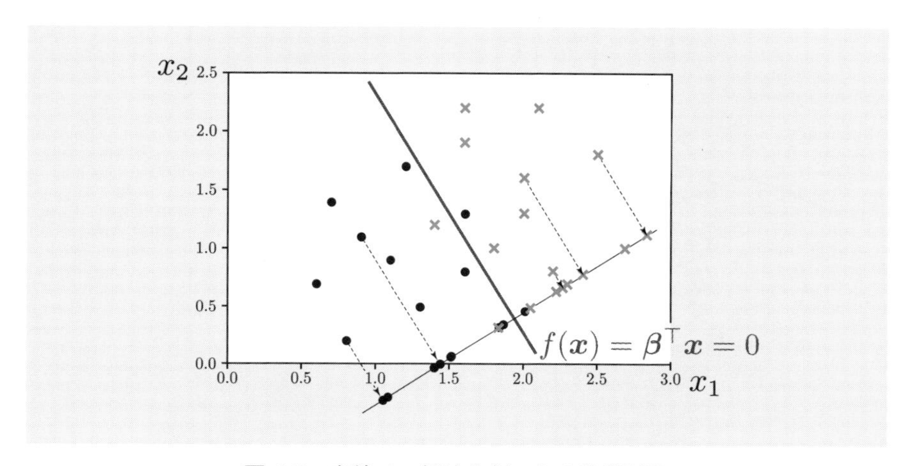

図 1.2　直線での領域分割による特徴記述

の例のように境界を直線で，一般的には線形方程式 $f(\boldsymbol{x}) = \boldsymbol{\beta}^\top \boldsymbol{x} = 0$ で表現される $\boldsymbol{x}$ の空間上の超平面で境界を表現することがよく用いられ，線形分離と呼ばれる．

データをうまく分割できる領域の「うまく」の評価については様々な評価基準が考えられる．**図 1.2** のように2種類の群への分類の場合，各データ点 $\boldsymbol{x}$ から正規化したベクトル $\boldsymbol{\beta}$ へ射影した点を考え，それらの点の群間分散（2つの群の平均点間の2乗距離）とそれぞれの群の群内分散の比を大きくする評価基準 [4.2.1] や，それぞれの群で最も近接している点の距離を離すような評価基準 [4.2.3] により，分割領域を表すベクトル $\boldsymbol{\beta}$ を求めることが考えられる．

A①②③④領域 2 [4.4]：決定木

領域を**図 1.4** のように，説明変数 $\boldsymbol{x} = [x_1, x_2, \ldots, x_p]^\top$ の各 x_i 値の範囲で階層的に領域を分割していくもので，**図 1.3** の木グラフでこの階層的分割は表現でき，決定木と呼ばれている．この決定木による領域分割は上記の線形分離がうまくいかない分割の特徴記述が可能であり，2群だけでなく多群の分割も容易に表現可能である．

x_i が質的変数の④の場合はその質的変数の値で分割を表現できるため，③+④も決定木で特徴記述は可能となる．このような目的変数が質的変数の決定木は分類木と呼ばれている．さらに決定木により領域分割された $\boldsymbol{x}$ に対して量的変数の y を対応させれば①②の特徴記述としても用いられ，このような

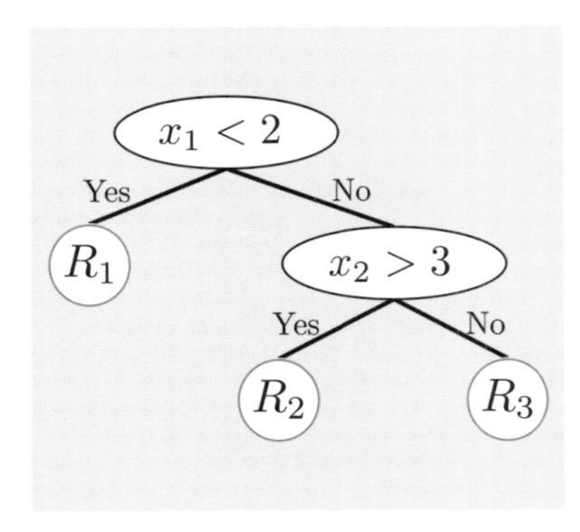

図 1.3 木グラフによる分割領域の表現

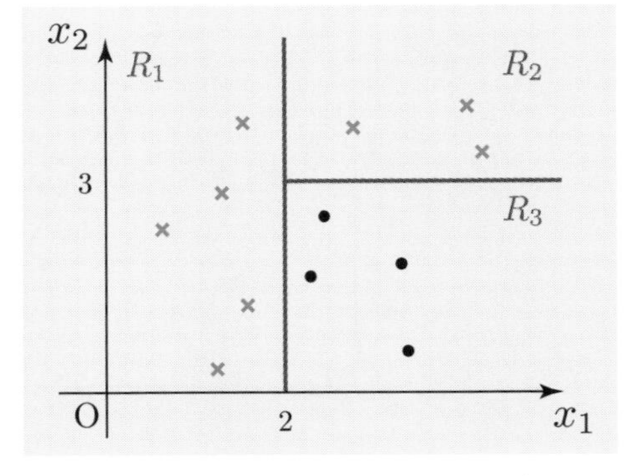

図 1.4 木グラフで表現された領域分割による特徴記述

目的変数が量的な決定木は回帰木と呼ばれている．

A③④比率 [4.3]：ロジスティック回帰

2 値の目的変数 $y \in \{○, ×\}$ を $\{0,1\}$ として **A①②**の線形回帰式のように $f(\boldsymbol{x}) = \boldsymbol{\beta}^\top \boldsymbol{x}$ といった $\boldsymbol{x}$ の線形関数で表すと扱いやすそうであるが，一般的には $f(\boldsymbol{x})$ の値域が $(-\infty, \infty)$ である上，$\{0,1\}$ だけの値をとる関数は線形では表現が困難である．そこで y そのものでなく比率 $y' = \frac{×\text{の数}}{(○+×)\text{ の数}}$ を考え，その比率 y' を $\boldsymbol{x}$ の関数で表すことを考えてみる．**図 1.5** の棒グラフは区間ごとの比率 y' を表しているが，$[0,1]$ を値域とする非線形関数の曲線で表せそうである．この曲線は $f(\boldsymbol{x}) = \boldsymbol{\beta}^\top \boldsymbol{x}$ をロジスティック関数（シグモイド関数とも呼ばれる）$\frac{1}{1+\exp(-\boldsymbol{\beta}^\top \boldsymbol{x})}$ を用いてさらに変換した関数となっている．この $[0,1]$ を値域とする関数を用い，比率的視点による特徴記述が可能となる．**A③④**領域 1 の分割では，**図 1.2** で示した境界の法線ベクトル $\boldsymbol{\beta}$ へ射影した ○ や× の点を 0 を境にハードに分割可能（線形分離可能）な場合を考えていたが，完全に分割できない場合の方法も考えられる．その観点からは，**図 1.5** のロジスティック関数による方法はグラデーションでソフトに分割しているとも捉えられる．

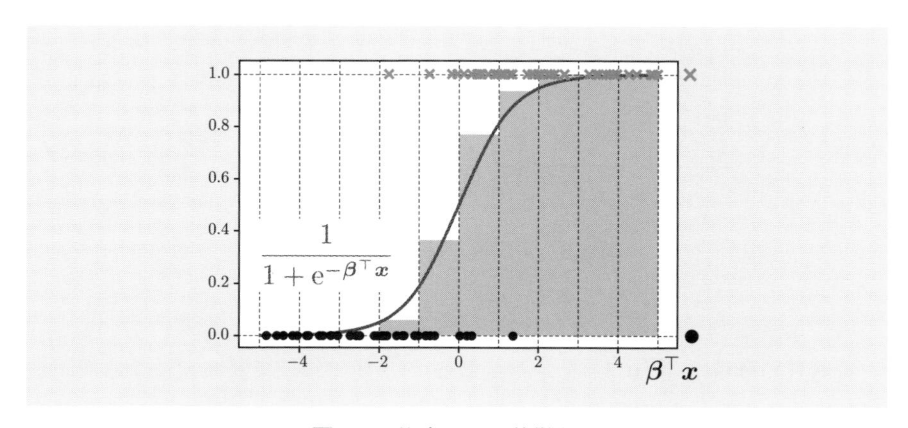

図 1.5　比率による特徴記述

1.5　データの生成観測メカニズムからの類別

データ生成観測メカニズムの設定について，**B1** の構造推定，**B2** の予測を説明する前に整理しておく．

B①② [2.2, 3.2]: 正規誤差線形回帰モデル

回帰①②のデータ生成観測メカニズムとしては **A**①②の特徴記述で用いた $\boldsymbol{x}$ の関数 $f(\boldsymbol{x}) = \boldsymbol{\beta}^\top \boldsymbol{x}$ に確率変数 $\underset{\sim}{\varepsilon}$ を加えた $\underset{\sim}{y} = \boldsymbol{\beta}^\top \underset{\sim}{\boldsymbol{x}} + \underset{\sim}{\varepsilon}$ が多く用いられ，$\underset{\sim}{\varepsilon}$ の分布としては正規分布 $\mathcal{N}(0, \sigma^2)$ が主に用いられる．この場合は目的変数 y の生成観測メカニズムとしての条件付き分布 $p(y|\boldsymbol{x})$ を，平均パラメータ $\underset{\sim}{\mu} = \boldsymbol{\beta}^\top \underset{\sim}{\boldsymbol{x}}$ の正規分布 $\mathcal{N}(\boldsymbol{\beta}^\top \underset{\sim}{\boldsymbol{x}}, \sigma^2)$ と仮定していることになる（**図 1.6**）．説明変数 $\boldsymbol{x}$ は与えられた定数として扱う場合と確率変数 $\underset{\sim}{\boldsymbol{x}}$ として扱う場合があり，本書ではまず定数として扱っている．

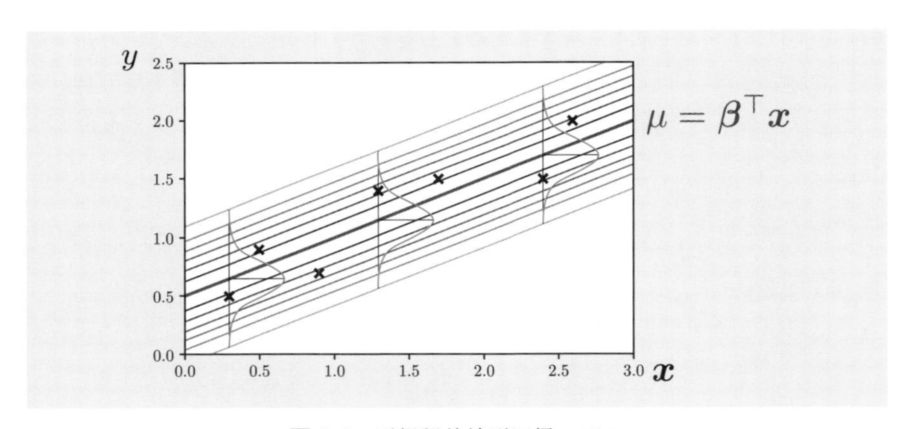

図 1.6　正規誤差線形回帰モデル

B③④領域 [4.5, 5.1]: 判別分析モデル

質的目的変数 $y \in \{0, 1\}$ を説明変数 $\boldsymbol{x}$ の空間の領域で特徴記述する表現法に対応するデータ生成観測メカニズムを考える．質的目的変数 $\underset{\sim}{y}$ がある分布 $p(y)$ で発生し，各 y の群から変数 $\underset{\sim}{\boldsymbol{x}}$ が条件付き分布 $p(\boldsymbol{x}|y)$ に従って発生している確率モデルが用いられる．代表的なものが（フィッシャー）判別分析モデルで，**図 1.7** のように各カテゴリ $\underset{\sim}{y}$ に対応する説明変数 $\underset{\sim}{\boldsymbol{x}}$ が平均パラメータ $\boldsymbol{\mu}_{\underset{\sim}{y}}$ の多変量正規分布 $\mathcal{N}(\boldsymbol{\mu}_{\underset{\sim}{y}}, \boldsymbol{\Sigma})$ に従うことを仮定している．**B**①②の条件付

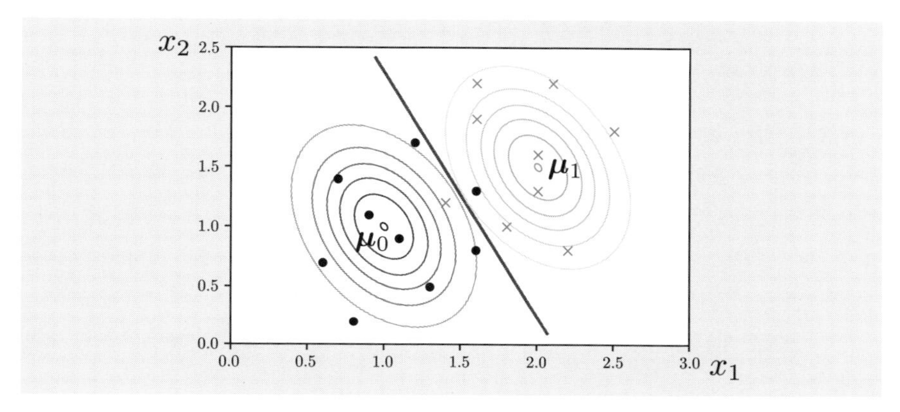

図 1.7 判別分析モデル

き分布が $p(y|\boldsymbol{x})$ であるのに対し，このメカニズムでは $p(\boldsymbol{x}|y)$ で表現され，条件が逆になっていることに注意されたい．

B③④比率 [4.5, 5.2]: ロジスティック回帰モデル

2 値の質的変数 $y \in \{0,1\}$ を直接ではなく，その比率 y' を $\boldsymbol{x}$ で説明して特徴記述する表現法に対応するデータ生成観測メカニズムを考える．$\{0,1\}$ の値をとる確率変数 $\underset{\sim}{y}$ を平均パラメータ（母比率）$\underset{\sim}{\omega} \in [0,1]$ のベルヌーイ分布に従うとし，その平均値パラメータが比率 $y' \in [0,1]$ で表現されると考える．特徴記述で用いた比率 y' を $\boldsymbol{\beta}^\top \boldsymbol{x}$ のロジスティック関数で記述した場合は，平均パラメータ $\underset{\sim}{\omega} = \underset{\sim}{y}' = \frac{1}{1+\exp(-\boldsymbol{\beta}^\top \underset{\sim}{\boldsymbol{x}})}$ の条件付きベルヌーイ分布 $p(y|\boldsymbol{x})$ を用いて生成観測メカニズムを表現していることになる．

これはベルヌーイ分布の平均パラメータ $\underset{\sim}{\omega}$ を，説明変数 $\underset{\sim}{\boldsymbol{x}}$ の線形関数 $\boldsymbol{\beta}^\top \underset{\sim}{\boldsymbol{x}}$ をさらにロジスティック関数で変換した値で表現していることになり，ロジスティック回帰と呼ばれている．これは，**B①②**で正規分布の平均パラメータ $\underset{\sim}{\mu}$ を説明変数の線形関数 $\boldsymbol{\beta}^\top \underset{\sim}{\boldsymbol{x}}$ をそのまま用いて表現したことの拡張と捉えることができる．ベルヌーイ分布や正規分布以外の確率分布に対しても，その分布の平均パラメータを $\underset{\sim}{\boldsymbol{x}}$ の線形関数 $\boldsymbol{\beta}^\top \underset{\sim}{\boldsymbol{x}}$ をもう一段変換した値で表現した生成観測確率モデルを考えることができ，一般化線形モデルと呼ばれている（5.2 節のコラムを参照）．

この生成観測メカニズムは **B①②**と同様に $p(y|\boldsymbol{x})$ のように説明変数 $\boldsymbol{x}$ の条

件付き分布で表現されているが，**B**③④領域では $p(\boldsymbol{x}|y)$ のように目的変数 y の条件付き分布となっている違いをもう一度確認しておく．

1.5.1 構造推定

データの生成観測メカニズムは，多くの場合パラメトリックな確率分布で上記のように仮定されているので，メカニズムの構造推定は，データ科学入門Iで述べたように基本的にはパラメータ推測の問題に帰着される．確率パラメータの点推定，区間推定，検定を目的とする意思決定写像について，評価基準として，尤度，損失関数，危険関数，ベイズ危険関数，不偏性，最小分散性などが考えられる．

以下の章ではそれらを各生成観測メカニズムごとに説明している．

B1①② [2.2, 3.2]: 線形回帰（分析）

回帰係数パラメータ β の点推定で正規誤差を設定した場合，最尤推定量と一様最小分散推定量は，**A**①②の特徴記述において最小2乗法で求めた回帰係数と一致することが示される．これは，データ科学入門Iの正規分布を生成観測メカニズムと設定した場合の平均パラメータの推定と同様の解釈が可能である．区間推定については信頼区間と，ベイズ決定理論の信用区間（確信区間）についても解説している．

B1③④領域 [5.1.1]: 判別（分析）

B1③④比率 [5.2.1]: ロジスティック回帰（分析）

その他，**B**①②では回帰モデルの特性として多重共線性 [3.5]，説明変数が目的変数をどの程度良く説明しているかの評価基準として，重相関係数，寄与率 [3.7] についても解説している．

1.5.2 予測を目的として

予測とは，観測されたデータを入力として，次に発生観測されるデータの値を出力（推測）する意思決定写像といえる．ほとんどの場合，設定として観測されたデータと新たに観測されるデータは同じ生成観測メカニズムから生成観測されていると仮定して推論が行われる．このような仮定をおかなければ，そもそも予測は不可能であり，推論の良し悪しの評価も行うことが困難である．

本書では，n 組の学習データ $(\boldsymbol{x},y)^n = \{\boldsymbol{x}_1, y_1, \boldsymbol{x}_2, y_2, \ldots, \boldsymbol{x}_n, y_n\}$ が与えられたもとで，新たな説明変数 $\boldsymbol{x}_{n+1}$ に対する新たな目的変数 y_{n+1} を推測する予測問題を扱っていく．データ生成観測メカニズムとして確率モデルを仮定した場合，新たなデータ $\utilde{y}_{n+1}$ は確率変数なのでその分布や期待値を推定することも予測と考えられる．

予測の方法は以下の 2 つの方法に大別される．生成観測メカニズムがパラメトリックな確率モデル $p(y|\boldsymbol{x},\theta)$ で表現される場合を例として 2 つの方法を説明する．

1) 間接予測 [2.3.1, 3.3.1, 5.1.2, 5.2.2]

図 1.8 のように，まず，第 1 段階の意思決定では，データ $(\utilde{\boldsymbol{x}},\utilde{y})^n$ からの確率モデルの構造推定として，パラメータ θ の推定値を出力する．この意思決定写像の評価基準としては真のパラメータ θ と推定値 $\widehat{\utilde{\theta}}$ の違いを考え，例えば 2 乗誤差 $(\widehat{\utilde{\theta}}-\theta)^2$ が用いられる．第 2 段階の意思決定では，新たなデータ $\utilde{\boldsymbol{x}}_{n+1}$ から，この推定された確率モデル $p(y|\utilde{\boldsymbol{x}}_{n+1},\widehat{\utilde{\theta}})$ を用い，$\utilde{y}^{n+1}$ を予測する．

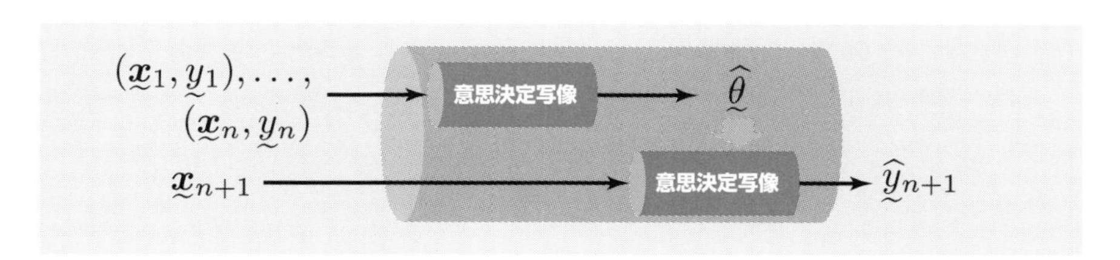

図 1.8　間接予測の意思決定写像

この予測法の場合，2 つの意思決定写像を組み合わせた写像の最終出力である $\widehat{\utilde{y}}_{n+1}$ と真の値 $\utilde{y}_{n+1}$ との違いについて直接的な評価基準を用いた評価がなされていない．これは，生成観測モデルとして $(\utilde{\boldsymbol{x}},\utilde{y})^n$ までのデータだけで確率モデル $p(y^n|\boldsymbol{x}^n,\widehat{\utilde{\theta}})$ を設定しているため，$(\utilde{\boldsymbol{x}},\utilde{y})^n$ と新たなデータ $\utilde{\boldsymbol{x}}_{n+1},\utilde{y}_{n+1}$ の関連も含めての確率モデルとなっておらず，直接的評価がされにくいことも要因となっている．

2) 直接予測 [2.3.2, 3.3.2, 5.1.2, 5.2.2]

図 1.9 のような，データ $(\utilde{\boldsymbol{x}},\utilde{y})^n$ と $\utilde{\boldsymbol{x}}_{n+1}$ から $\utilde{y}^{n+1}$ を予測する意思決定写像で，生成観測モデルとして $(\utilde{\boldsymbol{x}},\utilde{y})^n$ と $\utilde{\boldsymbol{x}}^{n+1},\utilde{y}^{n+1}$ を含んだ確率モデル

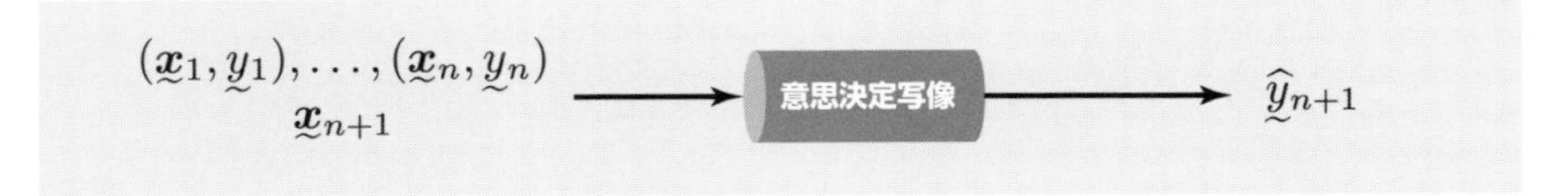

図 1.9 直接予測の意思決定写像

$p(y^{n+1}|\boldsymbol{x}^{n+1})$ を設定したもとで，予測値 $\underset{\sim}{\widehat{y}}_{n+1}$ と真の値 $\underset{\sim}{y}_{n+1}$ の違いを直接的な評価基準として予測を考えることもでき，これを直接予測と呼ぶ．

例えば，直接的に $(\underset{\sim}{\widehat{y}}_{n+1} - \underset{\sim}{y}_{n+1})^2$ やその $\underset{\sim}{y}_{n+1}$ についての期待値 $\int(\underset{\sim}{\widehat{y}}_{n+1} - y_{n+1})^2 p(y_{n+1}|\boldsymbol{x}^{n+1})\mathrm{d}y$ を評価基準として，ベイズ危険関数のもとでの最適な直接予測について論じている．

各データ生成観測メカニズムに対する予測について以下で説明を行っている．

B2①②–間接 [2.3.1, 3.3.1]

B2①②–直接 [2.3.2, 3.3.2]

B2③④領域–間接・直接 [5.1.2]

予測の誤分類確率を評価基準とし，生成観測メカニズムとして共分散行列 $\boldsymbol{\Sigma}$ が各群で等しい判別分析モデルを設定し，構造推定としてパラメータの最尤推定量により間接予測を行うと，特徴記述 **A③④**領域-1 の群間群内変動比最大の判別と等しくなることも示される．

B2③④比率–間接・直接 [5.2.2]

1.6 同質性を仮定したもとでの予測

機械学習において予測は主要な問題であり，説明変数 $\boldsymbol{x}^n$ とそれに対応する目的変数の正しい値 y^n を提示する学習データが与えられることで学習が行われ，予測の精度が向上するという設定を，教師付き学習と呼んでいる．機械学習の予測法は，陽にデータ $(\boldsymbol{x}, y)^{n+1}$ の生成観測メカニズムの数理的モデルを仮定していないことが多い．しかし，それでは新たな y_{n+1} の予測はできないので，暗黙の仮定として，学習データと新たなデータは同様なメカニズムから発生しているとして予測を行っていると考えられる．この仮定を本書では同質性の仮定と呼んでいる．

この仮定のもとでは $(\boldsymbol{x}, y)^n$ のデータの特徴をよく記述した関数 $f(\boldsymbol{x})$ を用いて，$\boldsymbol{x}_{n+1}$ が与えられたもとでの $y_{n+1} = f(\boldsymbol{x}_{n+1})$ として予測することが多く行われる．これは間接予測の方法のアナロジーで捉えると，第 1 段階の意思決定写像でデータ $(\boldsymbol{x}, y)^n$ からある評価基準で良い特徴記述 $f(\boldsymbol{x})$ を求め，第 2 段階の意思決定写像では，その $f(\boldsymbol{x})$ を用い $\boldsymbol{x}_{n+1}$ が与えられたもとでの $y_{n+1} = f(\boldsymbol{x}_{n+1})$ として予測を行うこととなる．領域による特徴記述の 2 つの代表的方法を用いた以下の 2 つの予測法について説明している．

C2③④領域 1 [6.1.1]: SVM（サポートベクトルマシン）

データの特徴記述において，線形分離で境界の超平面からそれぞれの群で一番近接した点の距離を大きくするように領域を求めた方法を予測に用いる．新たな $\boldsymbol{x}_{n+1}$ がどちらの領域に入っているかによって y_{n+1} の予測を行う．あくまで，学習データ $(\boldsymbol{x}, y)^n$ をある基準でうまく分割できた領域を用いているので，予測における良い性能を直接的に保証するものではない．

C2①②③④領域 2 [6.1.3]: 決定木（主に分類木）

データの特徴記述において，決定木で階層的に分割して領域を表現した方法を予測に用いる．新たな $\boldsymbol{x}_{n+1}$ の値を用い，決定木の根ノードから枝分かれを順次行い到達した葉ノードで割合が大きい群を y_{n+1} として予測を行う．特徴記述の評価基準として誤り確率を用いたとしても，SVM の場合と同様で予測における良い性能を直接的に保証するものではない．

第2章 量的変数を目的変数とする意思決定写像（説明変数が1つの場合）

本書では関連性のある2種類のデータ群からの意思決定について扱う．これらの変数は説明変数・目的変数と呼ばれるが，本章では特に目的変数が量的変数で，説明変数が1変数の量的変数の場合の問題を扱う．

2.1 変数間の関係性の直線による特徴記述

量的データと量的データの関係性を視覚的に特徴記述する有効な方法として散布図があった．**図2.1** は100人の20歳男性の身長と体重のデータに関する散布図である．この図から，身長が大きい人ほど体重も大きい傾向があり，身長と体重の間に直線的な関係が存在することがわかる．すると自然な発想として，身長と体重の間の関係性を表す直線を求めるという問題が考えられる．身長を表す変数を x，体重を表す変数を y とすると，切片が β_0，傾きが β_1 の直線の式は $y = \beta_0 + \beta_1 x$ と表されるので，直線を求めるということは切片 β_0 と傾き β_1 を求めるということと等価である．本書では，このように，ある変数 y を他の変数 x の関数で説明しようとする分析を主に扱い，第2章と第3章では y が量的変数である場合を扱う．求まった関数は**回帰式**，回帰式の係数 β_0 と β_1 は**回帰係数**といい，説明する側の変数 x を**説明変数**や**独立変数**，説明される側の変数 y を**目的変数**や**従属変数**という．本書では説明変数と目的変数という用語を用いる．

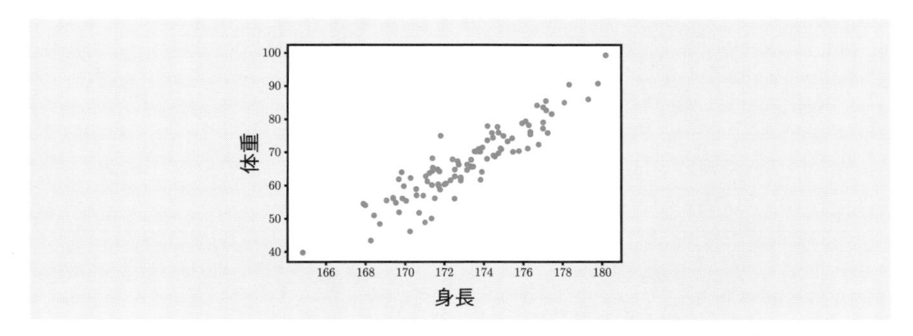

図 2.1　100 人の 20 歳男性の身長と体重のデータに関する散布図

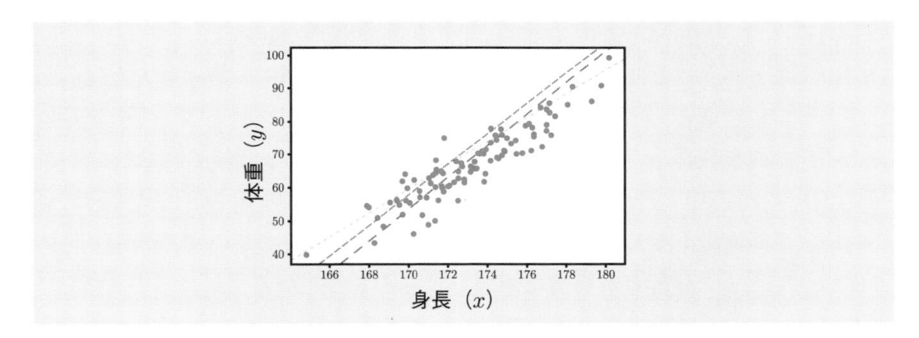

図 2.2　散布図に対する複数の直線の引き方

さて，この散布図上に直線を引くという問題を考えたときに，直線の候補は 1 つではなく，複数の直線の引き方が考えられる（**図 2.2**）．そこで，「無数に存在する直線の中でどの直線が最も良いか？」という問題が考えられるが，この問題を考えるためには，直線の良さを測る基準が必要となる．

話を簡単にするために，散布図上の点が 5 個の場合で考える（**図 2.3**(a)）．この散布図上で，すべての点をとおる直線というものは存在しないので，代わりにすべての点の近くをとおる直線が良いと考えることにする．すると今度は，点と直線の間の距離をどのように測るかが問題となる．点と直線の距離の測り方も様々であり，例えば**図 2.3**(b) の矢印の長さで測るという方法もあれば，**図 2.3**(c) の矢印の長さで測るという方法も考えられる．ここでは，各点と直線の距離を**図 2.3**(b) の矢印の長さで測ることにする．このようにするのにはいくつかの理由があるが，その理由については今後少しずつ明らかにしていく．

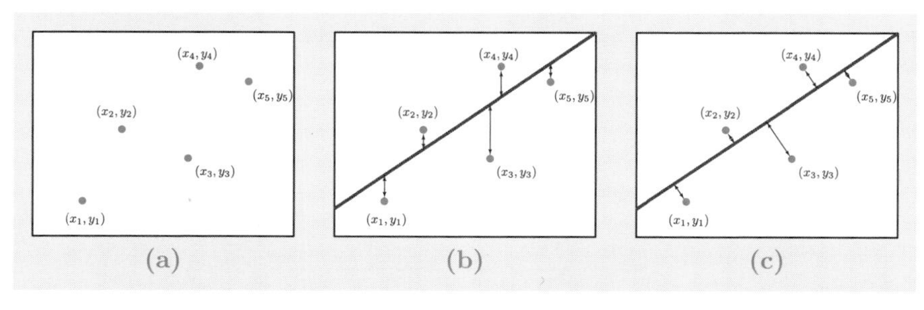

図 2.3　様々な点と直線の間の距離の測り方

直線を表す数式を $y = \beta_0 + \beta_1 x$ とおくと，直線上で x の値が x_i のところでの y の値は $\beta_0 + \beta_1 x_i$ となり，点 (x_i, y_i) と直線の間の距離は $\beta_0 + \beta_1 x_i$ と y_i の間の距離ということになる（**図 2.4**）．データ科学入門 I の第 4 章でも説明したが，一言に距離といっても様々な距離の測り方がある．例えば，差の絶対値をとった絶対値距離 $|y_i - (\beta_0 + \beta_1 x_i)|$，差の 2 乗により計算される 2 乗距離 $(y_i - (\beta_0 + \beta_1 x_i))^2$ などが考えられる．どのような距離を用いるかによって最終的に求まる直線も変わり，その直線の性質も大きく異なるので，問題・目的にあわせてデータ分析者が適切な距離を設定することが望ましい．ここでは 1 つの例として，2 乗距離を点と点の間の近さを測る尺度として採用して話を進める．すると，n 個の点 $(x_1, y_1), \ldots, (x_n, y_n)$ と直線の間の距離の合計値は

$$\sum_{i=1}^{n} (y_i - (\beta_0 + \beta_1 x_i))^2 \tag{2.1}$$

と表すことができる．この距離の合計値を最小にする β_0 と β_1 はそれぞれ

$$\widehat{\beta}_1 = \frac{\sum_{i=1}^{n} (x_i - \overline{x})(y_i - \overline{y})}{\sum_{i=1}^{n} (x_i - \overline{x})^2}, \tag{2.2}$$

$$\widehat{\beta}_0 = \overline{y} - \widehat{\beta}_1 \overline{x} \tag{2.3}$$

で与えられる．ここで，$\overline{x} = \frac{1}{n} \sum_{i=1}^{n} x_i$，$\overline{y} = \frac{1}{n} \sum_{i=1}^{n} y_i$ である．このように，2 乗距離の合計値を最小にする回帰係数を求める方法を**最小 2 乗法**と呼ぶ．最小 2 乗法の解が式 (2.2)，(2.3) となる導出については，付録 B を参照されたい．

この節では変数間の関係性を直線により特徴記述するという意思決定写像を扱った．これは**図 2.5** のように表される．「関係性を求める」という目的は曖

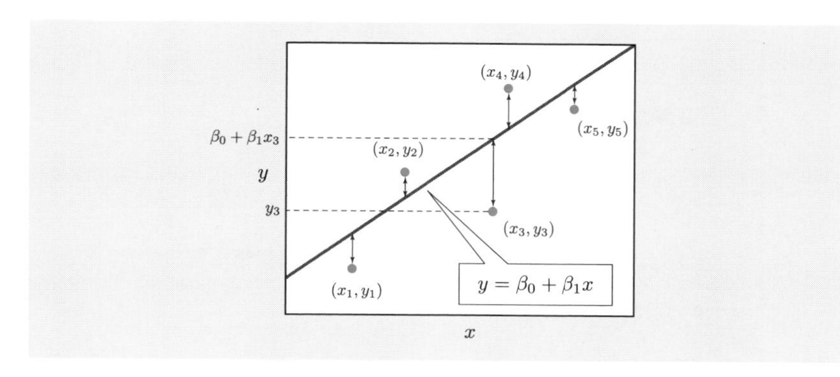

図 2.4　点と直線の間の距離

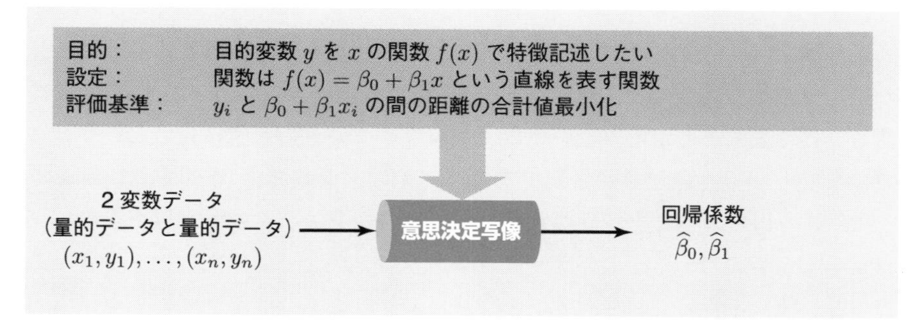

図 2.5　変数間の関係性を直線により特徴記述する意思決定写像

味なので，関係性を「関数」という形で表すことにより，変数間の関係性を表現する関数 $y = f(x)$ を求めるという問題に帰着させる．さらに関数を 1 次関数（線形関数）$y = \beta_0 + \beta_1 x$ に限定すると，関数を求めるという問題は回帰式の係数を求めるという問題に帰着される．これにより，意思決定写像を構成する問題が，$(x_1, y_1), \ldots, (x_n, y_n)$ を入力として，回帰係数 β_0, β_1 を出力する問題として表せる．意思決定写像を構成するためには評価基準が必要であり，この節では「すべての点に近い直線が良い直線である」という考え方で評価基準を設定している．「すべての点に近い」という表現も曖昧であるが，これを $f(x_i)$ と y_i との距離の和と考えて，さらに距離のとり方も決めることで，評価基準が明確な形で 1 つに定まる．

距離のとり方として 2 乗距離が使われることが多いが，その理由の一つは，

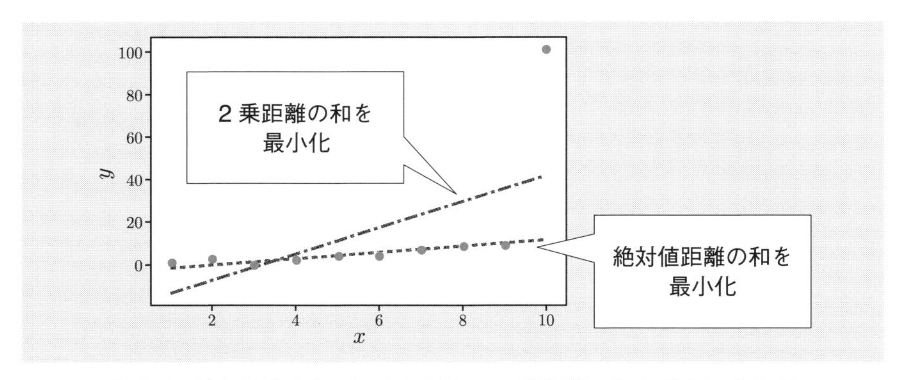

図 2.6　外れ値を含むデータに対して2乗距離の和を最小にする直線と絶対値距離の和を最小にする直線

評価基準 (2.1) を最小にする解が容易に求まるというものである．例えばこれが絶対値距離の場合だと，評価基準を最小にする解が式 (2.2)，(2.3) のように閉じた式で表すことができない．ただし解きやすいものが常に良いというわけではないという点は注意が必要である．例えば**図 2.6** は，10 個の点に対して 2 乗距離の和を最小にする直線と絶対値距離の和を最小にする直線を求めてプロットしたものである．このデータは 1 つだけ他の点とは傾向の大きく異なる点（外れ値）を含んでおり，最小 2 乗法により求まった直線はその 1 点に引っ張られて他の 9 点からは離れてしまっている．一方，絶対値距離の和を最小にして求めた直線は外れ値の影響をあまり受けていない．この例からも評価基準を適切に選ぶことの重要性がわかるであろう．

2.1.1　データ分析例

ある高校のクラスで 30 人の生徒の数学の試験に対する勉強時間と試験の点数を調査したところ**表 2.1** のデータを得た．**図 2.7**(a) はこのデータの勉強時間と試験の点数に関する散布図である．相関係数の値は 0.661 となっており，勉強時間と試験の点数の間には中程度の正の相関があることがわかる．そこで，勉強時間を x，試験の点数を y とし，y を x で説明する $y = \beta_0 + \beta_1 x$ という式を求めたい．最小 2 乗法により $\widehat{\beta}_0$ と $\widehat{\beta}_1$ を求めると，$\widehat{\beta}_0 = 54.869$，$\widehat{\beta}_1 = 3.975$ となるので，2 乗距離の合計値を最小にする回帰式は

$$y = 54.869 + 3.975x \tag{2.4}$$

ということになる．**図 2.7**(b) は散布図に式 (2.4) の回帰直線を描き加えたものである．

表 2.1　30 人の生徒の数学の試験に対する勉強時間と試験の点数

No.	勉強時間	試験の点数	No.	勉強時間	試験の点数
1	3.9	71	16	3.9	69
2	3.3	64	17	3.7	70
3	2.9	69	18	4.2	66
4	5.4	78	19	4.3	74
5	5.5	84	20	3.2	66
6	3.8	69	21	4.6	78
7	4.2	67	22	5.8	80
8	4.4	70	23	3.4	75
9	4.1	72	24	5.6	76
10	5.0	70	25	6.8	83
11	5.5	78	26	4.1	76
12	4.7	67	27	5.3	77
13	4.4	76	28	5.1	68
14	4.5	70	29	4.9	83
15	6.0	74	30	4.6	71

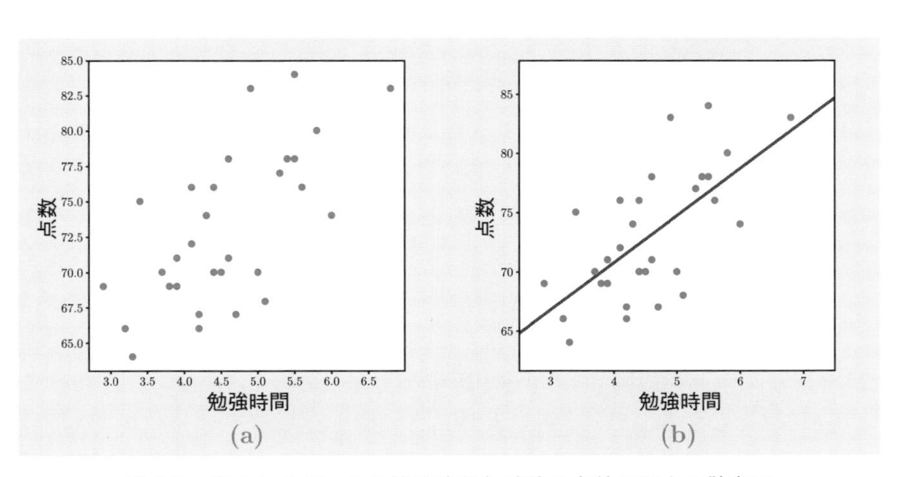

図 2.7　表 2.1 のデータの勉強時間と試験の点数に関する散布図

2.2 変数間に直線的な関係性を仮定した確率的データ生成観測メカニズム

データ科学入門Iで述べたとおり，データを分析する目的は，データの生成観測メカニズムを解明することや，未観測のデータを予測することである場合が多い．また，そのような場合に合理的な意思決定を行うためには，データ生成観測メカニズムを数理モデル化する必要があるのであった．ここでは，目的変数と説明変数の関係性を求める問題に対する確率的データ生成観測メカニズムを考える．

次のような例を考えよう（データ科学入門Iの7.4.3項のデータ分析例）．ある工場では合成樹脂板を製造している．この製品については曲げ強度 y が重要な特性であり，これが原料中のある成分の含有量 x と関連があることがわかっている．**図2.8** はこのデータに対する散布図であり，相関係数の値を計算すると約0.488となることからも，x と y の間には中程度の正の相関があることがわかる．そこで x と y の間の確率的データ生成観測メカニズムとして，次のようなモデルを仮定する[†1]．

$$\underset{\sim}{y}_i = \beta_0 + \beta_1 x_i + \underset{\sim}{\varepsilon}_i, \quad i = 1, \ldots, n \tag{2.5}$$

このモデルの背後にある考え方は例えば次のようなものである．n 個の合成樹脂板の曲げ強度は注目している成分以外の材料によっても決まってくると考えられるが，β_0 はそれらの要因によって x とは無関係に決まる曲げ強度のベースの値と考える．次に，注目している成分の含有量 x と曲げ強度の関係であるが，前述のベースとなる曲げ強度 β_0 に対して，この成分の効果は加法的に作用すると考え，かつその効果は注目している成分の含有量と比例すると仮定する．合成樹脂板の曲げ強度は，材料以外にも製造機械のコンディションなどにも依存すると考えられるが，それらの要因をすべて正確に測定することはできないため，これらの観測できない要因による効果を確率的に変動する誤差 $\underset{\sim}{\varepsilon}_i$ で表現することにする．データ科学入門Iでも述べたが，このように現実の問題の数理モデルを考えるときには，実際にデータがそのモデルに従って発生して

[†1] データ科学入門Iと同様に，本書では確率変数を $\underset{\sim}{x}$ のようにアルファベットの下に波線（チルダ）を付すことで表す．

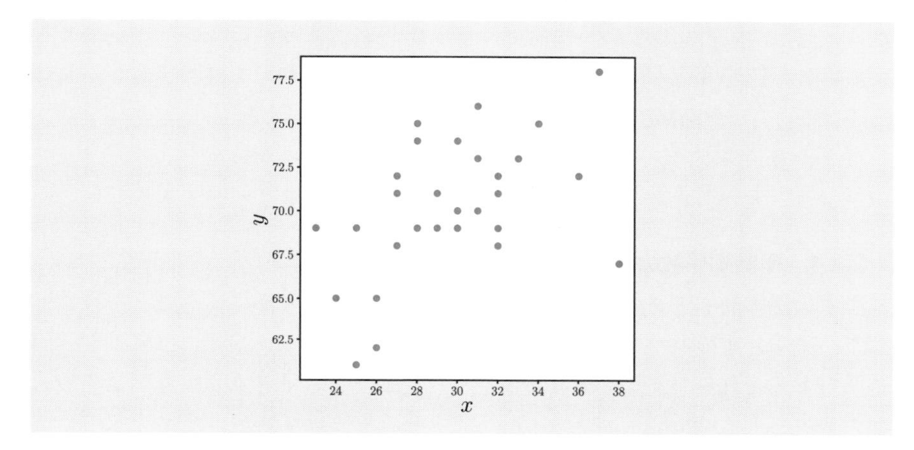

図 2.8 ある成分の含有量 x と曲げ強度 y のデータに関する散布図

いるという保証はなく，あくまでこれは仮定である点に注意が必要である．

ここでさらに $\underset{\sim}{\varepsilon}_1, \ldots, \underset{\sim}{\varepsilon}_n$ は i.i.d.[†2]で平均 0，分散 σ_ε^2 の正規分布に従うとしよう．すると，$\underset{\sim}{y}_i$ は $\beta_0 + \beta_1 x_i$ に $\underset{\sim}{\varepsilon}_i$ が加わったものであることから，やはり正規分布に従い，その確率密度関数は

$$p(y_i; \beta_0, \beta_1, \sigma_\varepsilon^2) = \frac{1}{\sqrt{2\pi\sigma_\varepsilon^2}} \exp\left(-\frac{(y_i - (\beta_0 + \beta_1 x_i))^2}{2\sigma_\varepsilon^2}\right) \tag{2.6}$$

となる[†3]．いま，$\underset{\sim}{\varepsilon}_1, \ldots, \underset{\sim}{\varepsilon}_n$ は独立であると仮定しているので，$\underset{\sim}{y}_1, \ldots, \underset{\sim}{y}_n$ も独立となり，その同時分布の確率密度関数は

$$p(y_1, \ldots, y_n; \beta_0, \beta_1, \sigma_\varepsilon^2) = \prod_{i=1}^{n} \frac{1}{\sqrt{2\pi\sigma_\varepsilon^2}} \exp\left(-\frac{(y_i - (\beta_0 + \beta_1 x_i))^2}{2\sigma_\varepsilon^2}\right) \tag{2.7}$$

により与えられる．$\beta_0, \beta_1, \sigma_\varepsilon^2$ はこの分布のパラメータと考えられる．特に回帰係数 β_0，β_1 を確率的データ生成観測メカニズムの母数として扱うときには**母回帰係数**と呼ぶことにする．ここで，$x_1, \ldots, x_n$ と $\underset{\sim}{y}_1, \ldots, \underset{\sim}{y}_n$ について，

[†2] independent and identically distributed の略．

[†3] $x_1, \ldots, x_n$ も確率密度関数の右辺に現れているので，分布を決定するという意味ではパラメータの一部であるが，$\beta_0, \beta_1, \sigma_\varepsilon^2$ とは違って未知ではないので，左辺からは省略している．以降も原則的に未知ではない定数のパラメータはセミコロン右側に書かないこととする（第 3 章のコラムも参照）．

$\underset{\sim}{y}_1, \ldots, \underset{\sim}{y}_n$ は確率変数であると考えているが，$x_1, \ldots, x_n$ については定数と考える場合と確率変数と考える場合がある．詳しくは3.6節で説明するが，しばらくは $x_1, \ldots, x_n$ は定数であるとして話を進める．

ひとたび確率的データ生成観測メカニズムの数理モデルが構築されれば，データ科学入門Iで扱った様々な意思決定写像を考えることができる．

2.2.1　母回帰係数の不偏推定量

まずは確率的データ生成観測メカニズムの構造を明らかにすることを目的とした，確率分布のパラメータ推定を考えよう．パラメータ推定には様々な評価基準が考えられるが，ここでは不偏性を評価基準として考える．母回帰係数の推定量 $\underset{\sim}{\widehat{\beta}}_0, \underset{\sim}{\widehat{\beta}}_1$ が $\mathrm{E}[\underset{\sim}{\widehat{\beta}}_0] = \beta_0$，$\mathrm{E}[\underset{\sim}{\widehat{\beta}}_1] = \beta_1$ という性質を満たすとき，$\underset{\sim}{\widehat{\beta}}_0$, $\underset{\sim}{\widehat{\beta}}_1$ は β_0, β_1 の不偏推定量というのであった．観測値 $\underset{\sim}{y}_1, \ldots, \underset{\sim}{y}_n$ に対して

$$\underset{\sim}{\widehat{\beta}}_1 = \frac{\sum_{i=1}^{n}(x_i - \overline{x})(\underset{\sim}{y}_i - \underset{\sim}{\overline{y}})}{\sum_{i=1}^{n}(x_i - \overline{x})^2}, \tag{2.8}$$

$$\underset{\sim}{\widehat{\beta}}_0 = \underset{\sim}{\overline{y}} - \underset{\sim}{\widehat{\beta}}_1 \overline{x} \tag{2.9}$$

を出力する推定量を**最小2乗推定量**という[†4]．ここで $\underset{\sim}{\overline{y}} = \frac{1}{n}\sum_{i=1}^{n} \underset{\sim}{y}_i$ である．天下り的にはなるが，最小2乗推定量は β_0, β_1 の不偏推定量となる．

最小2乗推定量が不偏推定量であることを示すために，$\underset{\sim}{\widehat{\beta}}_0$, $\underset{\sim}{\widehat{\beta}}_1$ がどのような分布に従うかを求める．まずは $\underset{\sim}{\widehat{\beta}}_1$ の分布を求めることから始めよう．

$$s_{xx} = \sum_{i=1}^{n}(x_i - \overline{x})^2, \tag{2.10}$$

$$\underset{\sim}{s}_{xy} = \sum_{i=1}^{n}(x_i - \overline{x})(\underset{\sim}{y}_i - \underset{\sim}{\overline{y}}) \tag{2.11}$$

とおくと，$\underset{\sim}{\widehat{\beta}}_1$ は

$$\underset{\sim}{\widehat{\beta}}_1 = \frac{\underset{\sim}{s}_{xy}}{s_{xx}} \tag{2.12}$$

[†4] 式 (2.2)，(2.3) と同じ式だが，式 (2.2)，(2.3) では $y_1, \ldots, y_n$ が定数であるのに対し，ここでは $\underset{\sim}{y}_1, \ldots, \underset{\sim}{y}_n$ が確率変数となっている．

と書ける．ここで $\sum_{i=1}^{n}(x_i-\overline{x})=\sum_{i=1}^{n}x_i-n\overline{x}=0$ である点に注意すると

$$\underset{\sim}{s}_{xy}=\sum_{i=1}^{n}(x_i-\overline{x})(\underset{\sim}{y}_i-\overline{\underset{\sim}{y}}) \tag{2.13}$$

$$=\sum_{i=1}^{n}(x_i-\overline{x})\underset{\sim}{y}_i-\overline{\underset{\sim}{y}}\sum_{i=1}^{n}(x_i-\overline{x}) \tag{2.14}$$

$$=\sum_{i=1}^{n}(x_i-\overline{x})\underset{\sim}{y}_i \tag{2.15}$$

が成り立つ．$\underset{\sim}{y}_i=\beta_0+\beta_1x_i+\underset{\sim}{\varepsilon}_i$ であることと，$\underset{\sim}{\varepsilon}_i$ が $\mathcal{N}(0,\sigma_\varepsilon^2)$ に従うことを考えると，$\underset{\sim}{y}_i$ は $\mathcal{N}(\beta_0+\beta_1x_i,\sigma_\varepsilon^2)$ に従う．正規分布に従う確率変数に定数 a を掛けたものは平均が a 倍，分散が a^2 倍の正規分布に従うことから，$(x_i-\overline{x})y_i$ は $\mathcal{N}((x_i-\overline{x})(\beta_0+\beta_1x_i),(x_i-\overline{x})^2\sigma_\varepsilon^2)$ に従う．さらに正規分布に従う確率変数の和は正規分布に従うことから，$\underset{\sim}{s}_{xy}$ は平均が $\sum_{i=1}^{n}(x_i-\overline{x})(\beta_0+\beta_1x_i)$，分散が $\sum_{i=1}^{n}(x_i-\overline{x})^2\sigma_\varepsilon^2=s_{xx}\sigma_\varepsilon^2$ の正規分布に従う．平均についてはさらに

$$\sum_{i=1}^{n}(x_i-\overline{x})(\beta_0+\beta_1x_i)=\sum_{i=1}^{n}(x_i-\overline{x})\beta_0+\beta_1\sum_{i=1}^{n}(x_i-\overline{x})x_i \tag{2.16}$$

$$=\beta_1\sum_{i=1}^{n}(x_i-\overline{x})x_i \tag{2.17}$$

$$=\beta_1\left(\sum_{i=1}^{n}(x_i-\overline{x})x_i-\underbrace{\overline{x}\sum_{i=1}^{n}(x_i-\overline{x})}_{0}\right) \tag{2.18}$$

$$=\beta_1\sum_{i=1}^{n}(x_i-\overline{x})^2 \tag{2.19}$$

$$=\beta_1s_{xx} \tag{2.20}$$

となる．すなわち，$\underset{\sim}{s}_{xy}$ は $\mathcal{N}(\beta_1s_{xx},s_{xx}\sigma_\varepsilon^2)$ に従う．$\widehat{\underset{\sim}{\beta}}_1=\frac{\underset{\sim}{s}_{xy}}{s_{xx}}$ と書けることから，$\widehat{\underset{\sim}{\beta}}_1$ は $\mathcal{N}\left(\beta_1,\frac{\sigma_\varepsilon^2}{s_{xx}}\right)$ に従う．

$\widehat{\underset{\sim}{\beta}}_0$ については，$\widehat{\underset{\sim}{\beta}}_0=\overline{\underset{\sim}{y}}-\widehat{\underset{\sim}{\beta}}_1\overline{x}$ と書けて，$\overline{\underset{\sim}{y}}$ が $\mathcal{N}\left(\beta_0+\beta_1\overline{x},\frac{1}{n}\sigma_\varepsilon^2\right)$ に従い，$\widehat{\underset{\sim}{\beta}}_1\overline{x}$ が $\mathcal{N}\left(\beta_1\overline{x},\frac{\overline{x}\sigma_\varepsilon^2}{s_{xx}}\right)$ に従うことから，$\widehat{\underset{\sim}{\beta}}_0$ は $\mathcal{N}\left(\beta_0,\left(\frac{1}{n}+\frac{\overline{x}^2}{s_{xx}}\right)\sigma_\varepsilon^2\right)$ に従う．

ここまでの結果は後でも使うため，ここで一度結果をまとめておく．

最小 2 乗推定量 $\underset{\sim}{\widehat{\beta}_0}$, $\underset{\sim}{\widehat{\beta}_1}$ について，$\underset{\sim}{\widehat{\beta}_0}$ は $\mathcal{N}\left(\beta_0, \left(\frac{1}{n}+\frac{\overline{x}^2}{s_{xx}}\right)\sigma_\varepsilon^2\right)$ に従い，$\underset{\sim}{\widehat{\beta}_1}$ は $\mathcal{N}\left(\beta_1, \frac{\sigma_\varepsilon^2}{s_{xx}}\right)$ に従う．

正規分布に従う確率変数の期待値は平均パラメータと一致するため，$\underset{\sim}{\widehat{\beta}_0}$, $\underset{\sim}{\widehat{\beta}_1}$ がそれぞれ β_0, β_1 の不偏推定量となっていることがわかる．不偏性を評価基準として $\underset{\sim}{\widehat{\beta}_0}$, $\underset{\sim}{\widehat{\beta}_1}$ を構築する意思決定写像は**図 2.9** のように書ける．

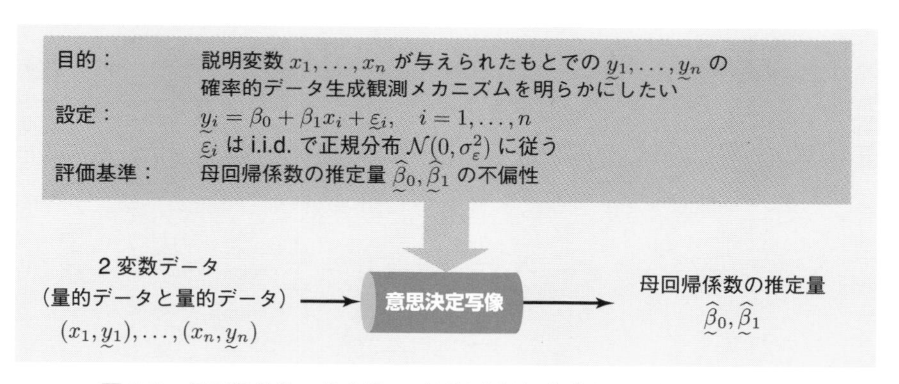

図 2.9　母回帰係数の推定量の不偏性を評価基準とした意思決定写像

2.2.2　母回帰係数の一様最小分散不偏推定量

データ科学入門 I でも述べたように，一般的に母数・パラメータの不偏推定量は 1 つとは限らず複数存在する．不偏性を持つ推定量の中で分散が最小の推定量のことを一様最小分散不偏推定量というのであった．実は最小 2 乗推定量は一様最小分散不偏推定量でもある．この事実の証明にはベクトルと行列の知識が必要となるため，詳細な説明は 3.2.1 項で行う．

一様最小分散不偏推定量を構築する意思決定写像は**図 2.10** のように書ける．

2.2.3　最　尤　推　定

ここでは尤度関数を評価基準とする最尤推定を考える．尤度関数は確率密度関数の値をパラメータの関数として見たもので，$y_1, \ldots, y_n$ が与えられたもとでの β_0, β_1, σ_ε^2 の尤度関数 $L(\beta_0, \beta_1, \sigma_\varepsilon^2)$ は以下で与えられる．

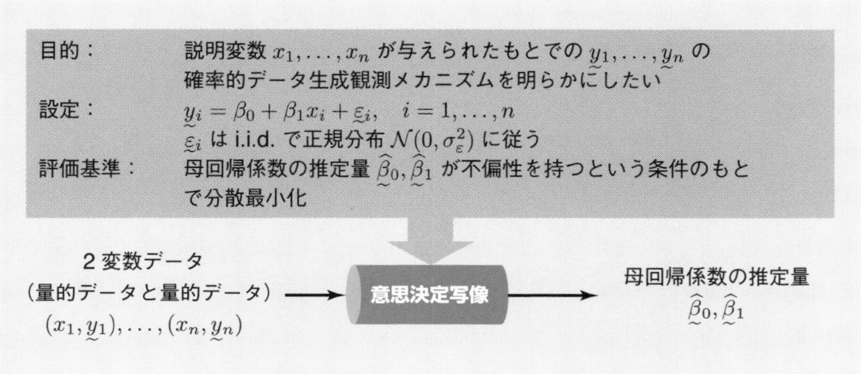

目的： 説明変数 $x_1, \ldots, x_n$ が与えられたもとでの $\underset{\sim}{y_1}, \ldots, \underset{\sim}{y_n}$ の確率的データ生成観測メカニズムを明らかにしたい

設定： $\underset{\sim}{y_i} = \beta_0 + \beta_1 x_i + \underset{\sim}{\varepsilon_i}, \quad i = 1, \ldots, n$

$\underset{\sim}{\varepsilon_i}$ は i.i.d. で正規分布 $\mathcal{N}(0, \sigma_\varepsilon^2)$ に従う

評価基準： 母回帰係数の推定量 $\underset{\sim}{\widehat{\beta}_0}, \underset{\sim}{\widehat{\beta}_1}$ が不偏性を持つという条件のもとで分散最小化

2 変数データ（量的データと量的データ） $(x_1, \underset{\sim}{y_1}), \ldots, (x_n, \underset{\sim}{y_n})$ → 意思決定写像 → 母回帰係数の推定量 $\underset{\sim}{\widehat{\beta}_0}, \underset{\sim}{\widehat{\beta}_1}$

図 2.10 母回帰係数の推定量の不偏性および分散を評価基準とした意思決定写像

$$L(\beta_0, \beta_1, \sigma_\varepsilon^2) = \prod_{i=1}^{n} \frac{1}{\sqrt{2\pi\sigma_\varepsilon^2}} \exp\left(-\frac{(y_i - (\beta_0 + \beta_1 x_i))^2}{2\sigma_\varepsilon^2}\right) \tag{2.21}$$

さらに対数尤度関数は以下のようになる．

$$l(\beta_0, \beta_1, \sigma_\varepsilon^2) = -\frac{n}{2}\log(2\pi\sigma_\varepsilon^2) - \frac{1}{2\sigma_\varepsilon^2}\sum_{i=1}^{n}(y_i - (\beta_0 + \beta_1 x_i))^2 \tag{2.22}$$

最尤推定量は尤度関数を最大にするパラメータの値を出力する推定量であった．まずは，β_0, β_1 について対数尤度関数を最大化することを考えよう．式 (2.22) の第 1 項は β_0, β_1 を含まないため，第 2 項を最大にする β_0, β_1 を求めればよいが，それは σ_ε^2 の値によらず，$-\sum_{i=1}^{n}(y_i - (\beta_0 + \beta_1 x_i))^2$ を最大化，すなわち $\sum_{i=1}^{n}(y_i - (\beta_0 + \beta_1 x_i))^2$ を最小化する β_0, β_1 を求めればよいことがわかる．この式をよく見ると，最小 2 乗法の評価基準の式 (2.1) と同じであることに気づくであろう．すなわち，β_0, β_1 の最尤推定量は最小 2 乗法の解と等しく，

$$\underset{\sim}{\widehat{\beta}_1} = \frac{\sum_{i=1}^{n}(x_i - \overline{x})(\underset{\sim}{y_i} - \underset{\sim}{\overline{y}})}{\sum_{i=1}^{n}(x_i - \overline{x})^2}, \tag{2.23}$$

$$\underset{\sim}{\widehat{\beta}_0} = \underset{\sim}{\overline{y}} - \underset{\sim}{\widehat{\beta}_1}\overline{x} \tag{2.24}$$

により与えられる．また，対数尤度を σ_ε^2 に関して微分して 0 とおいた方程式

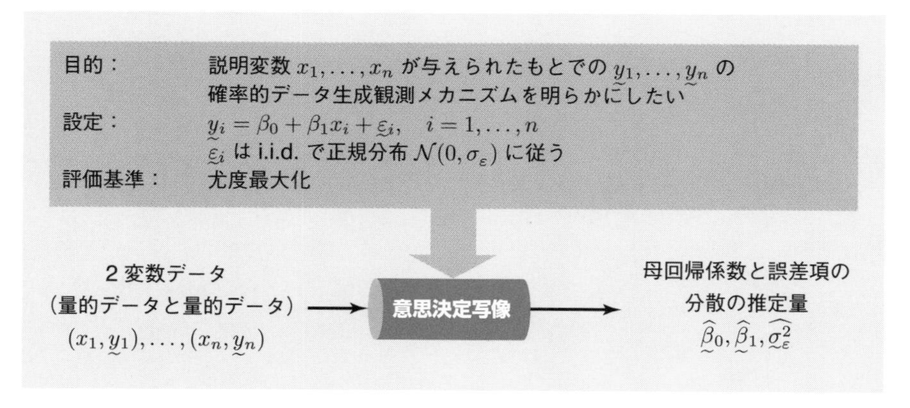

図 2.11　尤度関数を評価基準とした意思決定写像

を解くことで σ_ε^2 の最尤推定量も求められ，

$$\underset{\sim}{\widehat{\sigma_\varepsilon^2}}=\frac{1}{n}\sum_{i=1}^{n}(\underset{\sim}{y}_i-(\underset{\sim}{\widehat{\beta}}_0+\underset{\sim}{\widehat{\beta}}_1 x_i))^2 \tag{2.25}$$

となる．

最尤推定量を出力する意思決定写像は**図 2.11** のように書ける．

2.2.4　ベイズ最適な推定

データ科学入門Iにおいて，パラメータも確率変数であると考える階層的な構造を持った確率的データ生成観測メカニズムを扱った．そのような数理モデルのもとでは，ベイズ危険関数というものを定義することができ，それを最小化するベイズ最適な推定量というものを定義することができた．目的変数と説明変数の関係性を求める問題においても同様のアプローチをとることが可能である．話を簡単にするために，誤差 $\underset{\sim}{\varepsilon}_i$ の分散パラメータ σ_ε^2 の値は既知であるとする．

意思決定写像 d は $(x_1,\underset{\sim}{y}_1),\ldots,(x_n,\underset{\sim}{y}_n)$ を入力として $\underset{\sim}{\widehat{\beta}}_0$, $\underset{\sim}{\widehat{\beta}}_1$ を出力する関数である．意思決定写像 d の出力 $\underset{\sim}{\widehat{\beta}}_0$, $\underset{\sim}{\widehat{\beta}}_1$ と β_0, β_1 の近さを様々な損失関数で測ることができる．例えば，以下のような2乗誤差損失が考えられる：

$$\ell(\beta_0,\beta_1,d((x_1,\underset{\sim}{y}_1),\ldots,(x_n,\underset{\sim}{y}_n)))=(\beta_0-\underset{\sim}{\widehat{\beta}}_0)^2+(\beta_1-\underset{\sim}{\widehat{\beta}}_1)^2 \tag{2.26}$$

損失関数をサンプルに対して期待値をとった危険関数は

$$R(\beta_0, \beta_1, d) = \int \cdots \int \ell(\beta_0, \beta_1, d((x_1, y_1), \ldots, (x_n, y_n)))$$
$$\times\, p(y_1, \ldots, y_n | \beta_0, \beta_1) \mathrm{d}y_1 \cdots \mathrm{d}y_n \quad (2.27)$$

で与えられる．パラメータ β_0, β_1 も事前分布 $p(\beta_0, \beta_1)$ に従う確率変数であると考えると，ベイズ危険関数は

$$BR(d) = \iint R(\beta_0, \beta_1, d) p(\beta_0, \beta_1) \mathrm{d}\beta_0 \mathrm{d}\beta_1 \quad (2.28)$$

と定義される．損失関数として 2 乗誤差損失 (2.26) を考えた場合，ベイズ最適な推定量は $y_1, \ldots, y_n$ に対して

$$\widehat{\beta}_0 = \int \beta_0 p(\beta_0 | y_1, \ldots, y_n) \mathrm{d}\beta_0, \quad (2.29)$$

$$\widehat{\beta}_1 = \int \beta_1 p(\beta_1 | y_1, \ldots, y_n) \mathrm{d}\beta_1 \quad (2.30)$$

を出力するものである．すなわち，$\underset{\sim}{\beta_0}, \underset{\sim}{\beta_1}$ の事後分布の期待値（事後平均）が最適な出力となる．

事前分布 $p(\beta_0, \beta_1)$ として正規分布を仮定した場合，事後分布 $p(\beta_0 | y_1, \ldots, y_n)$，$p(\beta_1 | y_1, \ldots, y_n)$ はいずれも正規分布となる．説明変数が p 個存在する場合について 3.2.4 項で解説しており，説明変数が 1 つの場合の結果は $p = 1$ の場合に相当する．そこで導出しているように，ベクトルと行列を用いたほうが簡単に導出できるが，ここでは雰囲気を理解するために，ベクトルと行列を用いずに導出の概要を述べる．

議論を簡単にするため，$\underset{\sim}{\beta_0}$, $\underset{\sim}{\beta_1}$ は独立であるとし，$\underset{\sim}{\beta_0}$, $\underset{\sim}{\beta_1}$ の事前分布はそれぞれ $\mathcal{N}(\mu_0, \sigma_0^2), \mathcal{N}(\mu_1, \sigma_1^2)$ であると仮定する．ベイズの定理から

$$p(\beta_0, \beta_1 | y_1, \ldots, y_n) = \frac{p(y_1, \ldots, y_n | \beta_0, \beta_1) p(\beta_0) p(\beta_1)}{p(y_1, \ldots, y_n)} \quad (2.31)$$

となる．いま興味があるのは，$\underset{\sim}{\beta_0}$, $\underset{\sim}{\beta_1}$ の事後分布の確率密度関数がどのようになるかであり，分母は β_0, β_1 によらない量となることに注意すると，重要なのは分子が β_0, β_1 の関数としてどのような関数になるかという点である．分子の各項はそれぞれ次のように与えられる．

$$p(y_1,\ldots,y_n|\beta_0,\beta_1)=\prod_{i=1}^{n}\frac{1}{\sqrt{2\pi\sigma_\varepsilon^2}}\exp\left(-\frac{(y_i-(\beta_0+\beta_1x_i))^2}{2\sigma_\varepsilon^2}\right), \quad (2.32)$$

$$p(\beta_0)=\frac{1}{\sqrt{2\pi\sigma_0^2}}\exp\left(-\frac{(\beta_0-\mu_0)^2}{2\sigma_0^2}\right), \quad (2.33)$$

$$p(\beta_1)=\frac{1}{\sqrt{2\pi\sigma_1^2}}\exp\left(-\frac{(\beta_1-\mu_1)^2}{2\sigma_1^2}\right) \quad (2.34)$$

いずれの項も β_0, β_1 を含むのが指数関数の中のみであることに注意すると，

$$\begin{aligned}&p(\beta_0,\beta_1|y_1,\ldots,y_n)\\&=C_1\exp\left(-\sum_{i=1}^{n}\frac{(y_i-(\beta_0+\beta_1x_i))^2}{2\sigma_\varepsilon^2}-\frac{(\beta_0-\mu_0)^2}{2\sigma_0^2}-\frac{(\beta_1-\mu_1)^2}{2\sigma_1^2}\right)\end{aligned} \quad (2.35)$$

と書ける．ここで C_1 は β_0, β_1 によらない定数である．式 (2.35) が β_0, β_1 に関してどのような式になっているかに着目すると，指数部分が β_0 と β_1 の2次式になっていることが確認できる．そこで，この式を β_0, β_1 に関して平方完成して整理すると，

$$\begin{aligned}p(\beta_0,\beta_1|y_1,\ldots,y_n)=C_2\exp\Bigg(&-\frac{1}{2(1-\rho_n^2)}\Bigg(\frac{(\beta_0-\mu_{n,0})^2}{\sigma_{n,0}^2}\\&-2\rho_n\frac{(\beta_0-\mu_{n,0})(\beta_1-\mu_{n,1})}{\sigma_{n,0}\sigma_{n,1}}+\frac{(\beta_1-\mu_{n,1})^2}{\sigma_{n,1}^2}\Bigg)\Bigg)\end{aligned} \quad (2.36)$$

と書くことができ（C_2 は β_0, β_1 によらない定数），これはパラメータが $\mu_{n,0},\mu_{n,1},\sigma_{n,0}^2,\sigma_{n,1}^2,\rho_n$ の2変量正規分布の確率密度関数である．事後分布のパラメータ $\mu_{n,0}$, $\mu_{n,1}$, $\sigma_{n,0}^2$, $\sigma_{n,1}^2,\rho_n$ の具体的な式の形はベクトル・行列を用いないと非常に複雑になるため，詳細については3.2.4項を参照されたい．

ベイズ最適な推定量を出力する意思決定写像は**図 2.12** のように書ける．

また，$\underset{\sim}{\beta}_0$, $\underset{\sim}{\beta}_1$ の事後分布を求めることで，$\underset{\sim}{\beta}_0$, $\underset{\sim}{\beta}_1$ の**信用区間**を求めることができる．$y_1,\ldots,y_n$ を観測したもとでの，パラメータ $\underset{\sim}{\beta}_0$, $\underset{\sim}{\beta}_1$ の $100(1-\alpha)\%$ 信用区間とは

$$\Pr\left\{\underset{\sim}{\beta}_j\in[l_j,u_j]\,|y_1,\ldots,y_n\right\}=1-\alpha,\quad j=0,1 \quad (2.37)$$

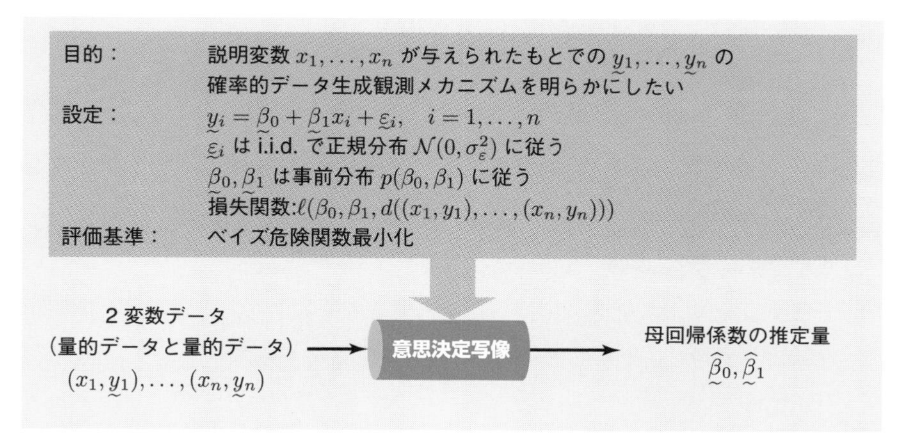

図 2.12 ベイズ危険関数を評価基準とした意思決定写像

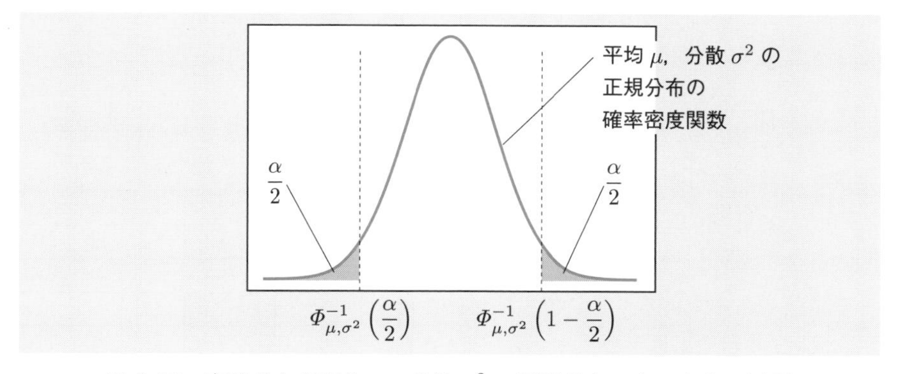

図 2.13 事後分布が平均 μ，分散 σ^2 の正規分布であるときの区間幅最小の $100(1-\alpha)\%$ 信用区間

を満たす区間 $[l_0, u_0]$, $[l_1, u_1]$ を指す．一般的に式 (2.37) を満たす区間は無数に存在するので，その中で区間幅が最も小さい区間を求めたい．事後分布からそのような区間を求めることは容易でないことも多いが，事後分布が正規分布の場合は容易に求まる．正規分布は左右対称で平均に近いほど密度が大きいので，事後分布の両端を $\frac{\alpha}{2}$ ずつ切り落として得られる区間が区間幅最小の $100(1-\alpha)\%$ 信用区間となる（**図 2.13**）．2 変量正規分布の性質から，$\underset{\sim}{\beta}_0$, $\underset{\sim}{\beta}_1$ の事後分布の周辺分布はそれぞれ $\mathcal{N}(\mu_{n,0}, \sigma^2_{n,0})$, $\mathcal{N}(\mu_{n,1}, \sigma^2_{n,1})$ となるので，

$\underset{\sim}{\beta}_0$, $\underset{\sim}{\beta}_1$ の $100(1-\alpha)\%$ 信用区間は

$$\left[\Phi^{-1}_{\mu_{n,j},\sigma^2_{n,j}}\left(\frac{\alpha}{2}\right), \Phi^{-1}_{\mu_{n,j},\sigma^2_{n,j}}\left(1-\frac{\alpha}{2}\right)\right], \quad j=0,1 \tag{2.38}$$

で与えられる．ここで Φ^{-1}_{μ,σ^2} は平均が μ，分散が σ^2 の正規分布の累積分布関数の逆関数である．

2.2.5 データ分析例

データ科学入門 I の第 7 章で扱った次の例を考える．ある工場では合成樹脂板を製造している．この製品については曲げ強度 y が重要な特性であり，これが原料中のある成分の含有量 x とどのように関連しているかを検討することとなった．x と y について 30 組のデータをとったところ，**表 2.2** の結果が得られた．

図 2.8 はこのデータに対する散布図であり，相関係数の値を計算すると約 0.488 となることからも，x と y の間には中程度の正の相関があることがわかる．x と y の間には $\underset{\sim}{y}_i = \beta_0 + \beta_1 x_i + \underset{\sim}{\varepsilon}_i$ という関係があり，$\underset{\sim}{\varepsilon}_i$ は i.i.d. で正規分布 $\mathcal{N}(0,\sigma^2_\varepsilon)$ に従うと仮定して分析を進める．β_0 と β_1 の最尤推定量は最小 2 乗推定量と一致し，このデータにおける推定値は $\widehat{\beta}_0 = 55.058$，$\widehat{\beta}_1 = 0.515$ となる（**図 2.14**）.

次に $\underset{\sim}{\beta}_0$, $\underset{\sim}{\beta}_1$ に対して事前分布を仮定して，その事後分布を求める．ここでは簡単のため σ^2_ε の値は既知であると仮定し，$\sigma^2_\varepsilon = 1.0$ として分析する．$\underset{\sim}{\beta}_0$ と $\underset{\sim}{\beta}_1$ の事前分布として，それぞれ独立に $\mathcal{N}(0,10^3)$ という事前分布を仮定する．10^3 という数値は x や y の数値と比較して非常に大きい数字であり，事前分布の分散が大きいということは，比較的弱い事前知識を仮定していることに相当する．$\underset{\sim}{\beta}_0$, $\underset{\sim}{\beta}_1$ の事後分布は 2 変量正規分布となるが，そのパラメータ $\mu_{n,0}$，$\mu_{n,1}$，$\sigma^2_{n,0}$，$\sigma^2_{n,1}$，ρ_n は

表 2.2　ある成分の含有量 x と曲げ強度 y のデータ

No.	x	y	No.	x	y
1	32	72	16	29	69
2	25	69	17	38	67
3	34	75	18	27	72
4	37	78	19	30	74
5	32	69	20	27	71
6	28	69	21	24	65
7	32	71	22	28	69
8	33	73	23	28	74
9	27	68	24	31	73
10	30	69	25	29	71
11	26	65	26	31	76
12	32	68	27	30	70
13	26	62	28	31	70
14	36	72	29	25	61
15	30	74	30	28	75

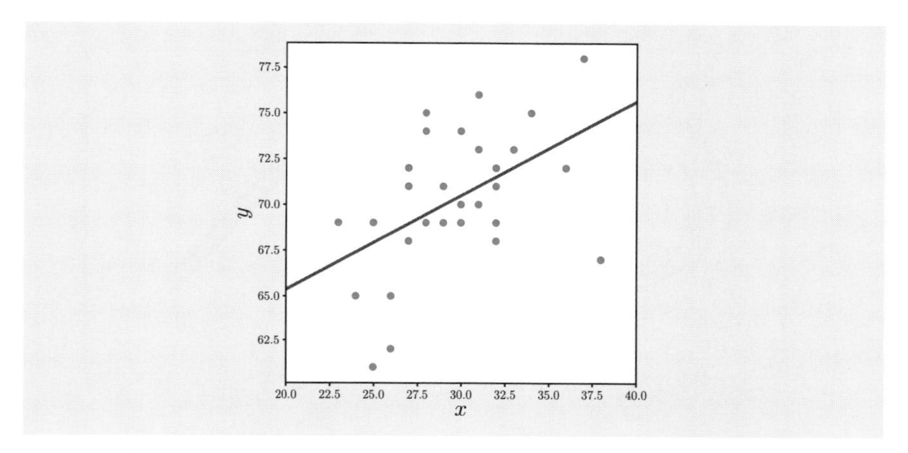

図 2.14　ある成分の含有量 x と曲げ強度 y のデータに関する散布図と最尤推定（最小 2 乗法）により推定された回帰式の直線

$$\mu_{n,0} = 54.935, \tag{2.39}$$

$$\mu_{n,1} = 0.520, \tag{2.40}$$

$$\sigma_{n,0}^2 = 2.243, \tag{2.41}$$

$$\sigma_{n,1}^2 = 0.003, \tag{2.42}$$

$$\rho_n = -0.993 \tag{2.43}$$

となる．**図 2.15** は $\underset{\sim}{\beta}_0$, $\underset{\sim}{\beta}_1$ の事前分布と事後分布の等高線を並べて描いたものである（2 つの図で横軸と縦軸の目盛りが異なる点に注意）．事前分布と比較して事後分布では狭い領域に密度が集中していることが確認できる．また，β_0, β_1 の 95% 信用区間は

$$\left[\Phi^{-1}_{\mu_{n,0},\sigma^2_{n,0}}(0.025), \Phi^{-1}_{\mu_{n,0},\sigma^2_{n,0}}(0.975)\right] = [51.999, 57.870], \tag{2.44}$$

$$\left[\Phi^{-1}_{\mu_{n,1},\sigma^2_{n,1}}(0.025), \Phi^{-1}_{\mu_{n,1},\sigma^2_{n,1}}(0.975)\right] = [0.421, 0.618] \tag{2.45}$$

で与えられる．

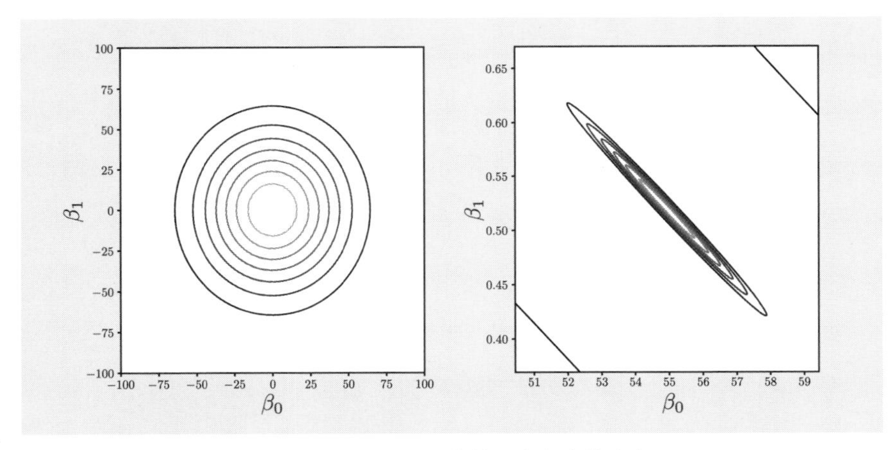

図 2.15　$\underset{\sim}{\beta}_0, \underset{\sim}{\beta}_1$ の事前分布と事後分布

2.3　確率的データ生成観測メカニズムの特徴量を推定する問題

説明変数 x の値を $x = x'$ と指定すると，目的変数 $\underset{\sim}{y}'$ の確率分布 $p(y'; \beta_0, \beta_1, x')$ が定まる[†5]．β_0 や β_1 を推定するということは，この確率分布のパラメータを推定していることになる．一方，この確率分布の特徴を表す量として $\underset{\sim}{y}'$ の期待値 $\mathrm{E}[\underset{\sim}{y}'] = \int yp(y; \beta_0, \beta_1, x')\mathrm{d}y$ や分散 $\mathrm{V}[\underset{\sim}{y}'] = \int (y - \mathrm{E}[\underset{\sim}{y}])^2 p(y; \beta_0, \beta_1, x')\mathrm{d}y$ を推定するという問題が考えられる．ここでは特に $\mathrm{E}[\underset{\sim}{y}']$ を推定する問題を扱う．確率的データ生成観測メカニズムとして $\underset{\sim}{y}' = \beta_0 + \beta_1 x' + \underset{\sim}{\varepsilon}$ というモデルを仮定し，$\underset{\sim}{\varepsilon}$ が $\mathcal{N}(0, \sigma_\varepsilon^2)$ に従うとすれば，$\mathrm{E}[\underset{\sim}{y}'] = \beta_0 + \beta_1 x'$ となるので，$\mathrm{E}[\underset{\sim}{y}']$ を推定する問題は $\beta_0 + \beta_1 x'$ を推定する問題に帰着される．$\beta_0 + \beta_1 x'$ のことを**母回帰**という．

2.3.1　母回帰の不偏推定量

母回帰の推定量 $d((x_1, \underset{\sim}{y}_1), \ldots, (x_n, \underset{\sim}{y}_n), x')$ が

$$\mathrm{E}\left[d((x_1, \underset{\sim}{y}_1), \ldots, (x_n, \underset{\sim}{y}_n), x')\right] = \beta_0 + \beta_1 x' \tag{2.46}$$

[†5] ここで x' は未知パラメータではないが変数として扱っているため，セミコロンの右側に含めている．

を満たせば，d は母回帰の不偏推定量であるといえる．いま β_0 と β_1 の推定量 $\underset{\sim}{\widehat{\beta}}_0$ と $\underset{\sim}{\widehat{\beta}}_1$ が与えられているとしよう†6．もし $\underset{\sim}{\widehat{\beta}}_0, \underset{\sim}{\widehat{\beta}}_1$ が β_0, β_1 の不偏推定量ならば，すなわち $\mathrm{E}\left[\underset{\sim}{\widehat{\beta}}_0\right] = \beta_0$，$\mathrm{E}\left[\underset{\sim}{\widehat{\beta}}_1\right] = \beta_1$ が成り立つならば，$\underset{\sim}{\widehat{\beta}}_0 + \underset{\sim}{\widehat{\beta}}_1 x'$ という推定量は，その期待値について

$$\mathrm{E}\left[\underset{\sim}{\widehat{\beta}}_0 + \underset{\sim}{\widehat{\beta}}_1 x'\right] = \mathrm{E}\left[\underset{\sim}{\widehat{\beta}}_0\right] + \mathrm{E}\left[\underset{\sim}{\widehat{\beta}}_1\right] x' \tag{2.47}$$

$$= \beta_0 + \beta_1 x' \tag{2.48}$$

という等式が成り立つため，母回帰の不偏推定量となる．2.2.1 項で説明したとおり，最小 2 乗推定量は母回帰係数の不偏推定量となるため，$\underset{\sim}{\widehat{\beta}}_0, \underset{\sim}{\widehat{\beta}}_1$ を β_0, β_1 の最小 2 乗推定量としたときの $\underset{\sim}{\widehat{\beta}}_0 + \underset{\sim}{\widehat{\beta}}_1 x'$ は母回帰の不偏推定量となる．

母回帰の推定において不偏性を評価基準とした意思決定写像は**図 2.16** のように書ける．

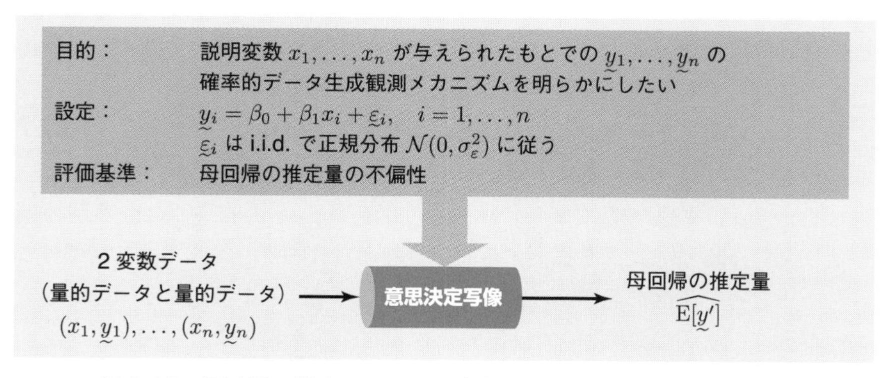

図 2.16　母回帰の推定において不偏性を評価基準とした意思決定写像

2.3.2　母回帰の一様最小分散不偏推定量

母回帰係数と同様，母回帰についても一様最小分散不偏推定量を考えることができる．本書では証明は省略するが，$\underset{\sim}{\widehat{\beta}}_0, \underset{\sim}{\widehat{\beta}}_1$ を β_0, β_1 の最小 2 乗推定量としたときの $\underset{\sim}{\widehat{\beta}}_0 + \underset{\sim}{\widehat{\beta}}_1 x'$ は母回帰の一様最小分散不偏推定量となる．証明につい

---

†6 正確には $\underset{\sim}{\widehat{\beta}}_0((x_1, \underset{\sim}{y}_1), \ldots, (x_n, \underset{\sim}{y}_n))$，$\underset{\sim}{\widehat{\beta}}_1((x_1, \underset{\sim}{y}_1), \ldots, (x_n, \underset{\sim}{y}_n))$ と書くべきだが，煩雑になるので引数を省略する．

ては佐和[5] や竹内[8] などを参照されたい．

2.4　説明変数から目的変数を予測する問題

サンプルサイズ n のサンプル $(x_1, \underset{\sim}{y}_1), \ldots, (x_n, \underset{\sim}{y}_n)$ を観測したもとで，新たに説明変数の値を x_{n+1} と設定してデータを取り直したときの目的変数 $\underset{\sim}{y}_{n+1}$ の値を予測するという問題を考える．ただし，$(x_1, \underset{\sim}{y}_1), \ldots, (x_n, \underset{\sim}{y}_n)$ と $(x_{n+1}, \underset{\sim}{y}_{n+1})$ は同じ確率的データ生成観測メカニズムから生成・観測されていると仮定する．例えば，2.2 節の例において，サンプルサイズ $n = 30$ のサンプルを観測したもとで，新たに $x_{n+1} = 29.5$ として合成樹脂板を製造した場合の曲げ強度 $\underset{\sim}{y}_{n+1}$ を予測するといった問題が考えられる．この問題に対し，データ科学入門 I の 7.3 節の場合と同様に，

- 確率的データ生成観測メカニズムを推定し，それに基づいて $\underset{\sim}{y}_{n+1}$ の値を予測する
- 意思決定写像 d として，$\underset{\sim}{y}_{n+1}$ の推定値を出力とするものを考え，その出力に対して直接的に評価基準を設定して d を構築する

という 2 つのアプローチが考えられる．本書では，前者のアプローチを**間接予測**，後者のアプローチを**直接予測**と呼ぶ．

また，$\underset{\sim}{y}_{n+1}$ は確率変数なので，$\underset{\sim}{y}_{n+1}$ の確率分布 $p(y_{n+1})$ やその期待値 $\mathrm{E}[\underset{\sim}{y}_{n+1}]$ や分散 $\mathrm{V}[\underset{\sim}{y}_{n+1}]$ を推定する問題が考えられるが，本ライブラリではこれらをまとめて予測の問題と呼ぶ．本書では以下 $\underset{\sim}{y}_{n+1}$ を推定する問題のみを扱うが，データ科学入門 III では確率分布 $p(y_{n+1})$ を推定する問題も扱う．

2.4.1　間 接 予 測

間接予測の方法を考えるために，もし仮に β_0, β_1 の値が既知であったら，どのような予測方法が最適となるかを考える．$\underset{\sim}{y}_{n+1}$ の推定値を $\widehat{\underset{\sim}{y}}_{n+1}$ と書くことにする．$\underset{\sim}{y}_{n+1}$ は確率的に変動するので，$\underset{\sim}{y}_{n+1}$ の 1 つの値に対する評価ではなく，その期待値で評価することにする．例えば，近さの基準として 2 乗距離を考えると，

$$\int \left(\widehat{\underset{\sim}{y}}_{n+1} - y_{n+1} \right)^2 p(y_{n+1}; \beta_0, \beta_1, \sigma_\varepsilon^2, x_{n+1}) \mathrm{d}y_{n+1} \tag{2.49}$$

が評価基準となる[†7]．これを最小にする $\widehat{\underset{\sim}{y}}_{n+1}$ は

$$\widehat{\underset{\sim}{y}}_{n+1} = \int y_{n+1} p(y_{n+1}; \beta_0, \beta_1, \sigma_\varepsilon^2, x_{n+1}) \mathrm{d}y_{n+1} \tag{2.50}$$

で与えられる．これはつまり x_{n+1} が与えられたときの $\underset{\sim}{y}_{n+1}$ の期待値 $\mathrm{E}[\underset{\sim}{y}_{n+1}]$ が最適であることを意味している．$\underset{\sim}{y}_{n+1} = \beta_0 + \beta_1 x_{n+1} + \underset{\sim}{\varepsilon}_{n+1}$ で，$\mathrm{E}[\underset{\sim}{\varepsilon}_{n+1}] = 0$ であることを考えると，$\mathrm{E}[\underset{\sim}{y}_{n+1}] = \beta_0 + \beta_1 x_{n+1}$ となる．すなわち，β_0, β_1 が既知であるならば，$\beta_0 + \beta_1 x_{n+1}$ を出力するのが最適となる．

実際には β_0, β_1 の値は未知のため，間接予測の方法としては，何らかの方法で $\widehat{\underset{\sim}{\beta}}_0, \widehat{\underset{\sim}{\beta}}_1$ を求めたあと，

$$\widehat{\underset{\sim}{y}}_{n+1} = \widehat{\underset{\sim}{\beta}}_0 + \widehat{\underset{\sim}{\beta}}_1 x_{n+1} \tag{2.51}$$

と予測するというものが考えられる．$\widehat{\underset{\sim}{\beta}}_0, \widehat{\underset{\sim}{\beta}}_1$ については，最尤推定量や事後平均などが考えられる．

間接予測では $(x_1, \underset{\sim}{y}_1), \ldots, (x_n, \underset{\sim}{y}_n)$ により確率的データ生成観測メカニズムの構造推定の結果を用いて，x_{n+1} に対応する $\underset{\sim}{y}_{n+1}$ を予測していた．すなわち，予測を目的とする枠組みの中で

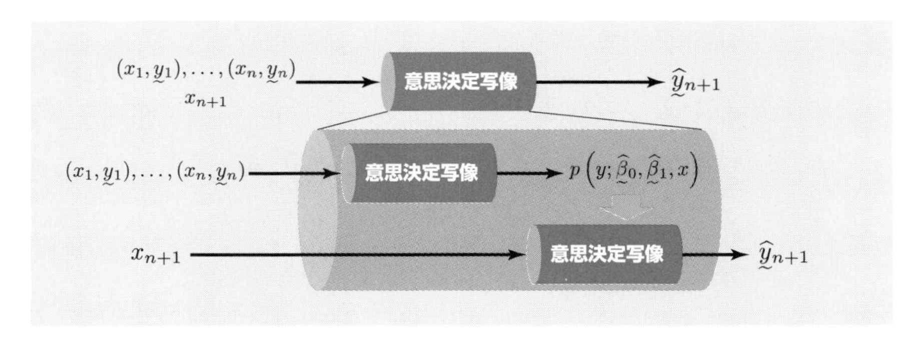

図 2.17　間接予測の意思決定写像．大きな意思決定写像の枠組みの中で「確率的データ生成観測メカニズムの推定」とそれを用いた「予測」の 2 つの意思決定写像が用いられていると考えられる．

[†7] 2.3 節と同様の理由により，x_{n+1} を分布のセミコロン右側に含めている．

- $(x_1, \underset{\sim}{y}_1), \ldots, (x_n, \underset{\sim}{y}_n)$ から確率的データ生成観測メカニズム $p(y; \beta_0, \beta_1, x)$ を推定し
- 推定した確率的データ生成観測メカニズムと x_{n+1} を用いて予測を行う

という2つの意思決定写像が存在していると解釈できる（**図 2.17**）.

2.4.2 直接予測

式 (2.5) のモデル

$$\underset{\sim}{y}_i = \beta_0 + \beta_1 x_i + \underset{\sim}{\varepsilon}_i, \quad i = 1, \ldots, n \tag{2.52}$$

を考えるが，ここでは話を簡単にするために，誤差 ε_i の分散パラメータ σ_ε^2 の値は既知であるとする．直接予測では，意思決定写像 d の出力を $\underset{\sim}{y}_{n+1}$ の推定値とする．すなわち，

$$d((x_1, \underset{\sim}{y}_1), \ldots, (x_n, \underset{\sim}{y}_n), x_{n+1}) = \underset{\sim}{\widehat{y}}_{n+1} \tag{2.53}$$

となる意思決定写像を考えて，何らかの意味で最適な d を構築する．$\underset{\sim}{y}_{n+1}$ の値を予測するのであるから，評価基準として d の出力と $\underset{\sim}{y}_{n+1}$ との近さを考えるのは自然であろう．$\underset{\sim}{y}_{n+1}$ は確率的に変動するので，間接予測のときと同様，$\underset{\sim}{y}_{n+1}$ の1つの値に対する評価ではなく，その期待値で評価することにする．例えば，近さの基準として2乗距離を考えると，損失関数として

$$\begin{aligned} &\ell(\beta_0, \beta_1, d((x_1, \underset{\sim}{y}_1), \ldots, (x_n, \underset{\sim}{y}_n), x_{n+1})) \\ &= \int (y_{n+1} - d((x_1, \underset{\sim}{y}_1), \ldots, (x_n, \underset{\sim}{y}_n), x_{n+1}))^2 p(y_{n+1}; \beta_0, \beta_1, x_{n+1}) \mathrm{d}y_{n+1} \end{aligned} \tag{2.54}$$

といった量が考えられる．パラメータの推定と同様，危険関数は

$$R(d, \beta_0, \beta_1) = \int \cdots \int \ell(d((x_1, \underset{\sim}{y}_1), \ldots, (x_n, \underset{\sim}{y}_n), x_{n+1}), \beta_0, \beta_1) \mathrm{d}y_1 \cdots \mathrm{d}y_n \tag{2.55}$$

で与えられる．パラメータ $\underset{\sim}{\beta}_0, \underset{\sim}{\beta}_1$ も確率変数であると考え，事前分布 $p(\beta_0, \beta_1)$ を仮定すれば，ベイズ危険関数

$$BR(d) = \iint R(d, \beta_0, \beta_1) p(\beta_0, \beta_1) \mathrm{d}\beta_0 \mathrm{d}\beta_1 \tag{2.56}$$

を考えることができる．導出は省略するが，損失関数として式 (2.54) を仮定した場合，ベイズ最適な予測は

$$d^*((x_1,\underset{\sim}{y}_1),\ldots,(x_n,\underset{\sim}{y}_n),x_{n+1}) = \int y_{n+1}p(y_{n+1}|\underset{\sim}{y}_1,\ldots,\underset{\sim}{y}_n;x_{n+1})\mathrm{d}y_{n+1} \tag{2.57}$$

となる[†8]．ここで，$p(y_{n+1}|\underset{\sim}{y}_1,\ldots,\underset{\sim}{y}_n;x_{n+1})$ は

$$p(y_{n+1}|\underset{\sim}{y}_1,\ldots,\underset{\sim}{y}_n;x_{n+1}) = \iint p(y_{n+1}|\beta_0,\beta_1;x_{n+1})p(\beta_0,\beta_1|\underset{\sim}{y}_1,\ldots,\underset{\sim}{y}_n)\mathrm{d}\beta_0\mathrm{d}\beta_1 \tag{2.58}$$

で与えられ，**予測分布**と呼ばれる．事前分布 $p(\beta_0,\beta_1)$ として正規分布を仮定した場合，予測分布もやはり正規分布となり，予測分布の平均 μ_{n+1} と分散 σ^2_{n+1} はそれぞれ

$$\mu_{n+1} = \mu_{n,0} + \mu_{n,1}x_{n+1}, \tag{2.59}$$

$$\sigma^2_{n+1} = \sigma^2_{n,0} + 2\rho_n\sigma_{n,0}\sigma_{n,1}x_{n+1} + \sigma^2_{n,1}x^2_{n+1} \tag{2.60}$$

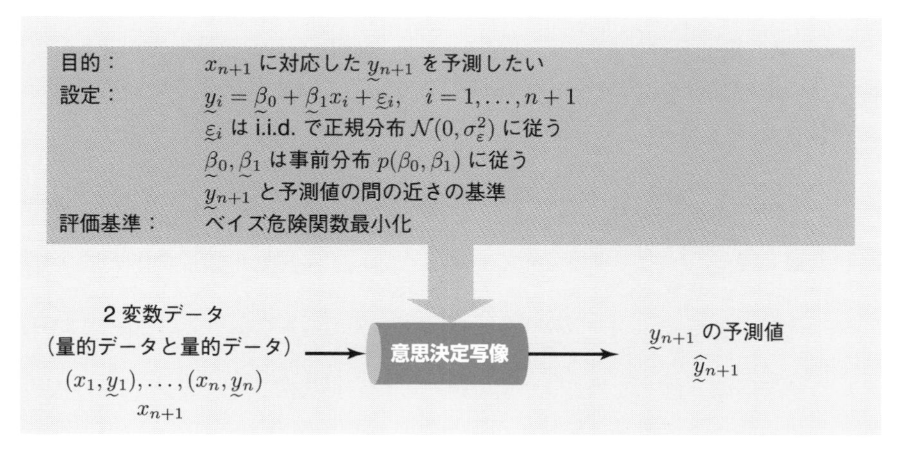

図 2.18　直接予測の意思決定写像

[†8] 一見すると左辺に含まれている $x_1,\ldots,x_n$ が右辺に含まれていないように見えるが，これは右辺の $p(y_{n+1}|\underset{\sim}{y}_1,\ldots,\underset{\sim}{y}_n;x_{n+1})$ のセミコロン右側から $x_1,\ldots,x_n$ を省略していることによる．

で与えられる．ここで，$\mu_{n,0}, \mu_{n,1}, \sigma^2_{n,0}, \sigma^2_{n,1}, \rho_n$ は式 (2.36) で出てきた $\underset{\sim}{\beta}_0, \underset{\sim}{\beta}_1$ の事後分布のパラメータである．説明変数が p 個存在する場合について 3.4.2 項で解説しており，説明変数が 1 つの場合の結果は $p = 1$ の場合に相当するので，導出は 3.4.2 項を参照されたい．

直接予測の意思決定写像は**図 2.18** のように表される．

また，事後分布から $\underset{\sim}{\beta}_0$, $\underset{\sim}{\beta}_1$ の信用区間を構築したのと同様の考え方により，予測分布から

$$\Pr\{\underset{\sim}{y}_{n+1} \in [l, u] \,|y_1, \ldots, y_n\} = 1 - \alpha \tag{2.61}$$

を満たすような区間 $[l, u]$ を構築することが可能である．本書ではこれを**予測区間**と呼ぶ[†9]．事前分布に正規分布を仮定した場合，区間幅最小の $100(1-\alpha)\%$ 予測区間は

$$\left[\Phi^{-1}_{\mu_{n+1},\sigma^2_{n+1}}\left(\frac{\alpha}{2}\right), \Phi^{-1}_{\mu_{n+1},\sigma^2_{n+1}}\left(1 - \frac{\alpha}{2}\right)\right] \tag{2.62}$$

で与えられる．

2.4.3 データ分析例

2.2.5 項で扱った例において，新たに $x_{n+1} = 35$ として合成樹脂板を製造したときの曲げ強度 $\underset{\sim}{y}_{n+1}$ を予測する問題を考える．最尤推定量を用いた間接予測を行うと，

$$\widehat{y}_{n+1} = 55.058 + 0.515 \times 35 = 73.083 \tag{2.63}$$

という値を得る．一方で事後分布の平均 $\mu_{n,0}$, $\mu_{n,1}$ を用いた間接予測を行うと，

$$\widehat{y}_{n+1} = 54.935 + 0.520 \times 35 = 73.135 \tag{2.64}$$

という値を得る．詳しくは 3.4.2 項で述べるが，損失関数として式 (2.54) を仮定した場合のベイズ最適な予測は予測分布の平均を出力するものとなり，予測分布の平均は事後分布の平均を用いた間接予測の結果と一致するので，その場合は直接予測を行う場合でも同じ 73.135 という値を出力することになる．

[†9] 多くの統計学の教科書では，信頼区間を構築するのと同様の考え方で構築される区間を予測区間と呼んでいるが，ここで定義した予測区間とは別のものであるので注意されたい．

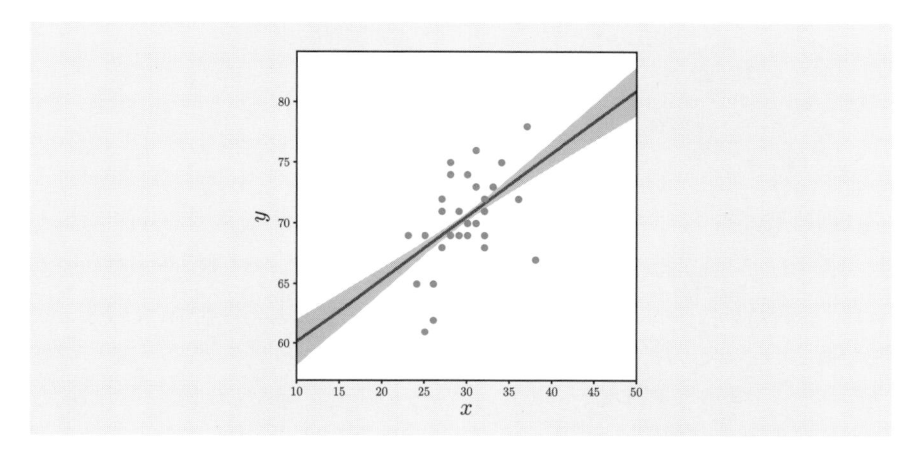

図 2.19　表 2.2 のデータに対する散布図と 95% 予測区間

また，x_{n+1} に対する $\underset{\sim}{y}_{n+1}$ の予測分布は式 (2.59) と式 (2.60) を用いて $\mathcal{N}(\mu_{n+1}, \sigma^2_{n+1})$ となる．x_{n+1} の値を 10 から 50 の範囲で変化させたときの，95% 予測区間の範囲を図示すると**図 2.19** のようになる．得られているデータにおいて $x_1, \ldots, x_n$ は 23.0 から 38.0 の範囲でばらついているが，そのデータに含まれない範囲では予測区間の幅が大きくなっていることが確認できる．より具体的には，x_{n+1} と標本平均 $\overline{x}$ の値との距離（2 乗距離）が大きくなるほど予測区間の幅が大きくなる．この結果は，パラメータの推定に用いたデータと大きく傾向が異なるデータに対して予測をするのは非常に難しい問題となることを示唆しており，この点は予測問題を考えるときには注意すべきことである．

2.5　その他の意思決定写像

2.5.1　母回帰係数の区間推定

パラメータ β_0, β_1 について区間推定を行うことを考える．すなわち，各 β_i に対して，真の β_i を含むと考えられる区間 $[\underset{\sim}{l}_i, \underset{\sim}{u}_i]$ を構築する．パラメータ β_0, β_1 の信頼係数 $100(1-\alpha)$% の**信頼区間**は

$$\Pr\left\{\beta_j \in \left[\underset{\sim}{l}_j, \underset{\sim}{u}_j\right]\right\} = 1 - \alpha, \quad j = 0, 1 \tag{2.65}$$

と表される．

2.2.1 項において，以下の結果を導出した．

最小 2 乗推定量 $\underset{\sim}{\widehat{\beta}}_0, \underset{\sim}{\widehat{\beta}}_1$ について，$\underset{\sim}{\widehat{\beta}}_0$ は $\mathcal{N}\left(\beta_0, \left(\frac{1}{n}+\frac{\overline{x}^2}{s_{xx}}\right)\sigma_\varepsilon^2\right)$ に従い，$\underset{\sim}{\widehat{\beta}}_1$ は $\mathcal{N}\left(\beta_1, \frac{\sigma_\varepsilon^2}{s_{xx}}\right)$ に従う．

この結果に基づいて β_0, β_1 の信頼区間を構築することを考える．例えば β_1 については，$\frac{\underset{\sim}{\widehat{\beta}}_1-\beta_1}{\sqrt{\sigma_\varepsilon^2/s_{xx}}}$ が標準正規分布に従うので，誤差の分散 σ_ε^2 が既知であれば，この結果に基づいて β_1 の区間推定ができる．しかし一般的には σ_ε^2 は未知であるので，このままでは β_1 の区間推定を行うことができない．1 つの解決策はデータ科学入門 I で行ったように σ_ε^2 の最尤推定量を代入して近似的な信頼区間を構築するというものであるが，一般的には t 分布に基づいた方法が広く使われるため，ここではその方法について解説する．

証明は省略するが，

$$\underset{\sim}{v}^2 = \frac{1}{n-2}\sum_{i=1}^{n}\left(\underset{\sim}{y}_i - (\underset{\sim}{\widehat{\beta}}_0 + \underset{\sim}{\widehat{\beta}}_1 x_i)\right)^2 \tag{2.66}$$

とおくと，これが σ_ε^2 の不偏推定量となることが知られている．そこで，$\frac{\underset{\sim}{\widehat{\beta}}_1-\beta_1}{\sqrt{\sigma_\varepsilon^2/s_{xx}}}$ の σ_ε^2 を $\underset{\sim}{v}^2$ で置き換えた

$$\frac{\underset{\sim}{\widehat{\beta}}_1-\beta_1}{\sqrt{\underset{\sim}{v}^2/s_{xx}}} \tag{2.67}$$

という統計量を考えると，これが自由度 $n-2$ の t 分布に従うことが知られている．自由度が $n-2$ の t 分布の累積分布関数を Ψ_{n-2} とすると，

$$\Pr\left\{\Psi_{n-2}^{-1}\left(\frac{\alpha}{2}\right) < \frac{\underset{\sim}{\widehat{\beta}}_1-\beta_1}{\sqrt{\underset{\sim}{v}^2/s_{xx}}} < \Psi_{n-2}^{-1}\left(1-\frac{\alpha}{2}\right)\right\} = 1-\alpha \tag{2.68}$$

が成り立つ（**図 2.20** 参照）．これを整理すると，

$$\Pr\left\{\underset{\sim}{\widehat{\beta}}_1 - \sqrt{\frac{\underset{\sim}{v}^2}{s_{xx}}}\Psi_{n-2}^{-1}\left(1-\frac{\alpha}{2}\right) < \beta_1 < \underset{\sim}{\widehat{\beta}}_1 + \sqrt{\frac{\underset{\sim}{v}^2}{s_{xx}}}\Psi_{n-2}^{-1}\left(1-\frac{\alpha}{2}\right)\right\} = 1-\alpha \tag{2.69}$$

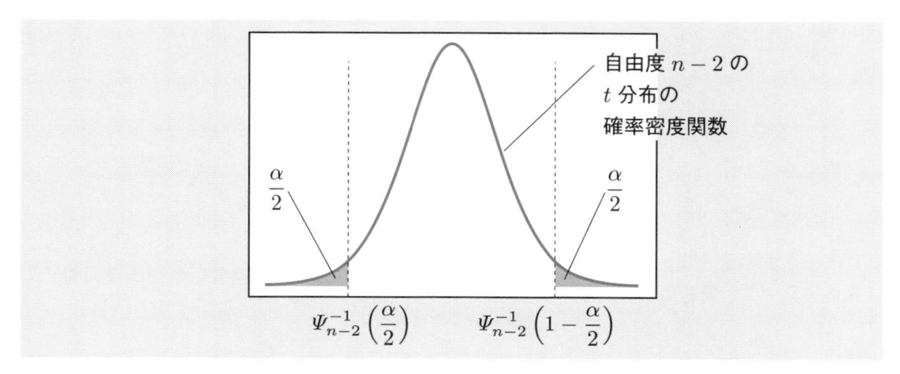

図 2.20　自由度 $n-2$ の t 分布の確率密度関数と $\Psi_{n-2}^{-1}\left(\frac{\alpha}{2}\right)$, $\Psi_{n-2}^{-1}\left(1-\frac{\alpha}{2}\right)$

となる（t 分布が左右対称な分布で，$\left|\Psi_{n-2}^{-1}\left(\frac{\alpha}{2}\right)\right| = \left|\Psi_{n-2}^{-1}\left(1-\frac{\alpha}{2}\right)\right|$ であることを用いた）．この式から，β_1 に関する信頼係数 $1-\alpha$ の信頼区間として

$$\left[\underset{\sim}{\widehat{\beta}}_1 - \sqrt{\frac{\underset{\sim}{v}^2}{s_{xx}}}\Psi_{n-2}^{-1}\left(1-\frac{\alpha}{2}\right), \underset{\sim}{\widehat{\beta}}_1 + \sqrt{\frac{\underset{\sim}{v}^2}{s_{xx}}}\Psi_{n-2}^{-1}\left(1-\frac{\alpha}{2}\right)\right] \tag{2.70}$$

が得られる．

β_0 についても同様の手順で信頼区間を構築することができ，β_0 に関する信頼係数 $1-\alpha$ の信頼区間は

$$\left[\underset{\sim}{\widehat{\beta}}_0 - \sqrt{\left(\frac{1}{n}+\frac{\overline{x}^2}{s_{xx}}\right)\underset{\sim}{v}^2}\Psi_{n-2}^{-1}\left(1-\frac{\alpha}{2}\right), \right.$$
$$\left. \underset{\sim}{\widehat{\beta}}_0 + \sqrt{\left(\frac{1}{n}+\frac{\overline{x}^2}{s_{xx}}\right)\underset{\sim}{v}^2}\Psi_{n-2}^{-1}\left(1-\frac{\alpha}{2}\right)\right] \tag{2.71}$$

で与えられる．

母回帰係数の区間推定の意思決定写像は**図 2.21** のように表される．

2.5.2　母回帰係数の仮説検定

ここでは母回帰係数 β_0, β_1 に関する仮説検定を行う意思決定写像を考える．まずは β_1 に関する仮説検定を考えよう．ある 2 つの値 $\beta_{1,0}$，$\beta_{1,1}$ が与えられたときに，$H_0 : \beta_1 = \beta_{1,0}$，$H_1 : \beta_1 = \beta_{1,1}$ と設定する仮説検定が考えられる．

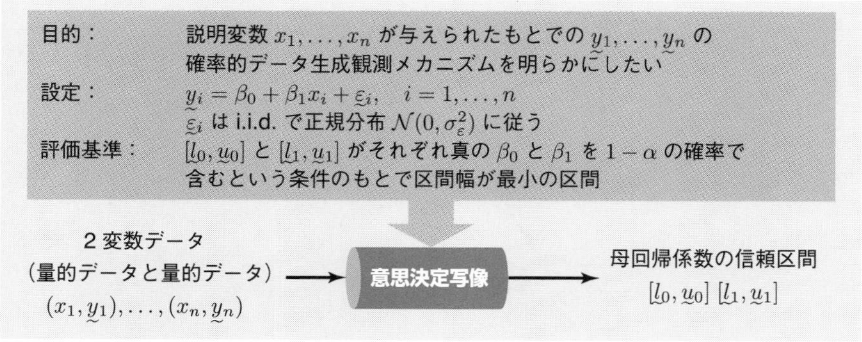

目的：　説明変数 $x_1,\ldots,x_n$ が与えられたもとでの $\underset{\sim}{y}_1,\ldots,\underset{\sim}{y}_n$ の確率的データ生成観測メカニズムを明らかにしたい

設定：　$\underset{\sim}{y}_i = \beta_0 + \beta_1 x_i + \underset{\sim}{\varepsilon}_i, \quad i=1,\ldots,n$
$\underset{\sim}{\varepsilon}_i$ は i.i.d. で正規分布 $\mathcal{N}(0,\sigma_\varepsilon^2)$ に従う

評価基準：　$[\underset{\sim}{l}_0,\underset{\sim}{u}_0]$ と $[\underset{\sim}{l}_1,\underset{\sim}{u}_1]$ がそれぞれ真の β_0 と β_1 を $1-\alpha$ の確率で含むという条件のもとで区間幅が最小の区間

2変数データ（量的データと量的データ）$(x_1,\underset{\sim}{y}_1),\ldots,(x_n,\underset{\sim}{y}_n)$ → 意思決定写像 → 母回帰係数の信頼区間 $[\underset{\sim}{l}_0,\underset{\sim}{u}_0]$ $[\underset{\sim}{l}_1,\underset{\sim}{u}_1]$

図 2.21　母回帰係数の区間推定の意思決定写像

しかし一般的には，$H_0:\beta_1=0$，$H_1:\beta_1\neq 0$ とする仮説検定問題が考えられることが多い．すなわち，目的変数に対して説明変数が説明に寄与するかしないかを調べたいというのが目的である．ところがこの場合，対立仮説が複合仮説になっており，データ科学入門 I でも述べたとおり，ネイマン–ピアソンの基準で最適な検定を行うことは難しい．そこで次善の策として，「最適ではないが少なくとも第1種の誤り確率は既定値（有意水準）以下に抑えられる検定方法」が広く用いられている．以降この方法について説明するが，この方法では第2種の誤り確率については何ら保証されないという点には十分注意する必要がある[†10]．

区間推定の項で説明したとおり，

$$\frac{\underset{\sim}{\widehat{\beta}}_1-\beta_1}{\sqrt{\underset{\sim}{v}^2/s_{xx}}} \tag{2.72}$$

という統計量は自由度 $n-2$ の t 分布に従う．すなわち，$H_0:\beta_1=0$ という仮説のもとでは，

$$\frac{\underset{\sim}{\widehat{\beta}}_1}{\sqrt{\underset{\sim}{v}^2/s_{xx}}} \tag{2.73}$$

という統計量が自由度 $n-2$ の t 分布に従う．よって，

[†10] この方法はデータ科学入門 I の第7章のコラムで述べた，フィッシャーの考えとネイマンの考えを混ぜたような方法である．

$$\Pr_{H_0}\left\{\Psi_{n-2}^{-1}\left(\frac{\alpha}{2}\right) < \frac{\widehat{\underset{\sim}{\beta}}_1}{\sqrt{\underset{\sim}{v}^2/s_{xx}}} < \Psi_{n-2}^{-1}\left(1-\frac{\alpha}{2}\right)\right\} = 1-\alpha \tag{2.74}$$

が成り立つ．ここで，確率が仮説 H_0 の元で計算されていることを表すために $\Pr_{H_0}$ という記法を用いた．t 分布は左右対称な分布であり，$\left|\Psi_{n-2}^{-1}\left(\frac{\alpha}{2}\right)\right| = \left|\Psi_{n-2}^{-1}\left(1-\frac{\alpha}{2}\right)\right|$ であることに注意すると，

$$\Pr_{H_0}\left\{\left|\frac{\widehat{\underset{\sim}{\beta}}_1}{\sqrt{\underset{\sim}{v}^2/s_{xx}}}\right| \geq \Psi_{n-2}^{-1}\left(1-\frac{\alpha}{2}\right)\right\} = \alpha \tag{2.75}$$

という式が導かれる．この式は，「帰無仮説 H_0 の元では，$\left|\frac{\widehat{\underset{\sim}{\beta}}_1}{\sqrt{\underset{\sim}{v}^2/s_{xx}}}\right|$ の値が $\Psi_{n-2}^{-1}\left(1-\frac{\alpha}{2}\right)$ より大きくなる確率は α である」ということを意味している．そこで，検定関数 d として

$$d(\underset{\sim}{y}_1,\ldots,\underset{\sim}{y}_n) = \begin{cases} H_0 & \text{if } \left|\frac{\widehat{\underset{\sim}{\beta}}_1}{\sqrt{\underset{\sim}{v}^2/s_{xx}}}\right| < \Psi_{n-2}^{-1}\left(1-\frac{\alpha}{2}\right) \\ H_1 & \text{otherwise} \end{cases} \tag{2.76}$$

というものを考えると，この検定関数は第 1 種の誤り確率がちょうど α であることを保証する．繰り返しになるが，第 2 種の誤り確率については何ら保証されない点には注意されたい[†11]．

β_0 に関する仮説検定も同様で，$H_0 : \beta_0 = 0$，$H_1 : \beta_0 \neq 0$ という仮説に対して，

$$d(\underset{\sim}{y}_1,\ldots,\underset{\sim}{y}_n) = \begin{cases} H_0 & \text{if } \left|\frac{\widehat{\underset{\sim}{\beta}}_0}{\sqrt{\left(\frac{1}{n}+\frac{\overline{x}^2}{s_{xx}}\right)\underset{\sim}{v}^2}}\right| < \Psi_{n-2}^{-1}\left(1-\frac{\alpha}{2}\right) \\ H_1 & \text{otherwise} \end{cases} \tag{2.77}$$

という検定関数を考えることで，第 1 種の誤り確率を α にすることができる．

母回帰係数の仮説検定を行う際には検定の多重性というものにも気をつける必要があるが，これについては第 3 章で詳しく説明する．

母回帰係数の仮説検定に関する意思決定写像は**図 2.22** のように表される．ただし，実際には第 2 種の誤り確率は最小にはなっていない点に注意されたい．

[†11] このような事情もあり，検定関数 d の出力が H_0 の場合には，「H_0 を棄却できない」という消極的な表現を用いることが多い．

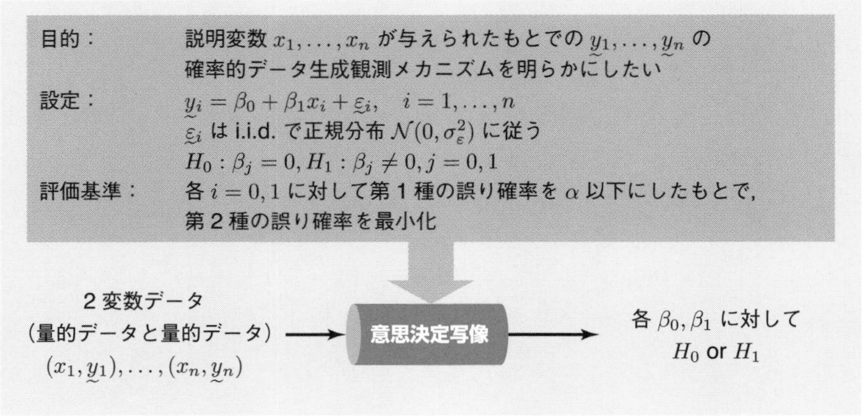

目的：　説明変数 $x_1, \ldots, x_n$ が与えられたもとでの $\underset{\sim}{y_1}, \ldots, \underset{\sim}{y_n}$ の確率的データ生成観測メカニズムを明らかにしたい

設定：　$\underset{\sim}{y_i} = \beta_0 + \beta_1 x_i + \underset{\sim}{\varepsilon_i}, \quad i = 1, \ldots, n$

$\underset{\sim}{\varepsilon_i}$ は i.i.d. で正規分布 $\mathcal{N}(0, \sigma_\varepsilon^2)$ に従う

$H_0 : \beta_j = 0, H_1 : \beta_j \neq 0, j = 0, 1$

評価基準：　各 $i = 0, 1$ に対して第1種の誤り確率を α 以下にしたもとで，第2種の誤り確率を最小化

2変数データ（量的データと量的データ）$(x_1, \underset{\sim}{y_1}), \ldots, (x_n, \underset{\sim}{y_n})$ → 意思決定写像 → 各 β_0, β_1 に対して H_0 or H_1

図 2.22　母回帰係数の仮説検定の意思決定写像

2.5.3　データ分析例

2.2.5 項で扱った例において，母回帰係数の区間推定，母回帰係数の仮説検定，および母回帰の区間推定を行う．

β_0, β_1 に対する信頼係数 0.95 の信頼区間を求めると，それぞれ

$$[44.369, 65.747], \tag{2.78}$$

$$[0.158, 0.873] \tag{2.79}$$

となる．

また各 β_i に対して，$H_0 : \beta_i = 0$，$H_1 : \beta_i \neq 0$ として第1種の誤り確率 α を $\alpha = 0.05$ とした仮説検定を行うと，$\beta_0 = 0$，$\beta_1 = 0$ という仮説はいずれも棄却され，$\beta_0 \neq 0$ と $\beta_1 \neq 0$ という仮説が出力される．

●コラム　信用区間と信頼区間の違い

2.2.4 項で説明した信用区間と 2.5.1 項で説明した信頼区間は，いずれも母回帰係数を含むと考えられる区間を出力するものであるが，両者の持つ意味は大きく異なる．まず設定の違いとして，信用区間の導出においては $\underset{\sim}{\beta_0}$，$\underset{\sim}{\beta_1}$ が確率変数であると考えているのに対し，信頼区間の導出においては β_0，β_1 は未知の定数であると考えている．式 (2.37) の左辺 $\Pr\left\{\underset{\sim}{\beta_j} \in [l_j, u_j]\,|y_1, \ldots, y_n\right\}$ を正確に書くと，

$$\int \mathbb{1}\left[\beta_j \in [l_j(y_1, \ldots, y_n), u_j(y_1, \ldots, y_n)]\right] p(\beta_j | y_1, \ldots, y_n) \mathrm{d}\beta_j$$

となり，確率は $\underset{\sim}{\beta_j}$ の事後分布に基づいて計算される．ここで $\mathbb{1}[\cdot]$ は $[\cdot]$ の式が成り立つときに 1，成り立たないときに 0 をとる指示関数であり，また l_j，u_j が $y_1, \ldots, y_n$ から決まることから関数として $l_j(y_1, \ldots, y_n)$，$u_j(y_1, \ldots, y_n)$ と書いた．一方，式 (2.65) の左辺 $\Pr\{\beta_j \in [\underset{\sim}{l_j}, \underset{\sim}{u_j}]\}$ を正確に書くと，

$$\int \cdots \int \mathbb{1}\left[\beta_j \in [l_j(y_1, \ldots, y_n), u_j(y_1, \ldots, y_n)]\right] \times p(y_1, \ldots, y_n; \beta_0, \beta_1) \mathrm{d}y_1 \cdots \mathrm{d}y_n$$

となり，確率は $\underset{\sim}{y_1}, \ldots, \underset{\sim}{y_n}$ の確率分布に基づいて計算される．言うなれば，信用区間においては確率的に変動するのは $\underset{\sim}{\beta_j}$ であり（$\underset{\sim}{y_1}, \ldots, \underset{\sim}{y_n}$ の確率的な変動まで考慮すると $\underset{\sim}{l_j}$，$\underset{\sim}{u_j}$ も確率的に変動する），信頼区間においては確率的に変動するのは $\underset{\sim}{l_j}$，$\underset{\sim}{u_j}$ である．

両者の違いが顕著に現れるのは，特定のデータに対して信用区間と信頼区間を計算した場合である．2.2.5 項と 2.5.3 項では同じデータに対して β_0，β_1 の信用区間と信頼区間を計算しており，例えば β_0 に対する 95% 信用区間は $[51.999, 57.870]$，95% 信頼区間は $[44.369, 65.747]$ となっている．このとき，信頼区間に対して $\Pr\{\beta_0 \in [44.369, 65.747]\} = 0.95$ と書くのは間違いだが，信用区間に対して $\Pr\left\{\underset{\sim}{\beta_0} \in [51.999, 57.870]\,|\underset{\sim}{y_1} = 72, \ldots, \underset{\sim}{y_{30}} = 75\right\} = 0.95$ と書くのは間違いではない．信頼区間においては，$\underset{\sim}{y_1}, \ldots, \underset{\sim}{y_n}$ の観測を繰り返すごとに区間が変動することから確率を考えているのであり，ある特定のサンプルに対して計算された区間に対してその区間が β_0 を含む確率というものを考えても意味がない．一方，信用区間においては $\underset{\sim}{\beta_0}$ が確率変数であるため，ある特定のサンプルに対して計算された区間に対してその区間に $\underset{\sim}{\beta_0}$ が含まれる確率というものを考えることが意味を持つ．

本コラムの冒頭にも述べたとおり，信用区間と信頼区間では導出の背後の設定が異なるため，「区間がパラメータを含む確率」といったときの「確率」の意味が異なる．いずれを用いる場合にしても，その「確率」がどのような意味を持つのかを理解しておくことが重要であろう．

第3章 量的変数を目的変数とする意思決定写像（説明変数が複数の場合）

第2章では，目的変数 y を1つの説明変数 x で説明しようとする分析を扱った．これに対し，目的変数 y を複数の説明変数 $x_1, \ldots, x_p$ で説明したいという分析も考えられる．例えば2.2節では，合成樹脂板の曲げ強度 y が，ある成分の含有量 x によって決まるという問題を考えたが，これが異なる2つの成分の含有量 x_1, x_2 によって決まるという問題も考えられる．

3.1 変数間の関係性の線形関数による特徴記述

目的変数 y と p 個の説明変数 $x_1, \ldots, x_p$ の関係性について関数を用いて特徴記述をすることを考える．説明変数が1つの場合の自然な拡張として $y = \beta_0 + \beta_1 x_1 + \cdots + \beta_p x_p$ という関数による特徴記述が考えられる．ベクトル $\boldsymbol{\beta}, \boldsymbol{x}$ をそれぞれ，$\boldsymbol{\beta} = [\beta_0, \beta_1, \ldots, \beta_p]^\top$，$\boldsymbol{x} = [1, x_1, \ldots, x_p]^\top$ とおくと，$\beta_0 + \beta_1 x_1 + \cdots + \beta_p x_p = \boldsymbol{\beta}^\top \boldsymbol{x}$ と表すことができる．これは $\boldsymbol{x}$ の**線形関数**である．目的変数 y と説明変数 $x_1, \ldots, x_p$ に対して n 個のデータ点があり，i 番目のデータ点の値を $y_i, x_{i1}, \ldots, x_{ip}$ とし，$\boldsymbol{x}_i = [1, x_{i1}, \ldots, x_{ip}]^\top$ とおく．関数 $f(\boldsymbol{x}) = \boldsymbol{\beta}^\top \boldsymbol{x}$ に $\boldsymbol{x}_i$ を代入した値は $\boldsymbol{\beta}^\top \boldsymbol{x}_i$ となり，これができるだけ y_i と近くなるような $\boldsymbol{\beta}$ を求めるという考え方ができる．説明変数が1つの場合と同様に，近さの基準として2乗距離の合計値を評価基準とすると

$$\sum_{i=1}^{n}(y_i - \boldsymbol{\beta}^\top \boldsymbol{x}_i)^2 \tag{3.1}$$

を最小にする $\boldsymbol{\beta}$ が最適となる．このような $\boldsymbol{\beta}$ の求め方はやはり最小 2 乗法と呼ばれる．

ベクトル $\boldsymbol{y}$ を $\boldsymbol{y} = [y_1, \ldots, y_n]^\top$ とおき，行列 $\boldsymbol{X}$ を

$$\boldsymbol{X} = \begin{bmatrix} \boldsymbol{x}_1^\top \\ \boldsymbol{x}_2^\top \\ \vdots \\ \boldsymbol{x}_n^\top \end{bmatrix} = \begin{bmatrix} 1 & x_{11} & \cdots & x_{1p} \\ 1 & x_{21} & \cdots & x_{2p} \\ \vdots & \vdots & \ddots & \vdots \\ 1 & x_{n1} & \cdots & x_{np} \end{bmatrix} \tag{3.2}$$

とおく．行列 $\boldsymbol{X}$ を**計画行列**と呼ぶ．すると，式 (3.1) は

$$\|\boldsymbol{y} - \boldsymbol{X}\boldsymbol{\beta}\|_2^2 = (\boldsymbol{y} - \boldsymbol{X}\boldsymbol{\beta})^\top (\boldsymbol{y} - \boldsymbol{X}\boldsymbol{\beta}) \tag{3.3}$$

と表すことができる．ここで，$\|\boldsymbol{z}\|_2$ はベクトル $\boldsymbol{z} = [z_1, \ldots, z_n]^\top$ のユークリッドノルム $\|\boldsymbol{z}\|_2 = \sqrt{z_1^2 + \cdots + z_n^2}$ である．これを $\boldsymbol{\beta}$ に関して微分すると

$$-2\boldsymbol{X}^\top \boldsymbol{y} + 2\boldsymbol{X}^\top \boldsymbol{X}\boldsymbol{\beta} = \boldsymbol{0} \tag{3.4}$$

となるので，これを $\boldsymbol{\beta}$ に関して解くことで

$$\widehat{\boldsymbol{\beta}} = (\boldsymbol{X}^\top \boldsymbol{X})^{-1} \boldsymbol{X}^\top \boldsymbol{y} \tag{3.5}$$

を得る[†1]．

3.1.1 データ分析例

表 3.1 はある地域の賃貸物件 50 件の家賃 (円)・面積 (m^2)・築年数 (年)・最寄り駅からの距離 (徒歩分) に関するデータである．このデータにおいて家賃を目的変数 y，面積・築年数・最寄り駅からの距離をそれぞれ説明変数 x_1, x_2, x_3 とおいて回帰式 $y = \beta_0 + \beta_1 x_1 + \beta_2 x_2 + \beta_3 x_3$ を求めたい．$\widehat{\boldsymbol{\beta}} = [\widehat{\beta}_0, \widehat{\beta}_1, \widehat{\beta}_2, \widehat{\beta}_3]^\top$ を最小 2 乗法により求めると，

$$\widehat{\boldsymbol{\beta}}^\top = [46460.771, 2067.215, -919.038, -487.564]^\top \tag{3.6}$$

[†1] 導出の詳細は本書のサポートページを参照．

表 3.1　ある地域の賃貸物件 50 件の家賃（円）・面積（m^2）・築年数（年）・最寄り駅からの距離（徒歩分）に関するデータ

No.	家賃	面積	築年数	駅からの距離	No.	家賃	面積	築年数	駅からの距離
1	93000	31.73	0	3	26	94000	30.0	0	6
2	82000	18.11	0	5	27	82000	18.49	0	5
3	82000	19.53	2	7	28	110500	28.98	1	5
4	112000	25.43	1	1	29	82000	20.37	2	7
5	90000	24.27	3	8	30	86000	25.08	2	8
6	103000	26.14	2	7	31	90000	24.27	3	8
7	101500	26.09	4	10	32	81000	22.97	3	5
8	82000	22.22	4	2	33	89000	19.20	2	6
9	116000	32.21	5	5	34	68500	10.12	0	9
10	102000	25.00	4	7	35	62000	11.19	0	7
11	89000	30.94	6	5	36	101000	30.43	4	1
12	83000	22.34	7	2	37	88000	23.75	7	3
13	79000	17.40	7	7	38	85300	23.85	9	12
14	85000	20.25	9	1	39	75000	22.55	7	6
15	75000	22.55	7	6	40	116000	34.16	1	6
16	96000	25.66	5	2	41	77000	20.37	9	4
17	87000	25.29	8	6	42	84500	20.72	11	5
18	75000	21.87	9	6	43	77000	22.50	13	1
19	74000	22.19	14	9	44	69000	19.94	12	7
20	77000	20.49	15	5	45	119000	30.41	11	3
21	75000	18.61	14	2	46	69000	19.28	13	7
22	66500	20.88	10	6	47	78500	22.12	10	2
23	77000	19.40	12	5	48	70000	18.57	13	5
24	64000	17.10	14	6	49	69000	22.00	15	11
25	70000	22.60	16	15	50	64000	18.12	18	1

となる．すなわち，2 乗距離の合計値を最小にする回帰式は

$$y = 46460.771 + 2067.215x_1 - 919.038x_2 - 487.564x_3 \tag{3.7}$$

となる．この式は面積が大きいほど家賃は高く，築年数・最寄り駅からの距離が大きいほど家賃が安いという式になっており，直感にも合致するであろう．

3.2　変数間に線形的な関係性を仮定した確率的データ生成観測メカニズム

説明変数が複数の場合においても説明変数が 1 つの場合と同様に，確率的データ生成観測メカニズムを考えることができる．つまり，

$$\underset{\sim}{y}_i = \boldsymbol{\beta}^\top \boldsymbol{x}_i + \underset{\sim}{\varepsilon}_i, \quad i = 1, \ldots, n \tag{3.8}$$

というモデルが考えられる．

説明変数が 1 つの場合と同様に，$\underset{\sim}{\varepsilon}_1, \ldots, \underset{\sim}{\varepsilon}_n$ が独立に平均 0，分散 σ_ε^2 の正規分布に従うとすると，

$$p(y_i; \boldsymbol{\beta}, \sigma_\varepsilon^2) = \frac{1}{\sqrt{2\pi\sigma_\varepsilon^2}} \exp\left(-\frac{(y_i - \boldsymbol{\beta}^\top \boldsymbol{x}_i)^2}{2\sigma_\varepsilon^2}\right) \tag{3.9}$$

となり，$\underset{\sim}{\boldsymbol{y}} = [\underset{\sim}{y}_1, \ldots, \underset{\sim}{y}_n]$ の同時分布の確率密度関数は

$$p(\boldsymbol{y}; \boldsymbol{\beta}, \sigma_\varepsilon^2) = \prod_{i=1}^{n} \frac{1}{\sqrt{2\pi\sigma_\varepsilon^2}} \exp\left(-\frac{(y_i - \boldsymbol{\beta}^\top \boldsymbol{x}_i)^2}{2\sigma_\epsilon^2}\right) \tag{3.10}$$

となる．$\boldsymbol{\beta}$ と σ_ε^2 がこの分布の未知パラメータである．

3.2.1 母回帰係数の不偏推定量

$\boldsymbol{\beta}$ の最小 2 乗推定量は

$$\underset{\sim}{\widehat{\boldsymbol{\beta}}} = (\boldsymbol{X}^\top \boldsymbol{X})^{-1} \boldsymbol{X}^\top \underset{\sim}{\boldsymbol{y}} \tag{3.11}$$

で与えられるが，説明変数が 1 つの場合と同様，これは $\boldsymbol{\beta}$ の不偏推定量である．以下，これを説明する．

式 (3.11) に $\underset{\sim}{\boldsymbol{y}} = \boldsymbol{X}\boldsymbol{\beta} + \underset{\sim}{\boldsymbol{\varepsilon}}$ を代入すると，

$$\underset{\sim}{\widehat{\boldsymbol{\beta}}} = (\boldsymbol{X}^\top \boldsymbol{X})^{-1} \boldsymbol{X}^\top (\boldsymbol{X}\boldsymbol{\beta} + \underset{\sim}{\boldsymbol{\varepsilon}}) \tag{3.12}$$

$$= \boldsymbol{\beta} + (\boldsymbol{X}^\top \boldsymbol{X})^{-1} \boldsymbol{X}^\top \underset{\sim}{\boldsymbol{\varepsilon}} \tag{3.13}$$

となり，$\underset{\sim}{\boldsymbol{\varepsilon}}$ が多変量正規分布 $\mathcal{N}(\boldsymbol{0}, \sigma_\varepsilon^2 \boldsymbol{I})$ に従うことから，$\underset{\sim}{\widehat{\boldsymbol{\beta}}}$ は $\mathcal{N}(\boldsymbol{\beta}, \sigma_\varepsilon^2 (\boldsymbol{X}^\top \boldsymbol{X})^{-1})$ に従うことがわかる．多変量正規分布に従う確率変数の期待値は平均パラメータベクトルと一致することから，$\underset{\sim}{\widehat{\boldsymbol{\beta}}}$ が $\boldsymbol{\beta}$ の不偏推定量となっていることがわかる．

3.2.2 母回帰係数の一様最小分散不偏推定量

一般的に母数・パラメータの不偏推定量は 1 つとは限らず複数存在し，不偏性を持つ推定量の中で分散が最小の推定量のことを一様最小分散不偏推定量というのであった．これはパラメータが複数存在してベクトルの形で与えられる場合も同様だが，この場合，確率変数ベクトルの分散共分散行列の大小関係比

較が少々複雑となる[†2].

2つの確率変数ベクトル $\underset{\sim}{\boldsymbol{\theta}}$, $\underset{\sim}{\boldsymbol{\theta}}'$ の分散共分散行列 $\mathrm{V}[\underset{\sim}{\boldsymbol{\theta}}]$, $\mathrm{V}[\underset{\sim}{\boldsymbol{\theta}}']$ に対して $\mathrm{V}[\underset{\sim}{\boldsymbol{\theta}}] - \mathrm{V}[\underset{\sim}{\boldsymbol{\theta}}']$ が半正定値行列であるとき，$\mathrm{V}[\underset{\sim}{\boldsymbol{\theta}}] \succeq \mathrm{V}[\underset{\sim}{\boldsymbol{\theta}}']$ と書く．直感的には，この関係により2つの分散共分散行列の大小関係が導入されると考えてよい．この大小関係において分散共分散行列が最小となる不偏推定量を一様最小分散不偏推定量という．

パラメータの推定量が一様最小分散不偏推定量であるかどうかを判定するために有用な方法としてクラメール–ラオの限界があった．パラメータのベクトル $\boldsymbol{\theta}$ の推定量 $\widehat{\underset{\sim}{\boldsymbol{\theta}}}$ が $\boldsymbol{\theta}$ の不偏推定量であるとき，以下の不等式が成り立つ．

$$\mathrm{V}[\widehat{\underset{\sim}{\boldsymbol{\theta}}}] \succeq \boldsymbol{I}(\boldsymbol{\theta})^{-1} \tag{3.14}$$

ここで，$\boldsymbol{I}(\boldsymbol{\theta})$ は，$\underset{\sim}{\boldsymbol{y}}$ に対する $\boldsymbol{\theta}$ の対数尤度関数 $\log p(\boldsymbol{y};\boldsymbol{\theta})$ をもとに，

$$\boldsymbol{I}(\boldsymbol{\theta}) = -\mathrm{E}\left[\frac{\partial^2 \log p(\underset{\sim}{\boldsymbol{y}};\boldsymbol{\theta})}{\partial\boldsymbol{\theta}\partial\boldsymbol{\theta}^\top}\right] \tag{3.15}$$

で定義され，これを**フィッシャー情報行列**という．

確率的データ生成観測メカニズムの確率分布が式 (3.10) で与えられる場合に，クラメール–ラオの限界がどのようになるかを考えよう．分布のパラメータは $\boldsymbol{\beta}$ と σ_ε^2 なので，これをまとめたベクトルを $\boldsymbol{\theta} = [\boldsymbol{\beta}^\top, \sigma_\varepsilon^2]^\top$ とおく．対数尤度関数は

$$\log p(\underset{\sim}{\boldsymbol{y}};\boldsymbol{\theta}) = -\frac{n}{2}\log\left(2\pi\sigma_\varepsilon^2\right) - \sum_{i=1}^{n}\frac{(\underset{\sim}{y_i} - \boldsymbol{\beta}^\top\boldsymbol{x}_i)^2}{2\sigma_\varepsilon^2} \tag{3.16}$$

で与えられ，これをもとにフィッシャー情報行列を計算すると，

$$\boldsymbol{I}(\boldsymbol{\theta}) = -\mathrm{E}\begin{bmatrix} \frac{\partial^2 \log p(\underset{\sim}{\boldsymbol{y}};\boldsymbol{\theta})}{\partial\boldsymbol{\beta}\partial\boldsymbol{\beta}^\top} & \frac{\partial^2 \log p(\underset{\sim}{\boldsymbol{y}};\boldsymbol{\theta})}{\partial\boldsymbol{\beta}\partial\sigma_\varepsilon^2} \\ \frac{\partial^2 \log p(\underset{\sim}{\boldsymbol{y}};\boldsymbol{\theta})}{\partial\sigma_\varepsilon^2\partial\boldsymbol{\beta}^\top} & \frac{\partial^2 \log p(\underset{\sim}{\boldsymbol{y}};\boldsymbol{\theta})}{\partial\sigma_\varepsilon^2\partial\sigma_\varepsilon^2} \end{bmatrix} = \frac{1}{\sigma_\varepsilon^2}\begin{bmatrix} \boldsymbol{X}^\top\boldsymbol{X} & \boldsymbol{0} \\ \boldsymbol{0}^\top & \frac{n}{2\sigma_\varepsilon^2} \end{bmatrix} \tag{3.17}$$

[†2]本項の内容は数学的に若干高度な内容を含むので，初学者は「母回帰係数の最小2乗推定量が一様最小分散不偏推定量となる」という結果のみを理解して読み飛ばしても問題ない．また行列の半正定値性については本書のサポートページでも説明しているので，必要に応じて参照するとよい．

で与えられる．ここで，$\mathbf{0}$ はすべての要素が 0 の $p+1$ 次元ベクトルである．したがって

$$\boldsymbol{I}(\boldsymbol{\theta})^{-1} = \sigma_\varepsilon^2 \begin{bmatrix} (\boldsymbol{X}^\top \boldsymbol{X})^{-1} & \mathbf{0} \\ \mathbf{0}^\top & \frac{2\sigma_\varepsilon^2}{n} \end{bmatrix} \tag{3.18}$$

となり，$\boldsymbol{\beta}$ の不偏推定量の分散共分散行列は $\sigma_\varepsilon^2(\boldsymbol{X}^\top \boldsymbol{X})^{-1}$ よりも小さくはならない．一方で最小 2 乗推定量 $\underset{\sim}{\widehat{\boldsymbol{\beta}}}$ の分散共分散行列は $\sigma_\varepsilon^2(\boldsymbol{X}^\top \boldsymbol{X})^{-1}$ であり，下限に一致する．したがって $\underset{\sim}{\widehat{\boldsymbol{\beta}}}$ は一様最小分散不偏推定量である．なお，この結果から，個々の母回帰係数ごとに見ても最小 2 乗推定量は一様最小分散不偏推定量であることが確認できる．

最小 2 乗推定量が一様最小分散不偏推定量となるという結果については，**十分統計量**の理論を用いて証明することもできる．詳細については佐和[5] や竹内[8] などを参照されたい．

3.2.3 最 尤 推 定

説明変数が 1 つの場合と同様，$\boldsymbol{\beta}$ と σ_ε^2 の最尤推定量を求めることができる．導出は説明変数が 1 つの場合と同様のため省略するが，$\boldsymbol{\beta}$ の最尤推定量はやはり最小 2 乗法の解と一致し，$\underset{\sim}{\boldsymbol{y}} = (\underset{\sim}{y}_1, \ldots, \underset{\sim}{y}_n)$ とおくと，

$$\underset{\sim}{\widehat{\boldsymbol{\beta}}} = (\boldsymbol{X}^\top \boldsymbol{X})^{-1} \boldsymbol{X}^\top \underset{\sim}{\boldsymbol{y}} \tag{3.19}$$

となり，σ_ε^2 の最尤推定量は

$$\underset{\sim}{\widehat{\sigma_\varepsilon^2}} = \frac{1}{n} ||\underset{\sim}{\boldsymbol{y}} - \boldsymbol{X} \underset{\sim}{\widehat{\boldsymbol{\beta}}}||_2^2 \tag{3.20}$$

で与えられる．

3.2.4 階層的な確率モデル

説明変数が 1 つの場合と同様，$\boldsymbol{\beta}$ も確率変数であると考えてベイズ最適な推定量を求めることも可能である．意思決定写像 d は $\underset{\sim}{\boldsymbol{y}}$ と $\boldsymbol{X}$ を入力として $\underset{\sim}{\widehat{\boldsymbol{\beta}}}$ を出力する関数である．意思決定写像 d の出力と $\boldsymbol{\beta}$ の間の損失関数としては，例えば，以下のような 2 乗誤差損失が考えられる：

$$\ell(\boldsymbol{\beta}, d(\underset{\sim}{\boldsymbol{y}}, \boldsymbol{X})) = \|\boldsymbol{\beta} - d(\underset{\sim}{\boldsymbol{y}}, \boldsymbol{X})\|_2^2 \tag{3.21}$$

危険関数は

$$R(\boldsymbol{\beta}, d) = \int \ell(\boldsymbol{\beta}, d(\boldsymbol{y}, \boldsymbol{X}))p(\boldsymbol{y}|\boldsymbol{\beta})\mathrm{d}\boldsymbol{y} \tag{3.22}$$

で定義され，$\boldsymbol{\beta}$ の事前分布を $p(\boldsymbol{\beta})$ とすると，ベイズ危険関数は

$$BR(d) = \int R(\boldsymbol{\beta}, d)p(\boldsymbol{\beta})\mathrm{d}\boldsymbol{\beta} \tag{3.23}$$

で与えられる．損失関数として式 (3.21) を考えた場合，ベイズ最適な推定量は

$$\widehat{\underset{\sim}{\boldsymbol{\beta}}} = \int \boldsymbol{\beta} p(\boldsymbol{\beta}|\underset{\sim}{\boldsymbol{y}})\mathrm{d}\boldsymbol{\beta} \tag{3.24}$$

を出力するものである．すなわち，やはり $\underset{\sim}{\boldsymbol{\beta}}$ の事後分布の期待値（事後平均）が最適な出力となる．

事前分布 $p(\boldsymbol{\beta})$ として多変量正規分布 $\mathcal{N}(\boldsymbol{\mu}_0, \boldsymbol{\Sigma}_0)$ を仮定した場合，事後分布 $p(\boldsymbol{\beta}|\boldsymbol{y})$ も多変量正規分布となる．記述を簡単にするため，$s_\varepsilon = \frac{1}{\sigma_\varepsilon^2}$ とおく（分散パラメータの逆数は**精度パラメータ**と呼ばれることがある）．このとき，$\underset{\sim}{\boldsymbol{\beta}}$ の事後分布は多変量正規分布 $\mathcal{N}(\boldsymbol{\mu}_n, \boldsymbol{\Sigma}_n)$ となる．ここで，$\boldsymbol{\mu}_n$, $\boldsymbol{\Sigma}_n$ は

$$\boldsymbol{\mu}_n = \boldsymbol{\Sigma}_n \left(\boldsymbol{\Sigma}_0^{-1}\boldsymbol{\mu}_0 + s_\varepsilon \boldsymbol{X}^\top \boldsymbol{y}\right), \tag{3.25}$$

$$\boldsymbol{\Sigma}_n = \left(\boldsymbol{\Sigma}_0^{-1} + s_\varepsilon \boldsymbol{X}^\top \boldsymbol{X}\right)^{-1} \tag{3.26}$$

で与えられる．導出は付録 A を参照されたい．

説明変数が 1 つの場合と同様，事後分布に基づいて $\underset{\sim}{\beta}_0, \ldots, \underset{\sim}{\beta}_p$ の信用区間を構築することができる．各 $\underset{\sim}{\beta}_j$ の $100(1-\alpha)\%$ 信用区間は

$$\left[\Phi^{-1}_{\mu_{n,j}, \sigma^2_{n,j}}\left(\frac{\alpha}{2}\right), \Phi^{-1}_{\mu_{n,j}, \sigma^2_{n,j}}\left(1 - \frac{\alpha}{2}\right)\right], \quad j = 0, \ldots, p \tag{3.27}$$

で与えられる．ここで，$\Phi^{-1}_{\mu, \sigma^2}$ は平均が μ，分散が σ^2 の正規分布の累積分布関数の逆関数を表し，$\mu_{n,j}$ は $\boldsymbol{\mu}_n$ の第 $(j+1)$ 成分，$\sigma^2_{n,j}$ は $\boldsymbol{\Sigma}_n$ の $(j+1)$ 行 $(j+1)$ 列成分を表す[†3]．

[†3] $\boldsymbol{\beta}$ のインデックスが 0 から始まっているので，$\boldsymbol{\mu}_n$ と $\boldsymbol{\Sigma}_n$ のインデックスが 1 つずれる点に注意．

3.2.5 データ分析例

表 3.2 は 442 名の糖尿病患者について，年齢・BMI（体重 (kg) ÷ (身長 (m))^2）・総コレステロール値・血糖値を調査し，調査の 1 年後に糖尿病の進行度合い（数値が大きいほど悪化）を調べたものである[†4].

表 3.2 442 名の糖尿病患者の年齢・BMI・総コレステロール値・血糖値と糖尿病の進行度合いのデータ

No.	糖尿病の進行度合い	年齢	BMI	総コレステロール値	血糖値
1	151	59	32.1	157	87
2	75	48	21.6	183	69
3	141	72	30.5	156	85
⋮	⋮	⋮	⋮	⋮	⋮
442	57	36	19.6	250	92

糖尿病の進行度合いを目的変数 y，年齢・BMI・総コレステロール値・血糖値をそれぞれ説明変数 x_1, x_2, x_3, x_4 として，

$$\underset{\sim}{y}_i = \beta_0 + \beta_1 x_{i1} + \beta_2 x_{i2} + \beta_3 x_{i3} + \beta_4 x_{i4} + \underset{\sim}{\varepsilon}_i \tag{3.28}$$

という確率的データ生成観測メカニズムを仮定し，$\underset{\sim}{\varepsilon}_i$ は i.i.d. で正規分布 $\mathcal{N}(0, \sigma_\varepsilon^2)$ に従うと仮定する.

$\boldsymbol{\beta} = [\beta_0, \beta_1, \beta_2, \beta_3, \beta_4]^\top$ に対する最尤推定量は最小 2 乗法の出力と一致し，

$$\widehat{\boldsymbol{\beta}} = [-203.698, 0.224, 8.893, 0.0461, 1.114]^\top \tag{3.29}$$

となる.

次に $\underset{\sim}{\boldsymbol{\beta}}$ に対して事前分布を仮定し，その事後分布を求める．3.2.4 項で解説した方法で事後分布を求めるためには，σ_ε^2 の値が必要である．本来であれば，σ_ε^2 も確率変数であると考えて事前分布を仮定して分析するのが筋ではあるが，ここでは話を簡単にするために不偏推定量の値を使い，$\sigma_\varepsilon^2 = 61.276^2$ と設定して分析を行う．$\underset{\sim}{\boldsymbol{\beta}}$ に対する事前分布としては多変量正規分布 $\mathcal{N}(\boldsymbol{\mu}_0, \boldsymbol{\Sigma}_0)$ を仮定することとし，

[†4] `https://hastie.su.domains/Papers/LARS/` からダウンロードしたデータの一部.

$$\boldsymbol{\mu}_0 = [0.0, 0.0, 0.0, 0.0, 0.0]^\top, \tag{3.30}$$

$$\boldsymbol{\Sigma}_0 = \begin{bmatrix} 10.0^3 & 0.0 & 0.0 & 0.0 & 0.0 \\ 0.0 & 10.0^3 & 0.0 & 0.0 & 0.0 \\ 0.0 & 0.0 & 10.0^3 & 0.0 & 0.0 \\ 0.0 & 0.0 & 0.0 & 10.0^3 & 0.0 \\ 0.0 & 0.0 & 0.0 & 0.0 & 10.0^3 \end{bmatrix} \tag{3.31}$$

とする．式 (3.25) と式 (3.26) に基づいて事後分布の平均と分散共分散行列を求めると，

$$\boldsymbol{\mu}_n = [-120.402, 0.166, 8.204, -0.0332, 0.607]^\top, \tag{3.32}$$

$$\boldsymbol{\Sigma}_n = \begin{bmatrix} 408.760 & -0.284 & -3.359 & -0.390 & -2.494 \\ -0.284 & 0.056 & -0.011 & -0.004 & -0.016 \\ -3.359 & -0.011 & 0.506 & -0.011 & -0.081 \\ -0.390 & -0.004 & -0.011 & 0.008 & -0.007 \\ -2.494 & -0.016 & -0.081 & -0.007 & 0.074 \end{bmatrix} \tag{3.33}$$

を得る．5 次元の多変量正規分布の確率密度関数を図示するのは難しいため，例えば $\underset{\sim}{\beta}_0$ について事前分布 $p(\beta_0)$ と事後分布の周辺分布 $p(\beta_0|\boldsymbol{y})$ を図示すると**図 3.1** のようになる．事前分布に比べて事後分布のほうがばらつきが小さくなっていることが確認できる．また $\underset{\sim}{\beta}_0, \ldots, \underset{\sim}{\beta}_4$ の 95% 信用区間は

$$\left[\Phi^{-1}_{\mu_{n,0},\sigma^2_{n,0}}(0.025), \Phi^{-1}_{\mu_{n,0},\sigma^2_{n,0}}(0.975)\right] = [-160, 028, -80.775], \tag{3.34}$$

$$\left[\Phi^{-1}_{\mu_{n,1},\sigma^2_{n,1}}(0.025), \Phi^{-1}_{\mu_{n,1},\sigma^2_{n,1}}(0.975)\right] = [-0.299, 0.631], \tag{3.35}$$

$$\left[\Phi^{-1}_{\mu_{n,2},\sigma^2_{n,2}}(0.025), \Phi^{-1}_{\mu_{n,2},\sigma^2_{n,2}}(0.975)\right] = [6.810, 9.599], \tag{3.36}$$

$$\left[\Phi^{-1}_{\mu_{n,3},\sigma^2_{n,3}}(0.025), \Phi^{-1}_{\mu_{n,3},\sigma^2_{n,3}}(0.975)\right] = [-0.210, 0.143], \tag{3.37}$$

$$\left[\Phi^{-1}_{\mu_{n,4},\sigma^2_{n,4}}(0.025), \Phi^{-1}_{\mu_{n,4},\sigma^2_{n,4}}(0.975)\right] = [0.072, 1.141] \tag{3.38}$$

で与えられる．

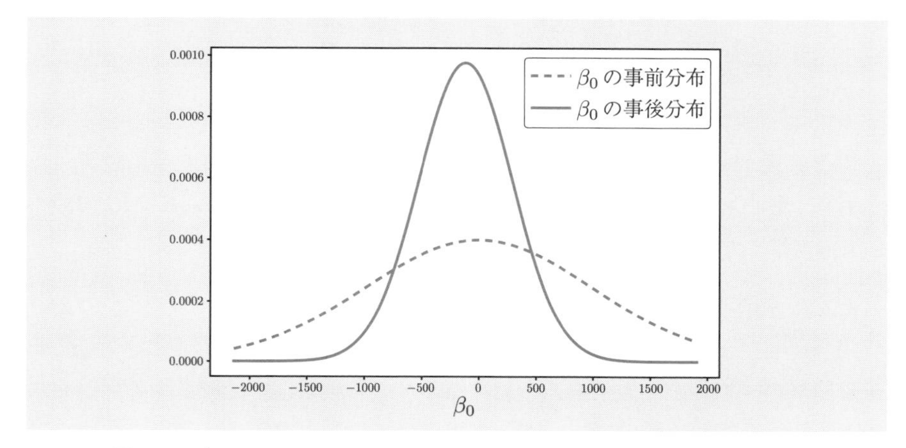

図 3.1 表 3.2 のデータに対する分析例における β_0 の事前分布と事後分布

3.3 確率的データ生成観測メカニズムの特徴量を推定する問題

説明変数が 1 つの場合と同様，説明変数 $\boldsymbol{x}$ の値を $\boldsymbol{x} = \boldsymbol{x}'$ と指定したときの，目的変数 $\underset{\sim}{y}'$ の確率分布 $p(y'; \boldsymbol{\beta}, \boldsymbol{x}')$ の特徴量を推定するという問題が考えられる．ここでは説明変数が 1 つの場合と同様，$\mathrm{E}[\underset{\sim}{y}']$ を推定する問題を扱う．確率的データ生成観測メカニズムとして $\underset{\sim}{y}' = \boldsymbol{\beta}^\top \boldsymbol{x}' + \underset{\sim}{\varepsilon}$ というモデルを仮定し，$\underset{\sim}{\varepsilon}$ が $\mathcal{N}(0, \sigma_\varepsilon^2)$ に従うとすれば，$\mathrm{E}[\underset{\sim}{y}'] = \boldsymbol{\beta}^\top \boldsymbol{x}'$ となるので，$\mathrm{E}[\underset{\sim}{y}']$ を推定する問題は $\boldsymbol{\beta}^\top \boldsymbol{x}'$ を推定する問題に帰着される．本節では $\boldsymbol{\beta}^\top \boldsymbol{x}'$ を母回帰と呼ぶ．

3.3.1 母回帰の不偏推定量

母回帰の推定量 $d(\boldsymbol{X}, \underset{\sim}{\boldsymbol{y}}, \boldsymbol{x}')$ が

$$\mathrm{E}[d(\boldsymbol{X}, \underset{\sim}{\boldsymbol{y}}, \boldsymbol{x}')] = \boldsymbol{\beta}^\top \boldsymbol{x}' \tag{3.39}$$

を満たせば，d は母回帰の不偏推定量であるといえる．いま $\boldsymbol{\beta}$ の推定量 $\widehat{\boldsymbol{\beta}}$ が与えられているとしよう．もし $\widehat{\boldsymbol{\beta}}$ が $\boldsymbol{\beta}$ の不偏推定量ならば，すなわち $\mathrm{E}\left[\underset{\sim}{\widehat{\boldsymbol{\beta}}}\right] = \boldsymbol{\beta}$ が成り立つならば，$\underset{\sim}{\widehat{\boldsymbol{\beta}}}^\top \boldsymbol{x}'$ という推定量は，その期待値について

$$\mathrm{E}\left[\underset{\sim}{\widehat{\boldsymbol{\beta}}}^\top \boldsymbol{x}'\right] = \left(\mathrm{E}\left[\underset{\sim}{\widehat{\boldsymbol{\beta}}}\right]\right)^\top \boldsymbol{x}' \tag{3.40}$$

$$= \widehat{\boldsymbol{\beta}}^\top \boldsymbol{x}' \tag{3.41}$$

という等式が成り立つため，母回帰の不偏推定量となる．3.2.1 項で説明したとおり，最小 2 乗推定量は母回帰係数の不偏推定量となるため，$\underset{\sim}{\widehat{\boldsymbol{\beta}}}$ を $\boldsymbol{\beta}$ の最小 2 乗推定量としたときの $\underset{\sim}{\widehat{\boldsymbol{\beta}}}^\top \boldsymbol{x}'$ は母回帰の不偏推定量となる．

3.3.2　母回帰の一様最小分散不偏推定量

説明変数が 1 つの場合と同様，$\underset{\sim}{\widehat{\boldsymbol{\beta}}}$ を $\boldsymbol{\beta}$ の最小 2 乗推定量としたときの $\underset{\sim}{\widehat{\boldsymbol{\beta}}}^\top \boldsymbol{x}'$ は母回帰の一様最小分散不偏推定量となる．この結果は十分統計量の理論を用いて証明するのが一般的であるが，本書では証明を省略する．詳細については佐和[5] や竹内[8] などを参照されたい．

3.4　説明変数から目的変数を予測する問題

説明変数が複数ある場合においても，目的変数を予測する問題が考えられる．すなわち，サンプルサイズ n のサンプル $(\boldsymbol{x}_1, \underset{\sim}{y_1}), \ldots, (\boldsymbol{x}_n, \underset{\sim}{y_n})$ を観測したもとで，$\boldsymbol{x}_{n+1}$ に対する $\underset{\sim}{y_{n+1}}$ の値を予測するという問題である．やはりこの場合も，間接予測と直接予測の 2 つの方法が考えられる．

3.4.1　間　接　予　測

2.4.1 項と同様，仮に $\boldsymbol{\beta}$ の値が既知であった場合にどのような予測方法が最適かを考える．$\underset{\sim}{y_{n+1}}$ に対する推定量を $\underset{\sim}{\widehat{y}_{n+1}}$ とし，評価基準を 2 乗距離の期待値

$$\int \left(\underset{\sim}{\widehat{y}_{n+1}} - y_{n+1}\right)^2 p(y_{n+1}; \boldsymbol{\beta}, \boldsymbol{x}_{n+1}) \mathrm{d}y_{n+1} \tag{3.42}$$

とすると，最適な $\underset{\sim}{\widehat{y}_{n+1}}$ は

$$\underset{\sim}{\widehat{y}_{n+1}} = \int y_{n+1} p(y_{n+1}; \boldsymbol{\beta}, \boldsymbol{x}_{n+1}) \mathrm{d}y_{n+1} \tag{3.43}$$

で与えられる．これは $\boldsymbol{x}_{n+1}$ が与えられたときの $\underset{\sim}{y_{n+1}}$ の期待値 $\mathrm{E}[\underset{\sim}{y_{n+1}}]$ である．$\underset{\sim}{y_{n+1}} = \boldsymbol{\beta}^\top \boldsymbol{x}_{n+1} + \underset{\sim}{\varepsilon_{n+1}}$ で，$\mathrm{E}[\underset{\sim}{\varepsilon_{n+1}}] = 0$ であることを考えると，$\mathrm{E}[\underset{\sim}{y_{n+1}}] = \boldsymbol{\beta}^\top \boldsymbol{x}_{n+1}$ となる．すなわち，$\boldsymbol{\beta}$ が既知であるならば，$\boldsymbol{\beta}^\top \boldsymbol{x}_{n+1}$ を出力するのが最適となる．

実際には $\boldsymbol{\beta}$ の値は未知のため，間接予測の方法としては，何らかの方法で $\widehat{\underset{\sim}{\boldsymbol{\beta}}}$ を求めたあと，

$$\widehat{\underset{\sim}{y}}_{n+1} = \widehat{\underset{\sim}{\boldsymbol{\beta}}}^\top \boldsymbol{x}_{n+1} \tag{3.44}$$

と予測するというものが考えられる．$\widehat{\underset{\sim}{\boldsymbol{\beta}}}$ については，最尤推定量や事後平均を用いるということが考えられる．

3.4.2　直　接　予　測

ここでは 2.4.2 項の内容を説明変数が複数ある場合に拡張することを考えよう．2.4.2 項と同様に誤差 ε_i の分散パラメータ σ_ε^2 の値は既知であるとする．意思決定写像の入力は $\boldsymbol{X}$, $\underset{\sim}{\boldsymbol{y}}$, $\boldsymbol{x}_{n+1}$ であり，出力は $\underset{\sim}{y}_{n+1}$ の推定値である：

$$d(\boldsymbol{X}, \underset{\sim}{\boldsymbol{y}}, \boldsymbol{x}_{n+1}) = \widehat{\underset{\sim}{y}}_{n+1} \tag{3.45}$$

損失関数も 2.4.2 項と同様に

$$\ell(\boldsymbol{\beta}, d(\boldsymbol{X}, \underset{\sim}{\boldsymbol{y}}, \boldsymbol{x}_{n+1})) = \int (y_{n+1} - d(\boldsymbol{X}, \underset{\sim}{\boldsymbol{y}}, \boldsymbol{x}_{n+1}))^2 p(y_{n+1}|\boldsymbol{\beta}; \boldsymbol{x}_{n+1}) \mathrm{d}y_{n+1} \tag{3.46}$$

といった量が考えられる．危険関数は

$$R(\boldsymbol{\beta}, d) = \int \ell(\boldsymbol{\beta}, d(\boldsymbol{X}, \boldsymbol{y}, \boldsymbol{x}_{n+1})) p(\boldsymbol{y}|\boldsymbol{\beta}) \mathrm{d}\boldsymbol{y} \tag{3.47}$$

となり，$\underset{\sim}{\boldsymbol{\beta}}$ の事前分布を $p(\boldsymbol{\beta})$ とすると，ベイズ危険関数は

$$BR(d) = \int R(\boldsymbol{\beta}, d) p(\boldsymbol{\beta}) \mathrm{d}\boldsymbol{\beta} \tag{3.48}$$

で与えられる．損失関数として式 (3.46) を仮定した場合，ベイズ最適な予測は

$$d^*(\boldsymbol{X}, \underset{\sim}{\boldsymbol{y}}, \boldsymbol{x}_{n+1}) = \int y_{n+1} p(y_{n+1}|\underset{\sim}{\boldsymbol{y}}; \boldsymbol{x}_{n+1}) \mathrm{d}y_{n+1} \tag{3.49}$$

となる[†5]．ここで，$p(y_{n+1}|\underset{\sim}{\boldsymbol{y}}; \boldsymbol{x}_{n+1})$ は

$$p(y_{n+1}|\underset{\sim}{\boldsymbol{y}}; \boldsymbol{x}_{n+1}) = \int p(y_{n+1}|\boldsymbol{\beta}; \boldsymbol{x}_{n+1}) p(\boldsymbol{\beta}|\underset{\sim}{\boldsymbol{y}}) \mathrm{d}\boldsymbol{\beta} \tag{3.50}$$

[†5] 右辺の式に $\boldsymbol{X}$ が存在しないが，これは $p(y_{n+1}|\underset{\sim}{\boldsymbol{y}}; \boldsymbol{x}_{n+1})$ のセミコロン右側から $\boldsymbol{X}$ が省略されているためである．

で与えられ，やはり予測分布と呼ばれる．

事前分布 $p(\boldsymbol{\beta})$ として多変量正規分布 $\mathcal{N}(\boldsymbol{\mu}_0, \boldsymbol{\Sigma}_0)$ を仮定した場合，予測分布もやはり正規分布となり，そのパラメータは事後分布の平均 $\boldsymbol{\mu}_n$ と分散共分散行列 $\boldsymbol{\Sigma}_n$ を用いて，

$$p(y_{n+1}|\underset{\sim}{\boldsymbol{y}}; \boldsymbol{x}_{n+1}) = \mathcal{N}(\boldsymbol{\mu}_n^\top \boldsymbol{x}_{n+1}, \sigma_{n+1}^2) \tag{3.51}$$

で与えられる．ただし，予測分布の分散 σ_{n+1}^2 は

$$\sigma_{n+1}^2 = \sigma_\varepsilon^2 + \boldsymbol{x}_{n+1}^\top \boldsymbol{\Sigma}_n \boldsymbol{x}_{n+1} \tag{3.52}$$

で与えられる．証明は付録 A を参照されたい．

また説明変数が 1 つの場合と同様，予測分布に基づいて $\underset{\sim}{y}_{n+1}$ の予測区間を構築することができる．$\underset{\sim}{y}_{n+1}$ の $100(1-\alpha)\%$ 予測区間は

$$\left[\varPhi^{-1}_{\mu_{n+1},\sigma^2_{n+1}}\left(\frac{\alpha}{2}\right), \varPhi^{-1}_{\mu_{n+1},\sigma^2_{n+1}}\left(1-\frac{\alpha}{2}\right)\right] \tag{3.53}$$

で与えられる．

3.4.3 データ分析例

3.2.5 項のデータにおいて，$\boldsymbol{x}_{n+1} = [1, 48, 26.4, 189, 91]^\top$ であるような患者がいたとして，その患者に対する y_{n+1} の値を予測することを考える．最尤推定量を用いた間接予測を行うと，

$$\widehat{y}_{n+1} = [-203.698, 0.224, 8.893, 0.0461, 1.114]\begin{bmatrix} 1 \\ 48 \\ 26.4 \\ 189 \\ 91 \end{bmatrix} = 151.916 \tag{3.54}$$

という値を得る．一方で事後分布の平均を用いた間接予測を行うと，

$$\widehat{y}_{n+1} = [-120.402, 0.166, 8.204, -0.0332, 0.607]\begin{bmatrix} 1 \\ 48 \\ 26.4 \\ 189 \\ 91 \end{bmatrix} = 153.114 \tag{3.55}$$

という値を得る．

次に $\boldsymbol{x}_{n+1} = [1, 48, 26.4, 189, 91]^\top$ と $\boldsymbol{x}_{n+2} = [1, 89, 39.6, 293, 126]^\top$ という 2 つのベクトルに対して予測分布を式 (3.51) に基づいて計算すると，前者に対する予測分布は $\mathcal{N}(153.114, 61.345^2)$，後者に対する予測分布は $\mathcal{N}(286.005, 62.284^2)$ となる．$\boldsymbol{x}_{n+2}$ に対する予測分布の分散が大きくなっているが，これは $\boldsymbol{x}_{n+1}$ がデータ内の各説明変数の平均値に近いベクトルになっているのに対し，$\boldsymbol{x}_{n+2}$ は各要素が平均値から大きく外れたベクトルとなっていることが要因である．説明変数が 1 つの場合の例でも注意したが，パラメータの推定に用いたデータと大きく傾向が異なるデータに対して予測をするのは困難な問題となるので注意が必要である．

3.5 その他の意思決定写像

3.5.1 母回帰係数の区間推定

パラメータ $\boldsymbol{\beta} = (\beta_0, \ldots, \beta_p)$ について区間推定を行うことを考える．すなわち，各 β_i に対して，真の β_i を含むと考えられる区間 $[\underset{\sim}{l_i}, \underset{\sim}{u_i}]$ を構築する．$\boldsymbol{\beta}$ の最小 2 乗推定量は

$$\underset{\sim}{\widehat{\boldsymbol{\beta}}} = (\boldsymbol{X}^\top \boldsymbol{X})^{-1} \boldsymbol{X}^\top \underset{\sim}{\boldsymbol{y}} \tag{3.56}$$

で与えられるが，記述を簡単にするため，$\boldsymbol{C} = (\boldsymbol{X}^\top \boldsymbol{X})^{-1}$ とおくことにすると，$\underset{\sim}{\widehat{\beta}_i}$ は $\mathcal{N}(\beta_i, \sigma_\varepsilon^2 C_{ii})$ に従う．ただし C_{ii} は行列 $\boldsymbol{C}$ の $(i+1)$ 行 $(i+1)$ 列成分である[†6]．これから，$\frac{\underset{\sim}{\widehat{\beta}_i} - \beta_i}{\sigma_\varepsilon \sqrt{C_{ii}}}$ が標準正規分布に従うことがわかる．誤差の分散 σ_ε^2 が既知であれば，この結果に基づいて β_i の区間推定を行うことができるが，一般的には σ_ε^2 は未知であるので，このままでは β_i の区間推定を行うことができない．説明変数が 1 つの場合と同様に，σ_ε^2 の不偏推定量を利用する方法について解説する．

証明は省略するが，

$$\underset{\sim}{v}^2 = \frac{1}{n-p-1} \|\underset{\sim}{\boldsymbol{y}} - \boldsymbol{X} \underset{\sim}{\widehat{\boldsymbol{\beta}}}\|_2^2 \tag{3.57}$$

[†6] $\boldsymbol{\beta}$ のインデックスが 0 から始まっているので，$\boldsymbol{C}$ のインデックスが 1 つずれる点に注意．

とおくと，これが σ_ε^2 の不偏推定量となることが知られている．そこで，$\frac{\underset{\sim}{\widehat{\beta}}_i-\beta_i}{\sigma_\varepsilon\sqrt{C_{ii}}}$ の σ_ε を $\sqrt{\underset{\sim}{v}^2}$ で置き換えた

$$\frac{\underset{\sim}{\widehat{\beta}}_i-\beta_i}{\sqrt{C_{ii}\underset{\sim}{v}^2}} \tag{3.58}$$

という統計量を考えると，これが自由度 $n-p-1$ の t 分布に従うことが知られている．自由度が $n-p-1$ の t 分布の累積分布関数を Ψ_{n-p-1} とすると，

$$\Pr\left\{\Psi_{n-p-1}^{-1}\left(\frac{\alpha}{2}\right)<\frac{\underset{\sim}{\widehat{\beta}}_i-\beta_i}{\sqrt{C_{ii}\underset{\sim}{v}^2}}<\Psi_{n-p-1}^{-1}\left(1-\frac{\alpha}{2}\right)\right\}=1-\alpha \tag{3.59}$$

が成り立つ．これを整理すると，

$$\Pr\left\{\underset{\sim}{\widehat{\beta}}_i-\sqrt{C_{ii}\underset{\sim}{v}^2}\Psi_{n-p-1}^{-1}\left(1-\frac{\alpha}{2}\right)<\beta_i<\underset{\sim}{\widehat{\beta}}_i+\sqrt{C_{ii}\underset{\sim}{v}^2}\Psi_{n-p-1}^{-1}\left(1-\frac{\alpha}{2}\right)\right\}=1-\alpha \tag{3.60}$$

となる（t 分布が左右対称な分布で，$\left|\Psi_{n-p-1}^{-1}\left(\frac{\alpha}{2}\right)\right|=\left|\Psi_{n-p-1}^{-1}\left(1-\frac{\alpha}{2}\right)\right|$ であることを用いた）．この式から，β_i に関する信頼係数 $1-\alpha$ の信頼区間として

$$\left[\underset{\sim}{\widehat{\beta}}_i-\sqrt{C_{ii}\underset{\sim}{v}^2}\Psi_{n-p-1}^{-1}\left(1-\frac{\alpha}{2}\right),\underset{\sim}{\widehat{\beta}}_i+\sqrt{C_{ii}\underset{\sim}{v}^2}\Psi_{n-p-1}^{-1}\left(1-\frac{\alpha}{2}\right)\right] \tag{3.61}$$

が得られる．

3.5.2　母回帰係数の仮説検定

ここでは母回帰係数 β_i に関する仮説検定を行う意思決定写像を考える．ある2つの値 $\beta_{i,0},\beta_{i,1}$ が与えられたときに，帰無仮説と対立仮説を $H_0:\beta_i=\beta_{i,0}$，$H_1:\beta_i=\beta_{i,1}$ と設定する仮説検定が考えられる．しかし一般的には，$H_0:\beta_i=0$，$H_1:\beta_i\neq 0$ とする仮説検定問題が考えられることが多い．すなわち，目的変数を説明する p 個の説明変数において，i 番目の説明変数が説明に寄与するかしないかを調べたいというのが目的である．説明変数が1つの場合と同様，この場合，対立仮説が複合仮説になっており，データ科学入門Iでも述べたとおり，ネイマン–ピアソンの基準で最適な検定を行うことは難しい．説明変数が1つの場合と同様に，「最適ではないが少なくとも第1種の誤り確率は既定値（有意水準）以下に抑えられる検定方法」が広く用いられてい

るので，その方法を解説する．繰り返しになるが，この方法では第 2 種の誤り確率については何ら保証されないという点には十分注意する必要がある．

区間推定の項で説明したとおり，

$$\frac{\widehat{\underset{\sim}{\beta}}_i - \beta_i}{\sqrt{C_{ii}\underset{\sim}{v}^2}} \tag{3.62}$$

という統計量は自由度 $n-p-1$ の t 分布に従う．すなわち，$H_0 : \beta_i = 0$ という仮説のもとでは，

$$\frac{\widehat{\underset{\sim}{\beta}}_i}{\sqrt{C_{ii}\underset{\sim}{v}^2}} \tag{3.63}$$

という統計量が自由度 $n-p-1$ の t 分布に従う．よって，

$$\mathrm{Pr}_{H_0}\left\{\varPsi_{n-p-1}^{-1}\left(\frac{\alpha}{2}\right) < \frac{\widehat{\underset{\sim}{\beta}}_i}{\sqrt{C_{ii}\underset{\sim}{v}^2}} < \varPsi_{n-p-1}^{-1}\left(1-\frac{\alpha}{2}\right)\right\} = 1-\alpha \tag{3.64}$$

が成り立つ．ここで，確率が仮説 H_0 の元で計算されていることを表すために Pr_{H_0} という記法を用いた．t 分布は左右対称な分布であり，$\left|\varPsi_{n-p-1}^{-1}\left(\frac{\alpha}{2}\right)\right| = \left|\varPsi_{n-p-1}^{-1}\left(1-\frac{\alpha}{2}\right)\right|$ であることに注意すると，

$$\mathrm{Pr}_{H_0}\left\{\left|\frac{\widehat{\underset{\sim}{\beta}}_i}{\sqrt{C_{ii}\underset{\sim}{v}^2}}\right| > \varPsi_{n-p-1}^{-1}\left(1-\frac{\alpha}{2}\right)\right\} = \alpha \tag{3.65}$$

という式が導かれる．この式は，「帰無仮説 H_0 のもとでは，$\left|\frac{\widehat{\underset{\sim}{\beta}}_i}{\sqrt{C_{ii}\underset{\sim}{v}^2}}\right|$ の値が $\varPsi_{n-p-1}^{-1}\left(1-\frac{\alpha}{2}\right)$ より大きくなる確率は α である」ということを意味している．そこで，検定関数 d として

$$d(\underset{\sim}{y}_1, \ldots, \underset{\sim}{y}_n) = \begin{cases} H_0 & \text{if } \left|\frac{\widehat{\underset{\sim}{\beta}}_i}{\sqrt{C_{ii}\underset{\sim}{v}^2}}\right| < \varPsi_{n-p-1}^{-1}\left(1-\frac{\alpha}{2}\right) \\ H_1 & \text{otherwise} \end{cases} \tag{3.66}$$

というものを考えると，この検定関数は第 1 種の誤り確率がちょうど α であることを保証する．これも繰り返しになるが，第 2 種の誤り確率については何ら保証されない点には注意されたい．

母回帰係数の仮説検定を行う際に注意すべき点がもう一つある．母回帰係

数が全部で $(p+1)$ 個あり，そのすべてに対して $H_0 : \beta_i = 0$，$H_1 : \beta_i \neq 0$，$i = 0, 1, \ldots, p$ という仮説検定をするとしよう．通常，仮説検定を行う際は第1種の誤り確率を小さな値 α，例えば $\alpha = 0.05$ や $\alpha = 0.01$ と設定して検定を行う．すると，各母回帰係数に対する仮説検定の第1種の誤り確率は α となるが，全体として考えると第1種の誤りを犯す確率はより大きくなってしまう．これは，1回1回の誤り確率が α であるような決定を $(p+1)$ 回繰り返すと，そのすべての決定が誤りでない確率は $(1-\alpha)^{p+1}$ となり，1回以上誤る確率は $1-(1-\alpha)^{p+1}$ となるためである．例えば $\alpha = 0.05$，$p = 9$ の場合，$1-(1-\alpha)^{p+1}$ の値は約 0.40 となる．すなわち，一つ一つの母回帰係数に対する検定の第1種の誤り確率は 0.05 であったとしても，それを 10 回行った場合，全体における第1種の誤り確率は 約 0.40 となってしまう．このように検定を繰り返すことで意思決定全体の第1種の誤り確率が大きくなってしまう現象は**検定の多重性**と呼ばれる．あらかじめ個々の検定の第1種の誤り確率を小さく設定する**ボンフェローニ補正**など，様々な対応策があるが，いずれも p の数が大きいときには第2種の誤り確率が大きくなるという問題が生じる．特に p が大きいときには，仮説検定を行うのが本当に必要かどうかも含めて十分な注意が必要であろう．

3.5.3 データ分析例

3.2.5 項のデータに対して，母回帰係数の区間推定および仮説検定を行う．$\beta_0, \beta_1, \beta_2, \beta_3, \beta_4$ に対する信頼係数 0.95 の信頼区間を求めると，それぞれ

$$[-255.378, -152.018], \tag{3.67}$$

$$[-0.243, 0.691], \tag{3.68}$$

$$[7.468, 10.318], \tag{3.69}$$

$$[-0.134, 0.226], \tag{3.70}$$

$$[0.542, 1.687] \tag{3.71}$$

となる．

また各 β_i に対して，$H_0 : \beta_i = 0$，$H_1 : \beta_i \neq 0$ として第1種の誤り確率 α を $\alpha = 0.05$ とした仮説検定を行うと，$\beta_0 = 0$，$\beta_2 = 0$，$\beta_4 = 0$ という仮説は棄却されるが，$\beta_1 = 0$，$\beta_3 = 0$ という仮説は棄却されない．ただし，この結

果だけを見て「BMIと血糖値は糖尿病の進行度合いに寄与するが，年齢と総コレステロール値は寄与しない」というような結論を出してはいけない．その一つの理由としては先述した検定の多重性の問題があげられ，また別の理由を後の節で説明する．

3.6 多重共線性

これまで，説明変数 $\boldsymbol{X}$ については確率変数ではなく定数として扱ってきた．例えばこれまでのデータ分析例で扱ってきた合成樹脂板の曲げ強度の例などでは，注目している成分の含有量はデータ分析者が決定できる場合が多く，そのような場合には $\boldsymbol{X}$ は確率変数ではなく定数として扱ってよい．一方で，次のような例を考えてみよう．ある薬の効果を目的変数とし，被験者の年齢・身長・体重を説明変数とする回帰分析を行いたいとする．そこで，この薬の効果を調べるための治験を行うこととし治験への参加者を公募により集めたとしよう．すると，治験参加者の年齢・身長・体重をデータ分析者が好きな値に設定するということはできず，ある確率分布に従う確率変数と考えるほうが適切であろう．これまでに扱ってきたデータ分析例でいうと，3.2.5 項の糖尿病の進行度合いに関するデータについても，$\boldsymbol{X}$ は確率変数の実現値と考えるほうが適切である．

説明変数が確率変数であっても，これまでに述べてきた分析は基本的にそのまま適用可能である．これは，一般的に目的変数 $\underset{\sim}{\boldsymbol{y}}$ と説明変数 $\underset{\sim}{\boldsymbol{X}}$ の同時分布を考えるときに，

$$p(\boldsymbol{y}|\boldsymbol{X};\theta_{\boldsymbol{y}|\boldsymbol{X}})p(\boldsymbol{X};\theta_{\boldsymbol{X}}) \tag{3.72}$$

のようなモデルを考え，$\theta_{\boldsymbol{y}|\boldsymbol{X}}$ と $\theta_{\boldsymbol{X}}$ は無関係であるとすることが多いからである（重回帰分析では $\theta_{\boldsymbol{y}|\boldsymbol{X}} = \boldsymbol{\beta}$ である）．例えばパラメータの最尤推定を考えると，

$$\log p(\boldsymbol{y}|\boldsymbol{X};\theta_{\boldsymbol{y}|\boldsymbol{X}})p(\boldsymbol{X};\theta_{\boldsymbol{X}}) = \log p(\boldsymbol{y}|\boldsymbol{X};\theta_{\boldsymbol{y}|\boldsymbol{X}}) + \log p(\boldsymbol{X};\theta_{\boldsymbol{X}}) \tag{3.73}$$

となるが，$\theta_{\boldsymbol{y}|\boldsymbol{X}}$ と $\theta_{\boldsymbol{X}}$ が無関係ならば $\theta_{\boldsymbol{y}|\boldsymbol{X}}$ に関する最尤推定を行うときには $\log p(\boldsymbol{y}|\boldsymbol{X};\theta_{\boldsymbol{y}|\boldsymbol{X}})$ のみを考えればよい．

ただし，説明変数が確率変数である場合には，そうでない場合と比較して分析に注意を要する場合がある．$\boldsymbol{X}, \boldsymbol{y}$ が与えられたとき，$\boldsymbol{\beta}$ に関する最小2乗推定値は

$$\left(\boldsymbol{X}^\top \boldsymbol{X}\right)^{-1} \boldsymbol{X}^\top \boldsymbol{y} \tag{3.74}$$

で与えられる．このとき，もし $\boldsymbol{X}$ に列ベクトル間で相関係数の絶対値が1であるような列が存在すると，$\left(\boldsymbol{X}^\top \boldsymbol{X}\right)$ が逆行列を持たなくなり，この計算ができなくなるという問題がある．また，相関係数の絶対値が1でなかったとしても，説明変数間の相関が高くなってしまうと計算結果が不安定になることが知られている．このように説明変数内に相関の高い変数が含まれる現象は**多重共線性**と呼ばれる．より正確には，多重共線性は2つの変数に限らず，2つ以上の説明変数間に強い線形関係がある状況を指す．線形関係が存在するというのは，$\boldsymbol{X}$ から抜き出した k 個の列ベクトル $\boldsymbol{x}_{\cdot i_1}, \ldots, \boldsymbol{x}_{\cdot i_k}$ に対して[†7]

$$\lambda_0 + \lambda_1 \boldsymbol{x}_{\cdot i_1} + \cdots + \lambda_k \boldsymbol{x}_{\cdot i_k} = 0 \tag{3.75}$$

が成り立つような $\mathbf{0}$ でない $[\lambda_0, \lambda_1, \ldots, \lambda_k]$ が存在することを意味する．

多重共線性をもう少し詳しく見てみよう．3.1.1項の例において，$n = 4$ の場合で次のような計画行列を考えてみる．

$$\begin{bmatrix} 1 & 1 & 1 \\ 1 & 2 & 2 \\ 1 & 3 & 3 \\ 1 & 4 & 4 \end{bmatrix} \tag{3.76}$$

この計画行列による実験ではすべての実験で成分Aの含有量と成分Bの含有量が等しくなっている．このような実験では，曲げ強度に対する成分Aの影響と成分Bの影響が区別できなくなってしまうというのは直感的にも明らかであろう．実際，$\beta_1 = 0$，$\beta_2 = 1$ に対する尤度の値と $\beta_1 = 1$，$\beta_2 = 0$ に対する尤度の値が同じ値になってしまうことが確認できる．

計画行列が確率変数である場合に問題が難しくなる要因として，計画行列を

---

†7 $\boldsymbol{X}$ の各行ベクトル $\boldsymbol{x}_1, \ldots, \boldsymbol{x}_n$ と区別するために $\boldsymbol{x}_{\cdot 1}, \ldots, \boldsymbol{x}_{\cdot p+1}$ が $\boldsymbol{X}$ の列ベクトルを表すものとする．

データ分析者が設計できる場合には，多重共線性が起こらないような計画行列で実験を行えばよいのに対し，計画行列が確率的に得られるような問題では計画行列をデータ分析者が設計することができず，データを収集した結果，多重共線性が起こってしまうことがある，という点があげられる．

次に多重共線性が起こってしまっているデータを分析する際の対策について述べる．まず多重共線性が起きている原因が，得られているデータで偶然発生しているのか，データ生成観測メカニズムにおいて変数間に線形関係があって発生しているのかを見極める必要がある．前者の場合には，サンプルサイズを大きくすることで解決する場合が多いが，後者の場合はサンプルサイズを大きくしたとしても解決しない．

一つの対策は母回帰係数を最小 2 乗推定以外の方法で推定するというもので，例えば**リッジ回帰**と呼ばれる手法を用いることで，多重共線性がある場合でも母回帰係数を安定的に推定することが可能となる．リッジ回帰の詳細については続刊のデータ科学入門 III で詳しく扱うが，この方法は目的が予測である場合には有効であるものの，目的がデータ生成観測メカニズムの解明である場合には本質的な問題解決にはならない．

一般的には多重共線性を引き起こす変数を取り除いて分析を行うことが多い．どの変数により多重共線性が起こっているかを調べる指標として **VIF** (Variance Inflation Factor) というものがよく使われる．この方法はデータ生成観測メカニズムの解明を目的とする場合でも有効であるが，単純に VIF の値のみで判断せず，どのような構造で多重共線性が起こっているかを把握し，データに関する背景知識や分析の目的も考慮した上で，どの変数を削減するかを考えるほうがよいであろう．

3.7　説明変数に質的変数が含まれる場合

3.7.1　ダミー変数

これまでの回帰分析では説明変数としては量的変数のみを考えていた．一方で，質的変数を説明変数に加えて分析をしたいという問題も多く考えられる．例えば，合成樹脂板の製造において製造機械が 3 種類あり，機械の種類が曲げ強度に与える影響を調べたいという状況を考えると，製造機械の種類という変数は質的変数である．機械の種類を機械A・機械B・機械Cとすると，得られるデータは**表3.3**のような形式になる．機械の種類は数値ではないので，このままではこれまでの分析手法を適用することができない．そこで新たな変数 x_3, x_4 を導入し，これらの変数は機械の種類に応じて次のような値をとるものとする．

- 機械の種類がAのとき $\rightarrow x_3 = 0,\ x_4 = 0$
- 機械の種類がBのとき $\rightarrow x_3 = 1,\ x_4 = 0$
- 機械の種類がCのとき $\rightarrow x_3 = 0,\ x_4 = 1$

新たに導入した x_3, x_4 は機械の種類に応じて $0, 1$ の2値をとる変数で**ダミー変数**と呼ばれる．

表3.3　説明変数に質的変数が含まれるデータの例

曲げ強度（y）	成分A（x_1）	成分B（x_2）	機械の種類
1.445	1.0	1.0	機械A
1.773	1.0	1.0	機械B
3.433	1.0	1.0	機械C
⋮	⋮	⋮	⋮

質的変数に対してダミー変数を導入する際の注意点をいくつか述べる．まず，質的変数を量的変数に変換しようとして，機械A → 0，機械B → 1，機械C → 2のような変換を行ってはいけない．これは，

- そもそも機械A・B・Cには何の大小関係もない
- 機械A → 1，機械B → 0，機械C → 2というように，変換の仕方を変えるだけで異なる分析結果となってしまう
- 機械A → 1，機械B → 2，機械C → 3というように，割り当てる数値を変えるだけで異なる分析結果となってしまう

といったことから理解できるであろう．特に表面上数値として表現されている質的変数を扱うときには注意が必要である（例えば，「1, 2, 3, 4, 5」から1つを選ぶアンケートの回答など）．

次にダミー変数を導入した際の母回帰係数の解釈について述べる．合成樹脂板の製造例において $\widehat{y} = \widehat{\beta}_0 + \widehat{\beta}_1 x_1 + \widehat{\beta}_2 x_2 + \widehat{\beta}_3 x_3 + \widehat{\beta}_4 x_4$ という推定式が得られたとする．この式に基づいて間接予測をする場合，

表 3.4　質的変数をダミー変数により変換した例

曲げ強度（y）	成分 A（x_1）	成分 B（x_2）	x_3	x_4
1.445	1.0	1.0	0	0
1.773	1.0	1.0	1	0
3.433	1.0	1.0	0	1
⋮	⋮	⋮	⋮	⋮

- 機械 A：$\widehat{y} = \widehat{\beta}_0 + \widehat{\beta}_1 x_1 + \widehat{\beta}_2 x_2$
- 機械 B：$\widehat{y} = \widehat{\beta}_0 + \widehat{\beta}_1 x_1 + \widehat{\beta}_2 x_2 + \widehat{\beta}_3$
- 機械 C：$\widehat{y} = \widehat{\beta}_0 + \widehat{\beta}_1 x_1 + \widehat{\beta}_2 x_2 + \widehat{\beta}_4$

という形で予測することになる．すなわち，$\widehat{\beta}_3$ や $\widehat{\beta}_4$ は「機械 B・C のときには『機械 A と比較して』$\widehat{\beta}_3$, $\widehat{\beta}_4$ 大きい」というように，機械 A との相対的な差の推定値として解釈される．

このような説明をすると，変数を 3 つ導入して，

- 機械の種類が A のとき → $x_3 = 1$，$x_4 = 0$，$x_5 = 0$
- 機械の種類が B のとき → $x_3 = 0$，$x_4 = 1$，$x_5 = 0$
- 機械の種類が C のとき → $x_3 = 0$，$x_4 = 0$，$x_5 = 1$

のようにすればよいと思うかもしれない．しかし，このような変換をしてしまうと，$x_3 + x_4 + x_5 = 1$ という関係が生じてしまい，多重共線性の問題から母回帰係数の最小 2 乗推定値が一意に定まらないという問題が起こる．このような事情から，質的変数のとりうる値が q 個である場合には，$q - 1$ 個のダミー変数を導入するのが一般的である．

3.7.2　データ分析例

表 3.5 はある EC サイトの顧客について，「今年の購入額」，「昨年の購入額」，「昨年購入した販売経路」，「その顧客に対して広告メールを送付したかどうか」のデータをまとめたものである．このデータについて，今年の購入額を目的変数，その他の変数を説明変数とした回帰式を求めることを考えると，「昨年購入した販売経路」，「広告メールの有無」が質的変数となる．昨年購入した販売経路は $\{\mathrm{Web}, \mathrm{Phone}, \text{複数}\}$ の 3 値をとり，広告メールの有無は $\{\text{無}, \text{有}\}$ の 2 値をとる．広告メールの有無については「無」を 0 に，「有」を 1 に変換し，昨年購入した販売経路については「Web のときに 1，それ以外で 0 をとる

表 3.5　EC サイトの顧客の購買履歴データ

No	今年の購入額	昨年の購入額	昨年購入した販売経路	広告メールの有無
1	0	33300	Web	有
2	11800	29000	Phone	有
3	0	32900	Web	無
4	3200	32100	複数	有
⋮	⋮	⋮	⋮	⋮
50	9900	21500	Web	有

表 3.6　EC サイトの顧客の購買履歴データをダミー変数を用いて変換したもの

No	今年の購入額	昨年の購入額	販売経路ダミー（Web）	販売経路ダミー（Phone）	広告メールダミー
1	0	33300	1	0	1
2	11800	29000	0	1	1
3	0	32900	1	0	0
4	3200	32100	0	0	1
⋮	⋮	⋮	⋮	⋮	⋮
50	9900	21500	1	0	1

変数」と「Phone のときに 1，それ以外で 0 をとる変数」を導入することで，**表 3.6** のようになる．今年の購入額を目的変数 y とし，昨年の購入額を x_1，販売経路ダミー（Web）を x_2，販売経路ダミー（Phone）を x_3，広告メールダミーを x_4 として回帰式 $y = \beta_0 + \beta_1 x_1 + \beta_2 x_2 + \beta_3 x_3 + \beta_4 x_4$ を求める．$\boldsymbol{\beta} = [\beta_0, \beta_1, \beta_2, \beta_3, \beta_4]^\top$ の推定値を最小 2 乗法により求めると，

$$\widehat{\boldsymbol{\beta}} = [55.3477, 0.0013, 9.4865, -8.6021, 55.4607]^\top \tag{3.77}$$

という値が得られたとしよう．このとき，販売経路ダミーの母回帰係数については，販売経路が「複数」である場合に対して相対的な差の推定値として解釈されるため，β_2 については「データにおいて販売経路が「複数」に対して「Web」の方が 9.4865 大きい」，β_3 については「データにおいて販売経路が「複数」に対して「Phone」の方が 8.6021 小さい」と解釈される．

3.8 回帰式の評価

3.8.1 重相関係数・寄与率

回帰分析の目的は目的変数を説明変数により説明できるような回帰式を構築することであった．実際には目的変数と説明変数の間に何の関係もないような状況でも，回帰係数を推定することで回帰式を求めることはできる．**図 3.2**(a) は，関係のない 2 変量 x と y の散布図と，最小 2 乗法により求めた回帰式を描いたものであり，図 (b) は直線的な関係にある 2 変量に対する散布図と，最小 2 乗法により求めた回帰式を描いたものである．明らかに図 (a) では目的変数を説明変数により説明できているとはいえないであろう．2 変数の場合は，散布図と回帰式の直線を描くことで，目的変数を説明変数で説明するという目的が達成できているかどうかが視覚的に確認することができるが，多変数の場合に，これを判定するにはどうしたらよいだろうか？ ここでは，回帰式により目的変数が説明変数でどの程度説明できているかを測る指標として，重相関係数と寄与率・決定係数について説明する．

回帰式により目的変数が説明変数で説明できているかどうかを測る指標として，$\boldsymbol{y}$ と $\boldsymbol{X}\widehat{\boldsymbol{\beta}}$ の関係性の強さを用いることを考えよう．関係性の強さを調べる方法にも様々なものがあるが，直線的な関係性の強さを測る指標として相関係

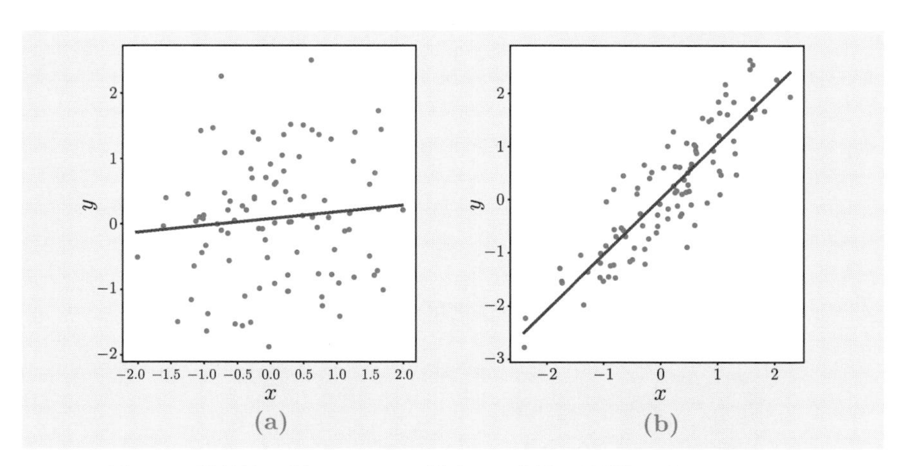

図 3.2 関係性の弱いデータに対する回帰と関係性の強いデータに対する回帰

数が考えられる．$\boldsymbol{y}$ と $\boldsymbol{X}\widehat{\boldsymbol{\beta}}$ の相関係数のことを**重相関係数**といい，記号 R を用いて表されることが多い．重相関係数の2乗を**寄与率**や**決定係数**といい，R^2 と記述される．一般的には重相関係数よりも寄与率・決定係数が用いられることが多い．**図 3.2** のデータでは図 (a) で $R^2 = 0.008$，図 (b) で $R^2 = 0.772$ となっている．

もう少し寄与率の意味についての考察を与える．寄与率 R^2 について次のような関係が成り立つことが知られている．

$$R^2 = \frac{s_{yy} - s_e}{s_{yy}} = 1 - \frac{s_e}{s_{yy}} \tag{3.78}$$

ここで

$$s_{yy} = \sum_{i=1}^{n}(y_i - \overline{y})^2, \tag{3.79}$$

$$s_e = \sum_{i=1}^{n}(y_i - \widehat{\boldsymbol{\beta}}^\top \boldsymbol{x}_i)^2 \tag{3.80}$$

であり，s_{yy} は目的変数 $\boldsymbol{y}$ 自身のばらつきの大きさを表し，s_e は回帰式と目的変数の間の距離のばらつきの大きさを表していると考えられる（**図 3.3**）．このことから，R^2 はデータのばらつきの大きさのうち，回帰式により説明できるばらつきの大きさの割合を表していると考えることができ，R^2 が1に近ければ回帰式によりデータの変動がうまく説明できており，R^2 が0に近ければ回

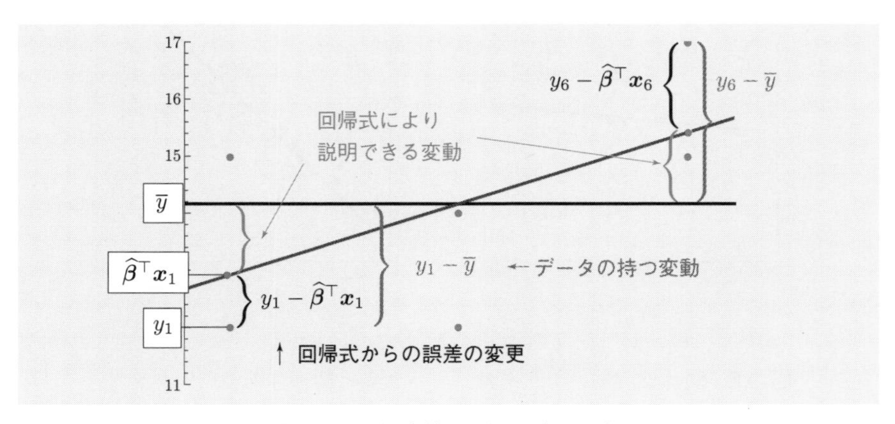

図 3.3　目的変数のばらつきの分解

帰式でデータの変動を説明できていないと考えられる.

3.8.2 データ分析例

3.1.1 項の賃貸物件の家賃データに対して，最小 2 乗法により回帰式を推定すると，$\widehat{y} = 46460.771 + 2067.215x_1 - 919.038x_2 - 487.564x_3$ という推定式が得られるのであった．**図 3.4** は $\widehat{\boldsymbol{y}} = \boldsymbol{X}^\top \widehat{\boldsymbol{\beta}}$ と $\boldsymbol{y}$ について散布図を描いたもので，$\widehat{\boldsymbol{y}}$ と $\boldsymbol{y}$ の間に強い正の相関がありそうであることが確認できる．実際に寄与率を計算すると $R^2 = 0.746$ となるので，$\boldsymbol{y}$ の変動が回帰式により高い割合で説明できるといえる.

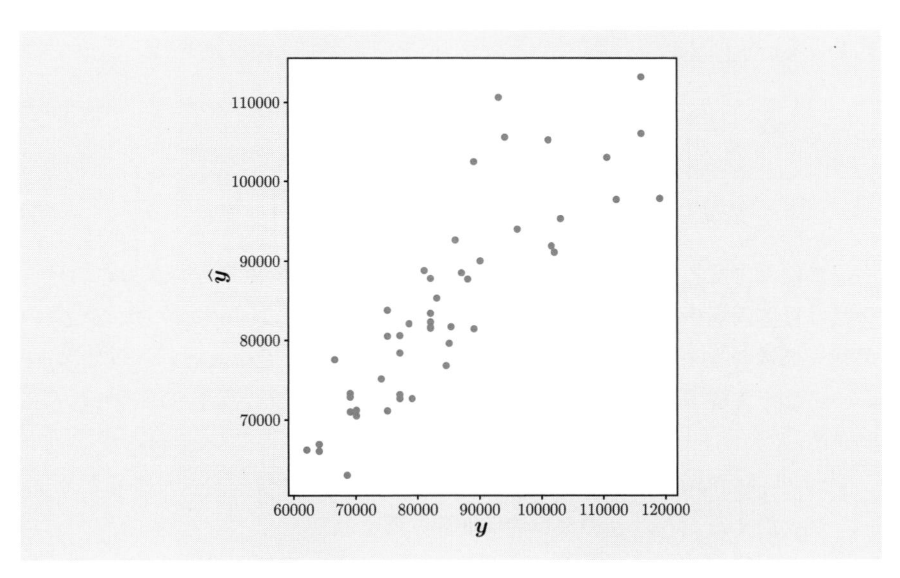

図 3.4 賃貸物件の家賃データにおける $\widehat{\boldsymbol{y}}$ と $\boldsymbol{y}$ に関する散布図

3.8.3 回帰係数の解釈について

本項では，データ分析の結果得られた回帰式の解釈の仕方について述べる．例として 2 つの説明変数 x_1 と x_2 と目的変数 y に対してデータ生成観測メカニズムとして母回帰式

$$y_i = \beta_0 + \beta_1 x_{i1} + \beta_2 x_{i2} + \varepsilon_i \tag{3.81}$$

というモデルを仮定し，母回帰係数の推定値として $\widehat{\beta}_0$, $\widehat{\beta}_1$, $\widehat{\beta}_2$ が得られたとす

る．このとき結果の解釈として「x_1 の値が 1 増えると y の値が平均的に $\widehat{\beta}_1$ 増える」と考えてしまいがちだが，安易にこのように考えてしまうと，誤った結論を導きかねないので注意が必要である．

ここでは**表 3.7** のデータを用いて説明する．このデータに対して，以下の 3 つの場合で重回帰式を求める．

- x_1 のみを説明変数とする場合
- x_1 と x_2 を説明変数とする場合
- x_1 と x_2 と x_3 を説明変数とする場合

3 つの場合それぞれについて回帰式を最小 2 乗法により推定すると以下の回帰式を得る．

$$\widehat{y} = 13.2311 - 0.0523x_1, \tag{3.82}$$

$$\widehat{y} = 2.0410 + 0.5113x_1 + 1.9370x_2, \tag{3.83}$$

$$\widehat{y} = 12.8788 - 0.8235x_1 - 2.0384x_2 + 1.6463x_3 \tag{3.84}$$

回帰式における各回帰係数は**偏回帰係数**（データ生成観測メカニズムにおける係数は母偏回帰係数）と呼ばれる．注目すべきは 3 つの回帰式において x_1 の偏回帰係数の推定値が異なっており，正負の符号すら異なるという点である．このことを理解するためには，偏回帰係数に関する以下の点を理解しておく必要がある．

- x_k の偏回帰係数は，回帰式中に含まれる他の変数が固定されたもとで x_k が 1 増えたときの y の平均的増加量を表す
- x_k が変化するとき，回帰式中に含まれていない変数は固定されないので，それらの変数の影響は x_k の偏回帰係数に含まれる

例えば，式 (3.84) の x_1 の偏回帰係数の推定値 -0.8235 は，回帰式中の他の変数 x_2 と x_3 が固定されたもとで，x_1 が 1 増えたときの y の平均的増加量である．ここで，x_3 を目的変数，x_1, x_2 を説明変数として回帰式を求めると次の式を得る．

$$\widehat{x}_3 = -6.5831 + 0.8108x_1 + 2.4147x_2 \tag{3.85}$$

この式の右辺を式 (3.84) の x_3 に代入すると式 (3.83) に一致する．

$$
\begin{aligned}
\widehat{y} &= 12.8788 - 0.8235x_1 - 2.0384x_2 \\
&\quad + 1.6463 \times (-6.5831 + 0.8108x_1 + 2.4147x_2) \\
&= (12.8788 + 1.6463 \times (-6.5831)) + (-0.8235 + 1.6463 \times 0.8108)x_1 \\
&\quad + (-2.0384 + 1.6463 \times 2.4147)x_2 \\
&= 2.0410 + 0.5113x_1 + 1.9370x_2
\end{aligned} \tag{3.86}
$$

ここで，x_1 の係数を比較し，$0.5113 = -0.8235 + 1.6463 \times 0.8108$ という関係に着目する．-0.8235 という数値は x_1 が y に与える直接的な影響の大きさを表し，1.6463×0.8108 という数値は x_3 を介した x_1 が y に与える間接的な影響の大きさを表している．すなわち，式 (3.83) の x_1 の偏回帰係数には，回帰式に含まれていない x_3 の影響が算入されている．なお，この間接的な影響の大きさは多重共線性が存在するときに特に大きくなる．実際，**表 3.7** のデータについて，説明変数間の相関係数を求めると**表 3.8** のようになり，x_1 と x_2 の間に強い負の相関があることが確認できる．

最初に述べた「x_1 の値が 1 増えると y の値が平均的に $\widehat{\beta}_1$ 増える」と安易に解釈してはいけない主な理由は次のように説明できる．**表 3.7** のデータは

$$
\underset{\sim}{y}_i = 1 + x_{2i} + x_{3i} + \underset{\sim}{\varepsilon}_i \tag{3.87}
$$

という式に従って生成したものである．これに対して，式 (3.82) のように，x_1 のみを説明変数とした回帰式を推定すると，x_1 の偏回帰係数の推定値には，回帰式に含まれていない x_2, x_3 の影響が算入されている．一方で，式 (3.84) のように，x_1, x_2, x_3 すべてを説明変数として回帰式を推定すると，x_2 が y に与える影響の一部が x_1 を介した間接的な影響として x_1 の偏回帰係数に表れる．

先ほどと同じ分析を**表 3.9** のデータに対しても行ってみよう．このデータでは説明変数間の相関がほぼ 0 となっている．このデータに対して，先ほどと同様に 3 つの回帰式を最小 2 乗法により推定すると以下の回帰式を得る．

$$
\widehat{y} = 1.4240 - 0.5487x_1, \tag{3.88}
$$

$$
\widehat{y} = 1.4239 - 0.5487x_1 + 0.7119x_2, \tag{3.89}
$$

$$
\widehat{y} = 1.4239 - 0.5486x_1 + 0.7117x_2 + 0.7904x_3 \tag{3.90}
$$

表 3.7　重回帰分析のためのデータ

No.	y	x_1	x_2	x_3
1	12.39	7.43	3.66	7.84
2	13.36	2.09	5.17	7.69
3	12.53	4.94	4.45	8.14
4	12.32	8.65	2.92	7.81
5	13.34	6.04	4.08	8.44
6	13.39	7.80	3.35	8.02
7	11.00	8.21	3.40	8.08
8	12.83	6.85	3.60	7.38
9	13.13	7.17	3.67	7.96
10	14.46	8.94	3.65	9.68

表 3.8　表 3.7 のデータの説明変数間の相関係数

	x_1	x_2	x_3
x_1	1.0	−0.9404	0.3563
x_2	−0.9404	1.0	−0.0506
x_3	0.3563	−0.0506	1.0

表 3.9　説明変数間の相関が小さいデータ（永田[2] より引用）

No.	y	x_1	x_2	x_3
1	3.32	0.141	0.761	1.319
2	0.82	0.205	−1.385	−0.780
3	−0.03	0.880	−0.863	1.312
4	3.68	0.338	0.796	0.847
5	2.02	−0.323	1.418	−0.225
6	3.00	−1.335	−0.396	−0.288
7	1.26	0.488	1.158	−0.683
8	−1.25	1.272	0.003	−1.804
9	0.72	0.375	−1.248	0.546
10	0.70	−2.041	−0.243	−0.244

このように，説明変数間の関係性が無相関に近い場合，回帰式に組み込む説明変数を増やしても，偏回帰係数の推定値はほとんど変化しない．

回帰分析を行う目的が「説明変数 x_k の値を変化させたとき，目的変数の値がどのように変化するか」といったことを調べることである場合は多い．しかし，これは本項で述べた理由から，誤った結論を導く可能性がある．回帰分析を利用してこのような目的を達成するためには，**実験計画法**や**統計的因果推論**の知識が必要となる．詳細については永田[1] や宮川[4] を参照されたい．

3.9 誤差項が正規分布でない場合の分析

ここまで，データ生成観測メカニズムとして各 y_i は独立に

$$\underset{\sim}{y_i} = \boldsymbol{\beta}^\top \boldsymbol{x}_i + \underset{\sim}{\varepsilon_i} \tag{3.91}$$

に従って生起し，$\underset{\sim}{\varepsilon_i}$ は正規分布 $\mathcal{N}(0, \sigma_\varepsilon^2)$ に従うと設定して議論を展開してきた．ここではこの仮定を少し緩めた場合の議論を扱う．このデータ生成観測メカニズムにおいて誤差項 $\underset{\sim}{\varepsilon_i}$ が正規分布に従うという仮定はかなり強い仮定である．この仮定を緩め，$\underset{\sim}{\varepsilon}$ は $\mathrm{E}[\underset{\sim}{\varepsilon_i}] = 0$ を満たす確率変数であると仮定する．もちろん，$\underset{\sim}{\varepsilon_i}$ が $\mathcal{N}(0, \sigma_\varepsilon^2)$ に従えばこの仮定は満たされるし，他にも $[-1, 1]$ 上の一様分布に従う確率変数であるとしても仮定は満たされるが，ここでは $\underset{\sim}{\varepsilon_i}$ の具体的な分布形は仮定せずに，期待値が 0 の確率変数であるということだけを仮定する．誤差ベクトル $\underset{\sim}{\boldsymbol{\varepsilon}}$ について $\mathrm{E}[\underset{\sim}{\boldsymbol{\varepsilon}}] = \boldsymbol{0}$ が成り立つ．

この場合，$\underset{\sim}{\varepsilon_i}$ の具体的な分布が仮定されていないため，$\boldsymbol{\beta}$ に対する尤度を定義することができず，最尤推定量を求めるといったことはできないが，最小 2 乗推定量は

$$\underset{\sim}{\widehat{\boldsymbol{\beta}}} = (\boldsymbol{X}^\top \boldsymbol{X})^{-1} \boldsymbol{X}^\top \underset{\sim}{\boldsymbol{y}} \tag{3.92}$$

として計算することができる．$\underset{\sim}{\boldsymbol{y}} = \boldsymbol{X}\boldsymbol{\beta} + \underset{\sim}{\boldsymbol{\varepsilon}}$ を代入すると $\underset{\sim}{\widehat{\boldsymbol{\beta}}} = \boldsymbol{\beta} + (\boldsymbol{X}^\top \boldsymbol{X})^{-1} \boldsymbol{X} \underset{\sim}{\boldsymbol{\varepsilon}}$ となることと，$\mathrm{E}[\underset{\sim}{\boldsymbol{\varepsilon}}] = \boldsymbol{0}$ となることから，$\mathrm{E}\left[\underset{\sim}{\widehat{\boldsymbol{\beta}}}\right] = \boldsymbol{\beta}$ が成り立つ．すなわち，$\underset{\sim}{\boldsymbol{\varepsilon}}$ が正規分布に従わない場合でも，$\mathrm{E}[\underset{\sim}{\boldsymbol{\varepsilon}}] = \boldsymbol{0}$ という条件が成り立っていれば最小 2 乗推定量は $\boldsymbol{\beta}$ の不偏推定量となることが確認できる．

ところで，$\underset{\sim}{\boldsymbol{y}}$ に対してある定数の行列 $\boldsymbol{M}$ を使って $\boldsymbol{M}\underset{\sim}{\boldsymbol{y}}$ の形で表される推定量を $\boldsymbol{\beta}$ の**線形推定量**という．さらに，$\mathrm{E}[\boldsymbol{M}\underset{\sim}{\boldsymbol{y}}] = \boldsymbol{\beta}$ が成り立つ線形推定量を $\boldsymbol{\beta}$ の**線形不偏推定量**という．線形不偏推定量は一般的に複数存在し，最小 2 乗推定量は線形不偏推定量の一つとなっている．詳細は省略するが，最小 2 乗推定量は線形不偏推定量の中で分散が最小となることが知られており，これを「最小 2 乗推定量は**最良線形不偏推定量**である」という[†8]．最良線形不偏推定量は Best Linear Unbiased Estimator の頭文字をとって **BLUE** というこ

[†8] ここでいう分散が最小とは，3.2.2 項で導入した分散共分散行列に対する大小関係の意味で最小ということである．

ともある．最小2乗推定量がBLUEとなるという命題は**ガウス–マルコフの定理**として知られている．この結果は3.2.2項の結果と比較すると理解が深まるであろう．3.2.2項では，誤差項$\underset{\sim}{\boldsymbol{\varepsilon}}$が正規分布に従うという仮定のもとでは，最小2乗推定量の分散が任意の不偏推定量の分散以下であることを述べた．ここで考えている不偏推定量には当然，線形不偏推定量も含まれるが，線形とは限らない不偏推定量を含めたとしても依然として最小2乗推定量よりも分散が小さい不偏推定量は存在しない．$\underset{\sim}{\boldsymbol{\varepsilon}}$に関する正規分布の仮定を外すと，最小2乗推定量の分散が「任意の不偏推定量」の分散以下であることはいえないが，少なくとも「任意の線形不偏推定量」の分散以下であることを保証するのがガウス–マルコフの定理である．

不偏な線形推定量の中で分散が最小となるものを求める意思決定写像は**図3.5**のように表される．

$\underset{\sim}{\boldsymbol{\varepsilon}}$が正規分布でない場合，最小2乗推定量の分布を陽に求めることはできないが，漸近的な状況で正規分布で近似して，その分布をもとに区間推定を行うといったことも可能である[†9]．

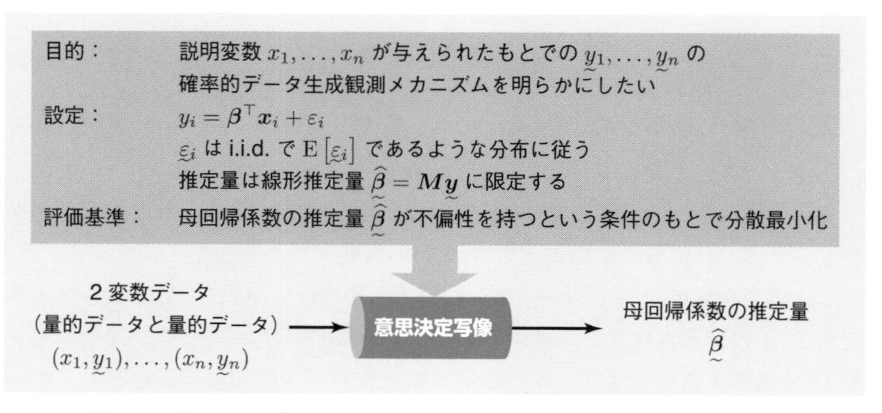

図3.5　推定量を線形推定量に限定したもとで推定量の不偏性および分散を評価基準とした意思決定写像

[†9] 詳細については例えば佐和[5]を参照．

●コラム　; と | の表記の違い：再考

データ科学入門 I の第 6 章のコラムにおいて $p(x;\theta)$ と $p(x|\theta)$ の表記の違いについて述べた．そこでは θ が確率変数ではない場合は $p(x;\theta)$ と記述し，確率変数である場合には $p(x|\theta)$ と記述すると説明した．これに加え，本書では，$p(y|x;\theta)$ のように，1 つの確率関数・確率密度関数の中に | と ; の両方を含むような表記をしている部分がある．これは $\underset{\sim}{x}$ の元での $\underset{\sim}{y}$ の条件付き分布の確率関数・確率密度関数が確率変数ではないパラメータ θ を持つということを表している（説明変数 $\boldsymbol{x}$ のように，推定の対象とならない定数パラメータは原則として省略している）．θ が事前分布 $p(\theta)$ をもつ確率変数 $\underset{\sim}{\theta}$ の実現値であると考える場合には $p(y|x,\theta)$ と書くことになる．

多くの統計学・機械学習のテキストでは ; か | のいずれかのみが用いられており，例えば | を用いる場合には，θ が確率変数でない場合でも $p(y|x,\theta)$ のように書かれることも多い．このような表記法は，確率変数である変数とそうでない変数の区別が曖昧になるという欠点がある一方，2 つの設定での数式の展開を統一的に扱えるという良い点もある．本書ではここまで設定の違いを明確に記述するために，できるだけ正確に | と ; を書き分けてきたが，数式の展開が煩雑になることを避けることを目的として，以降は | のみを用いた表記も併用することとする．

第4章 質的変数を目的変数とする意思決定写像

前章までは目的変数が量的変数である場合の意思決定について扱った．本章以降では，目的変数が質的変数である場合の意思決定について扱う．

4.1 質的変数を目的変数とする意思決定写像

まず質的変数を含むデータとしては次のような例が考えられる．

表 4.1 成績に関するデータ

No.	組	成績
1	A	88
2	A	78
3	A	90
···	···	···
51	B	92
52	B	77
···	···	···

表 4.2 アヤメ（植物）の種（種類）と花弁のサイズに関するデータ

No.	種	花弁の長さ（cm）	花弁の幅（cm）
1	Setosa	1.4	0.2
2	Setosa	1.4	0.2
3	Virginica	6.0	2.5
4	Versicolor	4.7	1.4
5	Virginica	5.1	1.9
6	Versicolor	4.5	1.5
7	···	···	···

“成績に関するデータ”においては「組」が質的変数であり，“アヤメの種と花弁のサイズに関するデータ[†1]”においてはアヤメの「種」が質的変数である．このとき「種」や「組」に当たる質的変数の集合のことを群やクラス，カテゴリなどと呼ぶ．本書では群と表現する．

[†1] UCI Machine Learning Repository（https://archive.ics.uci.edu/ml/）の一部．

表 4.2 の例において群ごとに色を変えてプロットすると**図 4.1** のようになる．

ここでアヤメの種と花弁のサイズに関するデータを用いて質的変数が目的変数となる状況を考えてみよう．例えば，「アヤメの種ごとに花弁の長さと花弁の幅の関係を知りたい」という目的に対しては，前章で学んだように種ごとに花弁の長さと幅の関係を関数で表すことが考えられる（層別分析）．

図 4.2 は Setosa と Versicolor のそれぞれのデータにおける花弁の長さと幅の線形的な関係を図示したものである．この分析は，種ごとに 2 つの量的変数

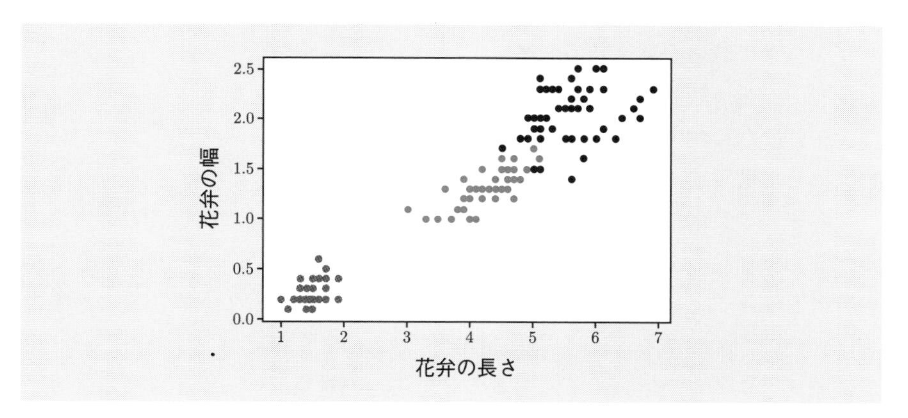

図 4.1 アヤメの種と花弁のサイズに関するデータ（灰：Setosa，青：Versicolor，黒：Virginica）

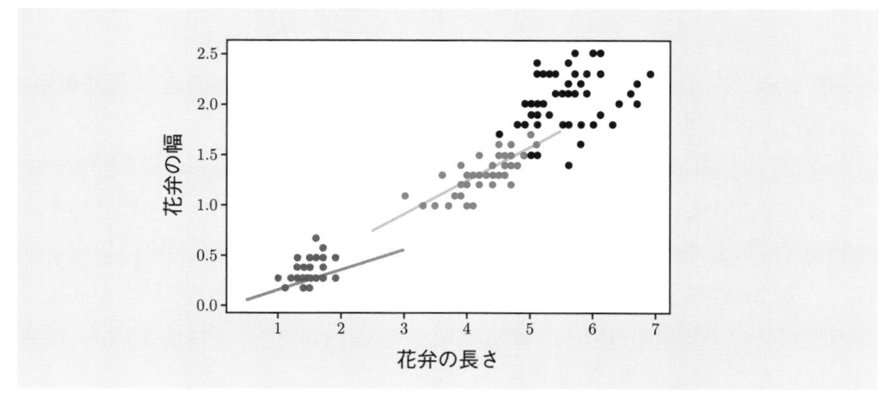

図 4.2 アヤメの種ごとの花弁の長さと幅の関係（灰：Setosa，青：Versicolor）

の間の関係を記述しており，花弁の長さを目的変数とし幅を説明変数とした分析と考えられる．一方，分析の目的が「質的変数である種と花弁のサイズ（長さと幅）の関係を知りたい」あるいは「種が不明のアヤメに対して，花弁のサイズ（長さと幅）からその種を決定したい」等の場合には，上記の分析では不十分である．本章以降では，このように目的変数が質的変数の問題設定を取り扱う．

質的変数を目的変数とする問題設定においても意思決定の目的として様々なものが考えられる．本書ではこれまでと同様に

- データの特徴記述（特徴記述）
- データ生成観測メカニズムの構造推定（構造推定）
- 未知変数に関する予測（予測）

に大別して解説する．

それぞれの目的は目的変数が量的変数であった場合とほぼ同様の考え方であるが改めて補足しよう．まず「特徴記述」とは得られているデータに対してその特徴を知ることを目的とした意思決定である．したがって意思決定の対象はデータそのものである．一方「構造推定」および「予測」はいずれもデータ生成観測メカニズムを仮定する．前者の意思決定の対象はデータ生成観測メカニズムであり，後者においては，データ生成観測メカニズムに従う未観測のデータとなる．

ここで特に未知変数の予測問題について考えてみよう．先のアヤメの例でいえば，過去のデータおよび種が未知であるが花弁の長さと幅がわかっている新規データ点からその種（より一般的には群）を決定する問題である（**図 4.3**）．この例のように質的変数を目的変数とする場合の予測問題は，新たに得られた量的変数に対応した群を決定することになる．この予測問題は，新たなデータ点の群を分類する，あるいは判別すると言い換えることができ，**分類問題**や**判別問題**と呼ばれる．また既に量的変数を目的変数とする問題設定で学んだように，特徴記述や構造推定における意思決定写像と同様の意思決定写像が間接予測の枠組みの中で用いられることも多い．このことについては 4.5.2 項「同質性を仮定した予測」にて説明する．

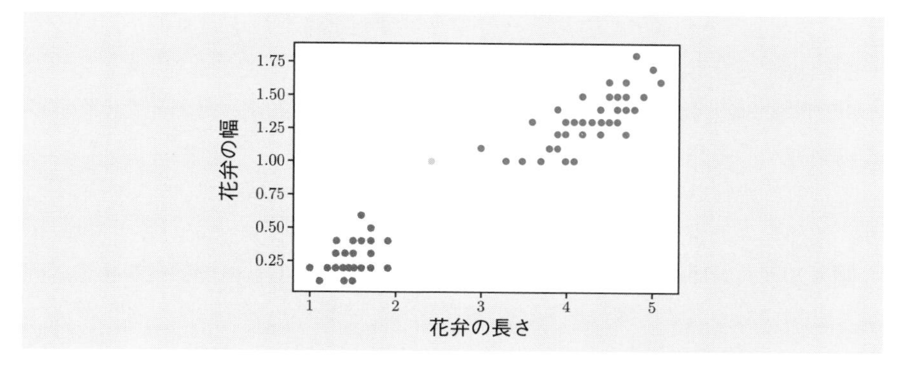

図 4.3　新しいデータ点（薄青色）の種予測．分類問題や判別問題と呼ばれることもある．

4.2　変数間の関係性を領域を用いて表現する特徴記述

目的変数である質的変数 y と複数の量的な説明変数 $[x_1, x_2, \ldots, x_p]^\top$ の関係性の記述を考える．説明変数の関数を考えることを想定して特に断りがなければ説明変数ベクトル $\boldsymbol{x}$ に定数 1 を含めて $\boldsymbol{x} = [1, x_1, x_2, \ldots, x_p]^\top$ とする．

前節でのアヤメの例では質的変数のとりうる集合が{Setosa, Versicolor, Virginica}であった．これを Setosa=0，Versicolor=1，Virginica=2 とすれば**表 4.3** を得る．このデータに対して前章で学んだものと同様の考え方を用いて $y = \boldsymbol{\beta}^\top \boldsymbol{x} = \beta_0 + \beta_1 x_1 + \beta_2 x_2$ となる関係を導出することは可能である．しかしながら目的変数が質的で離散的な値をとるために，線形関数でその関係を表すことは一般的には困難である．例えば目的変数 y を 0 または 1，説明変数を

表 4.3　アヤメ（植物）の種と花弁のサイズに関するデータ

No.	種（y）	花弁の長さ（x_1）	花弁の幅（x_2）
1	0	1.4	0.2
2	0	1.4	0.2
3	2	6	2.5
4	1	4.7	1.4
5	2	5.1	1.9
6	1	4.5	1.5
7	...	...	...

$\boldsymbol{x} = [x_1, x_2]^\top$ としよう．このとき y を量的変数と考え最小 2 乗法を用いてこれを説明する線形関数を求めると例えば**図 4.4** のようになる．この図を見ると y が質的変数の場合にはこれまで学んだ内容とは異なる考え方が必要であることは明らかであろう．

では質的変数である y と量的変数 $\boldsymbol{x}$ の関係性をどう表現すればよいであろうか．関係性の表現の一つに質的変数 y に対応した $\boldsymbol{x}$ の領域決定が考えられる．

図 4.5 は，冒頭のアヤメの例における種と花弁の大きさの関係性を領域で表現した例である．この図は例えば量的変数 $[x_1 = 1.5, x_2 = 0.2]^\top$ に対応する y は Setosa に対応した群であるという関係を表現している．

ここでは代表的な特徴記述の一つとして，このような質的変数 y に対応する

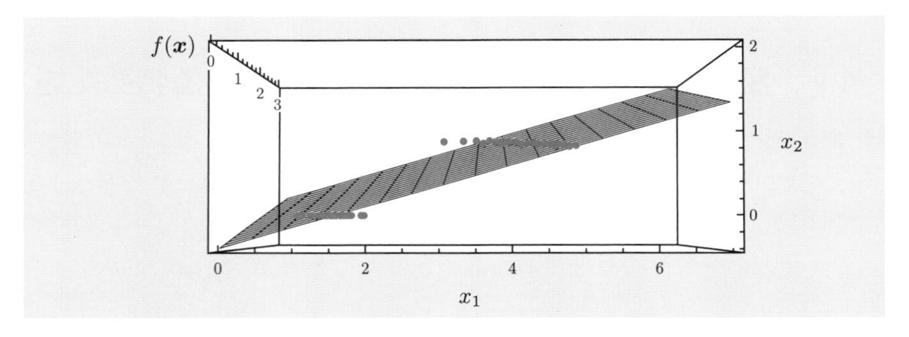

図 4.4　質的変数 y の線形関数 $-0.39 - 0.25x_1 + 0.23x_2$ による記述

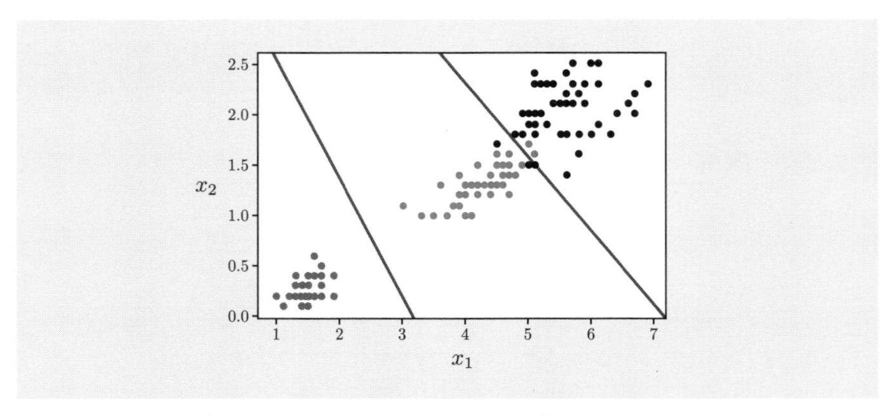

図 4.5　質的変数に対応した説明変数の領域の例

量的変数の領域の決定問題について考えていこう．簡単のため，質的変数として群 0 および群 1 を表す変数を y とし，$y=0$ を群が 0，および $y=1$ を群が 1 とする．またここでは主に量的変数が 2 変数である状況 $[x_{i1}, x_{i2}]^{\top}$ を考えるが，より一般に p 変数となる状況においても本質的に同様である．さらに**表 4.4** のように $i=1$ から $i=n$ まで $y_i=0$，$i=n+1$ から $i=n+m$ まで $y_i=1$ としておく．

表 4.4　2 群の分類

No.	y	x_1	x_2
1	$y_1=0$	x_{11}	x_{12}
$\cdots$	$\cdots$	$\cdots$	$\cdots$
n	$y_n=0$	x_{n1}	x_{n2}
$n+1$	$y_{n+1}=1$	$x_{(n+1)1}$	$x_{(n+1)2}$
$\cdots$	$\cdots$	$\cdots$	$\cdots$
$n+m$	$y_{n+m}=1$	$x_{(n+m)1}$	$x_{(n+m)2}$

このとき $y_i=0$ となる説明変数 $\boldsymbol{x}_i$ を群 0 に属するデータ点，$y_i=1$ である $\boldsymbol{x}_i$ を群 1 に属するデータ点と呼ぶ．

図 4.6 は冒頭のアヤメの例において Setosa および Versicolor のみを取り出した例である．Setosa を表す目的変数を $y=0$，Versicolor を $y=1$ とすると灰色の点の集合が群 0 に属するデータで青色の点の集合が群 1 に属するデータである．この例では領域を一つの直線 $f(\boldsymbol{x})=-5+1.75x_1+x_2=0$ で分割し

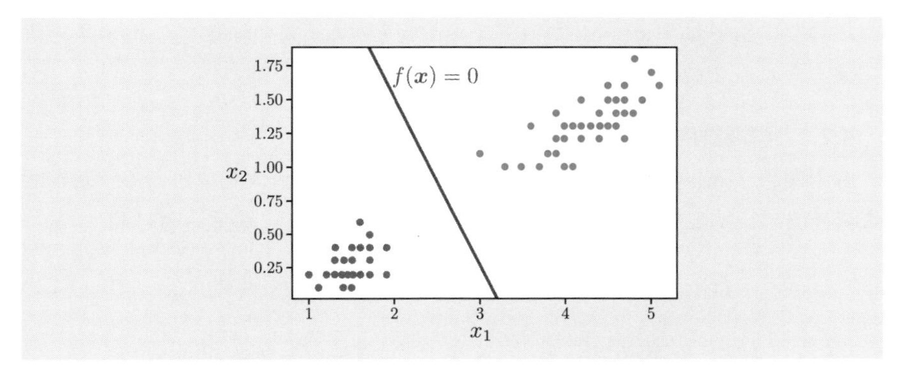

図 4.6　2 つの群と量的変数の領域例．線形分離可能なデータ．

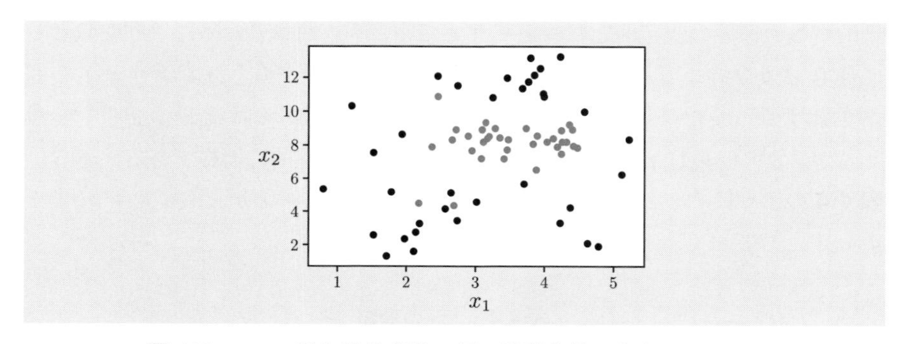

図 4.7　2 つの群と量的変数の例．線形分離できないデータ．

ている．この例からわかるように領域を決定する問題の一つとして量的変数ベクトル $\boldsymbol{x}$ の関数 $f(\boldsymbol{x})$ から定まる直線 $f(\boldsymbol{x}) = 0$ を決定する問題があげられる．またここでは $f(\boldsymbol{x}) = \beta_0 + \beta_1 x_1 + \beta_2 x_2$ の形の線形関数で表現したが，より一般に 2 次関数などの非線形関数を用いることもできる．どのような関数で領域を表現したいかは分析者が決定することになる．特に線形関数を用いて 2 群の領域を明確に分割する領域が引けるデータを線形分離可能なデータと呼ぶ．**図 4.6** は線形関数（直線）で領域を分割できているので線形分離可能なデータである．一方**図 4.7** のようなデータは x_1 と x_2 の線形関数を用いた領域では明確に分離することの難しいデータである．

ここでは説明変数が 2 変数 $[x_1, x_2]^\top$，関数 $f(\boldsymbol{x})$ が線形関数の状況を考えた．この場合 $f(\boldsymbol{x}) = 0$ は直線となる．より一般に p 変数とし線形関数 $f(\boldsymbol{x}) = \boldsymbol{\beta}^\top \boldsymbol{x}$ を考えた場合 $f(\boldsymbol{x}) = 0$ は超平面と呼ばれる．

以降では超平面 $f(\boldsymbol{x}) = 0$ から定まる領域を考え，この係数ベクトル $\boldsymbol{\beta}$ を決定するための 2 つの考え方を紹介する．

4.2.1　群間群内分散比最大化

線形関数 $f(\boldsymbol{x})$ を決定する基準の一つに群間群内比最大基準がある．基本的な考え方は説明変数ベクトル $\boldsymbol{x}_i = [1, x_{i1}, x_{i2}, \ldots, x_{ip}]^\top$ の重み付け和

$$f(\boldsymbol{x}_i) = \boldsymbol{\beta}^\top \boldsymbol{x}_i = \beta_0 + \beta_1 x_{i1} + \beta_1 x_{i2} + \cdots + \beta_p x_{ip} \tag{4.1}$$

を考え，$f(\boldsymbol{x})$ の値が 2 群でなるべく分かれるように係数 $\boldsymbol{\beta} = [\beta_0, \beta_1, \beta_2, \ldots, \beta_p]^\top$ を決定することである．

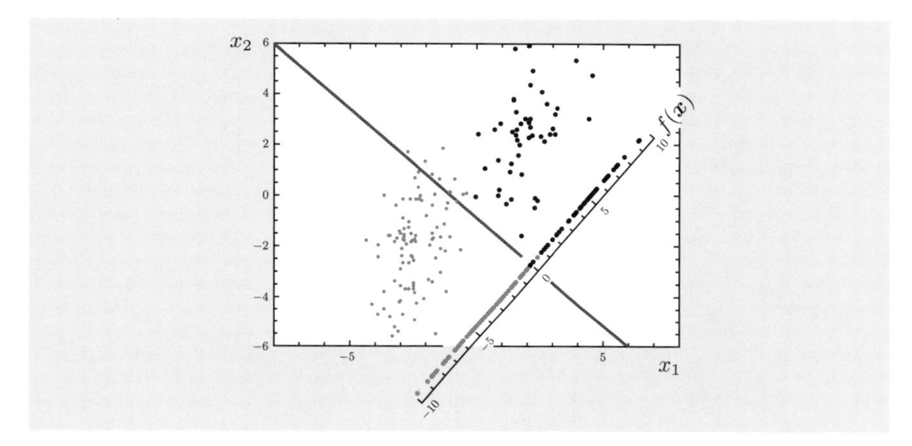

図 4.8 $f(\boldsymbol{x}) = x_1 + x_2 = 0$ による領域と各データ点の射影後の数値（数直線）

まず関数 $f(\boldsymbol{x})$ が決定すると 1) 領域および 2) 各データ点に対する変換後の値 $f(\boldsymbol{x}_i)$ の 2 つが決定することに注意しよう．例えば関数 $f(\boldsymbol{x})$ として $f(\boldsymbol{x}) = x_1 + x_2$，すなわち係数ベクトル $\boldsymbol{\beta} = [0, 1, 1]^\top$，を用いた際にこれらを図示したものが**図 4.8** である．ここで関数 $f(\boldsymbol{x})$ による $\boldsymbol{x}$ の変換は 2 次元空間（平面）から 1 次元空間（直線）への変換となる．このような変換を射影と呼ぶ．図では各データ点を関数 $f(\boldsymbol{x}) = x_1 + x_2$ を用いて $\boldsymbol{x}_1, \boldsymbol{x}_2, \ldots, \boldsymbol{x}_{n+m}$ を射影した値 $f(\boldsymbol{x}_1), f(\boldsymbol{x}_2), \ldots, f(\boldsymbol{x}_{n+m})$ を数直線で表している．

図 4.9 は同様の考えを関数 $f(\boldsymbol{x}) = x_1 - x_2$ に対して適用したものである．**図 4.8** および**図 4.9** を見ると，この 2 つの関数では関数 $f(\boldsymbol{x}) = x_1 + x_2$ を用いた方が適切に領域を表現できているように見える．さらに同様のことは数直線上のデータのまとまり具合からも見てとれる．

そこで各データ点の変換後の値 $f(\boldsymbol{x}_i)$ を用いて関数 $f(\boldsymbol{x})$ を決定することとしよう．具体的には，得られた $n+m$ 個の $f(\boldsymbol{x}_i)$ から計算される群間分散および群内分散と呼ばれる量を用いる．**群間分散**とは与えられた関数 $f(\boldsymbol{x}) = \boldsymbol{\beta}^\top \boldsymbol{x}$ で変換した後の 2 群間の 2 乗距離であり次で定義される．

$$(m_0 - m_1)^2 \tag{4.2}$$

ここで m_0, m_1 はそれぞれ

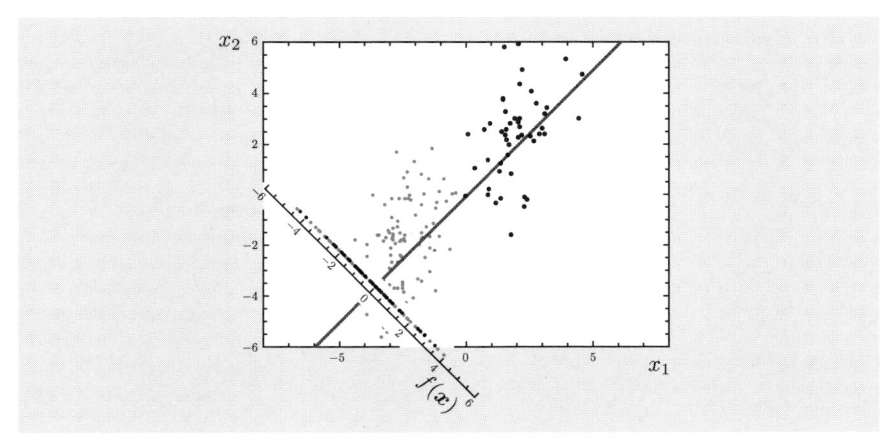

図 4.9　$f(\boldsymbol{x}) = x_1 - x_2 = 0$ による領域と各データ点の変換後の数値

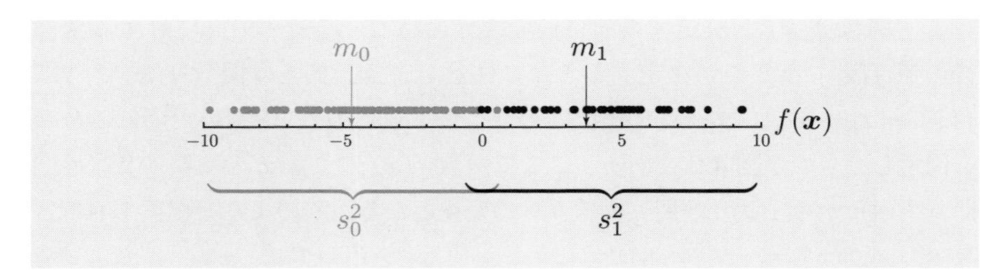

図 4.10　関数 $f(\boldsymbol{x})$ によるデータの変換と変換後の各群の算術平均 m_0, m_1 およびばらつき s_0^2, s_1^2 のイメージ．ここで m_0 と m_1 の差はなるべく大きく，s_0^2 および s_1^2 はなるべく小さくしたい．

$$m_0 = \frac{\sum_{i=1}^{n} f(\boldsymbol{x}_i)}{n} = \frac{\sum_{i=1}^{n} \boldsymbol{\beta}^\top \boldsymbol{x}_i}{n}, \tag{4.3}$$

$$m_1 = \frac{\sum_{i=n+1}^{n+m} f(\boldsymbol{x}_i)}{m} = \frac{\sum_{i=n+1}^{n+m} \boldsymbol{\beta}^\top \boldsymbol{x}_i}{m} \tag{4.4}$$

と計算される．n 番目までのデータ $\boldsymbol{x}_1, \ldots, \boldsymbol{x}_n$ は群 0 に属する，すなわち $y_i = 0$ であり，$n+1$ から $n+m$ 番目までのデータ $\boldsymbol{x}_{n+1}, \ldots, \boldsymbol{x}_{n+m}$ は群 1 に属する，すなわち $y_i = 1$ であることに注意すると m_j は群 j に属するデータを $\boldsymbol{\beta}$ により変換した後の算術平均を表している（**図 4.10**）．

また**群内分散**とは次で定義される各群内におけるばらつき s_0^2, s_1^2：

$$s_0^2 = \sum_{i=1}^{n}(f(\boldsymbol{x}_i) - m_0)^2, \quad s_1^2 = \sum_{i=n+1}^{n+m}(f(\boldsymbol{x}_i) - m_1)^2 \tag{4.5}$$

の和をデータ数 $n+m$ で割った

$$S^2 = \frac{s_0^2 + s_1^2}{n+m} \tag{4.6}$$

である．群間分散が大きいほど 2 つの群が離れていると考えられ，また群内分散の和は各群の中でのばらつきを表すので小さいほど群が近くにまとまっていると考えることができる．したがって，これら 2 つの量から計算される次式を最大化する評価基準を考える．

$$\frac{(m_0 - m_1)^2}{S^2} \tag{4.7}$$

上式を最大化する基準が群間群内分散比最大基準の考え方である．この考えに基づく意思決定写像は**図 4.11** のようになる．

実際に上記の考え方を用いて係数ベクトル $\boldsymbol{\beta}$ を求める際には，式 (4.7) の最大化は β_0 の値によらない．そこで実用上は β_0 を $[\beta_1, \ldots, \beta_p]^\top$ を用いた変換後の各群の算術平均の中点とすることが多い．またこのとき係数ベクトル $[\beta_1, \ldots, \beta_p]^\top$ は方向を表すことになるので $\beta_1^2 + \cdots + \beta_p^2 = c$（$c$ はある定数）などの制約を用いることもある[8]．

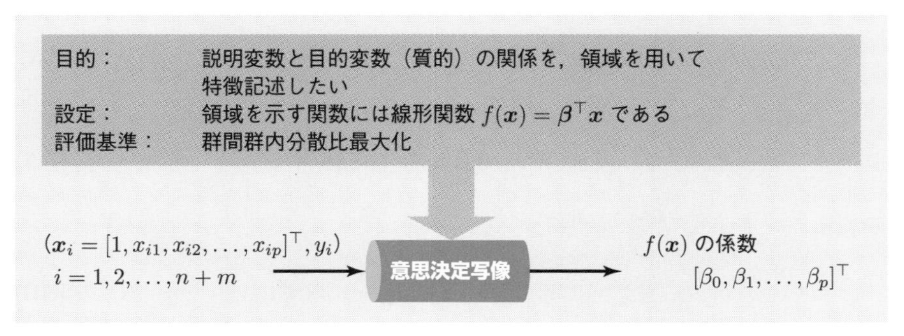

図 4.11 領域を用いた特徴記述の意思決定写像（群間群内分散比最大化基準）

4.2.2 データ分析例

ある20名のクラスの生徒に対して，総合成績（AまたはB）と過去1週間の平均睡眠時間および平均勉強時間のデータが得られている（**表 4.5**）.

表 4.5 生徒の成績と生活リズムに関するデータ

No.	成績	睡眠時間	勉強時間	No.	成績	睡眠時間	勉強時間
1	A	7.0	1.8	11	B	6.0	1.4
2	A	7.0	1.5	12	B	5.5	1.3
3	A	6.1	2.2	13	B	4.3	1.2
4	A	6.6	1.4	14	B	4.8	1.3
5	A	5.1	2.1	15	B	5.1	1.3
6	A	5.5	1.5	16	B	5.3	1.4
7	A	6.2	2.5	17	B	5.9	1.5
8	A	6.7	1.4	18	B	4.9	1.7
9	A	5.2	2.0	19	B	4.7	0.9
10	A	5.6	1.6	20	B	4.5	1.5

このとき質的変数である総合成績を y，量的変数である平均睡眠時間および平均勉強時間をそれぞれ x_1, x_2 とし，これらの関係を領域で表すことを考えよう．総合成績がAのとき $y = 0$ とし，またBのとき $y = 1$ とする．$\boldsymbol{\beta} = [\beta_0, \beta_1, \beta_2]^\top$ として各データ点 $\boldsymbol{x}_i$ に対して式(4.3)および式(4.4)を用いて $(m_0 - m_1)^2$ を計算すると

$$m_0 = \beta_0 + 6.1\beta_1 + 1.8\beta_2, \quad m_1 = \beta_0 + 5.1\beta_1 + 1.4\beta_2 \tag{4.8}$$

より

$$\begin{aligned}(m_0 - m_1)^2 &= (6.1\beta_1 + 1.8\beta_2 - 5.1\beta_1 - 1.4\beta_2)^2 \\ &= \beta_1^2 + 0.8\beta_1\beta_2 + 0.16\beta_2^2 \end{aligned} \tag{4.9}$$

を得る．一方，式(4.5)を計算すると

$$s_0^2 = 4.9\beta_1^2 - 1.72\beta_1\beta_2 + 1.32\beta_2^2, \tag{4.10}$$

$$s_1^2 = 2.94\beta_1^2 + 0.34\beta_1\beta_2 + 0.46\beta_2^2 \tag{4.11}$$

となり，これより S^2 は

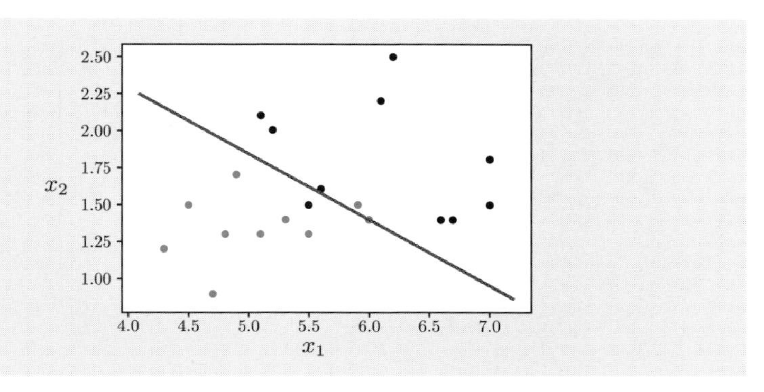

図 4.12 群間群内分散比最大化基準による特徴記述

$$S^2 = 0.392\beta_1^2 - 0.069\beta_1\beta_2 + 0.089\beta_2^2 \tag{4.12}$$

となる．したがって式 (4.7) は

$$\frac{(m_0 - m_1)^2}{S^2} = \frac{\beta_1^2 + 0.8\beta_1\beta_2 + 0.16\beta_2^2}{0.392\beta_1^2 - 0.069\beta_1\beta_2 + 0.089\beta_2^2} \tag{4.13}$$

と書き下すことができる．数値的な最大化手法を用いることにより $\boldsymbol{\beta} = [-3.73, 0.41, 0.91]^\top$ を得る（**図 4.12**）．

4.2.3 マージン最大化

関数についてはこれまでと同様で線形関数

$$f(\boldsymbol{x}) = \boldsymbol{\beta}^\top \boldsymbol{x} = \beta_0 + \beta_1 x_1 + \beta_1 x_2 + \cdots + \beta_p x_p \tag{4.14}$$

に限定し，この係数 $\boldsymbol{\beta} = [\beta_0, \beta_1, \beta_2, \ldots, \beta_p]^\top$ を決定する基準として各群とこの関数から決定する超平面 $f(\boldsymbol{x}) = 0$ の距離を最大化することを考えていく．

なお本節では線形分離可能なデータを考える．すなわち群 0 に属するデータ点 $\boldsymbol{x}_i$，$i = 1, \ldots, n$ に対しては $f(\boldsymbol{x}_i) < 0$ となり群 1 に属するデータ点 $\boldsymbol{x}_i$，$i = n+1, \ldots, n+m$ に対しては $f(\boldsymbol{x}_i) > 0$ となる関数 $f(\boldsymbol{x})$ が存在する状況とする（**図 4.13**）．

最初に各群と超平面 $f(\boldsymbol{x}) = 0$ の距離を考えよう．このとき各点から超平面 $f(\boldsymbol{x}) = 0$ までの距離についても様々なものが考えられる（**図 4.14**）．ここでは，ある関数が決定した際にその関数から定まる超平面 $f(\boldsymbol{x}) = 0$ と群と

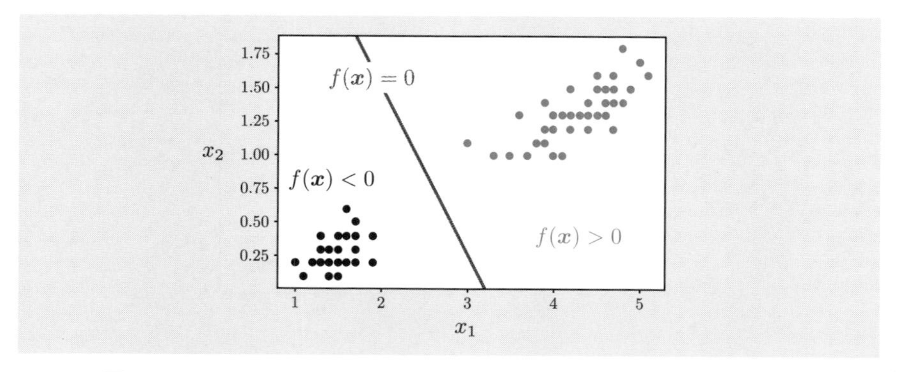

図 4.13 2つの群を正確に分離する直線 $f(\boldsymbol{x}) = 0$ を用いた特徴記述

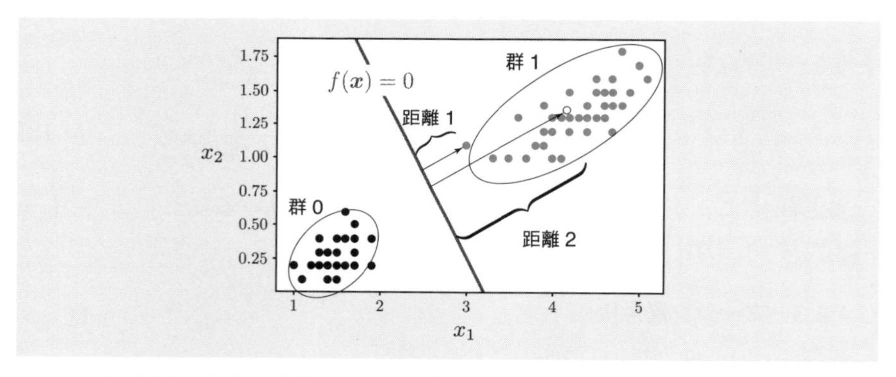

図 4.14 各群と直線 $f(\boldsymbol{x}) = 0$ との距離を考える．このとき群から直線までの距離として様々なものが考えられる．距離1：群内の最も直線に近い点と直線との距離．距離2：群の中心（白丸）と直線との距離．

の距離として $f(\boldsymbol{x}) = 0$ から最も近いデータ点までの距離を考えることとし（**図 4.15**），その距離が最も大きくなるように関数を決定することを考える．この「超平面 $f(\boldsymbol{x}) = 0$ から最も近いデータ点までの距離」のことを**マージン**と呼ぶ．

では与えられた $f(\boldsymbol{x}) = 0$ と各点との距離はどのように計算できるだろうか．詳しくは省略するが係数 $\boldsymbol{\beta}$ から定まる $f(\boldsymbol{x}) = \boldsymbol{\beta}^\top \boldsymbol{x} = 0$ と点 $(x_{i1}, x_{i2}, \ldots, x_{ip})$ の距離は

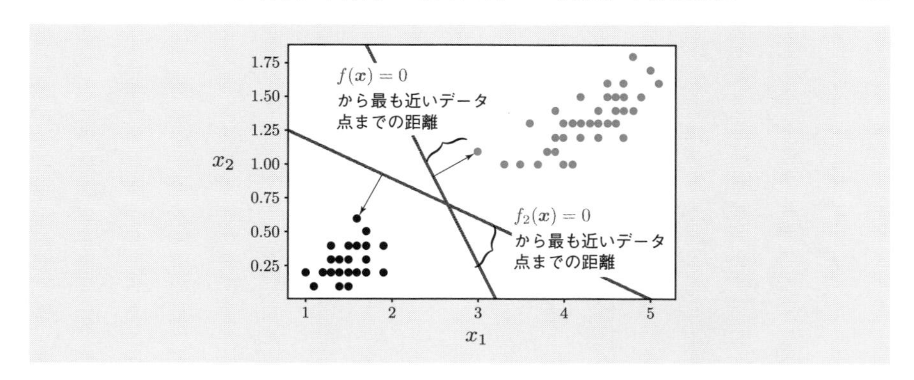

図 4.15 2 つの直線 $f(\boldsymbol{x})=0$ および $f_2(\boldsymbol{x})=0$ とそれぞれの直線から最も近いデータ点までの距離（マージン）．このように直線が決まるとその直線から最も近いデータ点までの距離（マージン）が決まる．

$$\frac{|\boldsymbol{\beta}^\top \boldsymbol{x}_i|}{\sqrt{\beta_1^2+\beta_2^2+\cdots+\beta_p^2}} = \frac{|\beta_0+\beta_1 x_{i1}+\beta_2 x_{i2}+\cdots+\beta_p x_{ip}|}{\sqrt{\beta_1^2+\beta_2^2+\cdots+\beta_p^2}} \tag{4.15}$$

となることが知られている（例 4.2.1 参照）．

例 4.2.1 ある点 $(x_{i1}, x_{i2})=(1,2)$ から直線 $f(\boldsymbol{x})=-1+x_1-x_2=0$ までの距離が式 (4.15) で表されることを確認してみよう．$\beta_0=-1$，$\beta_1=1$，$\beta_2=-1$ であることに注意すると

$$\begin{aligned}\frac{|\beta_0+\beta_1 x_{i1}+\beta_2 x_{i2}|}{\sqrt{\beta_1^2+\beta_2^2}} &= \frac{|-1+1-1\times 2|}{\sqrt{1^2+(-1)^2}}\\ &= \frac{2}{\sqrt{2}}\\ &= \sqrt{2}\end{aligned} \tag{4.16}$$

となる．

次に 2 つの群から発生している各データ点を正確に分離するような特徴記述であることを保証する制約を導入しよう．そのために各点 $\boldsymbol{x}_i$ に対して次で定義される新たな変数 z_i を導入する．

$$z_i = \begin{cases} -1 & \boldsymbol{x}_i \text{ が群 0 に属する} \\ 1 & \boldsymbol{x}_i \text{ が群 1 に属する} \end{cases} \tag{4.17}$$

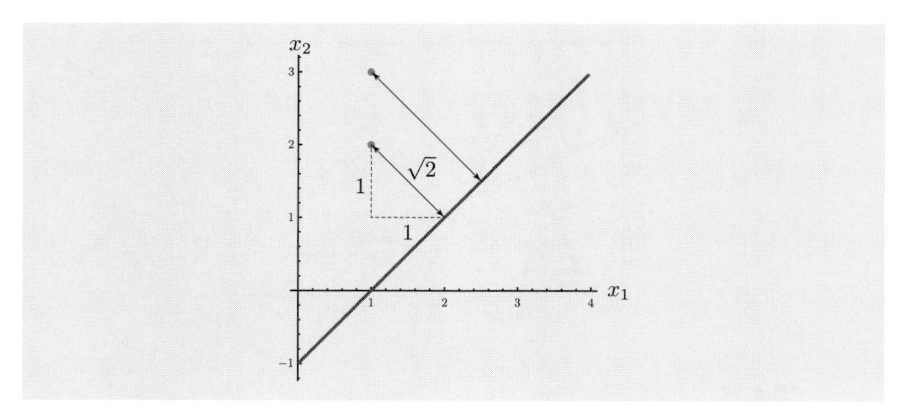

図 4.16　点 $(1,2)$ と直線 $-1+x_1-x_2=0$ までの距離．点 $(1,3)$ からの距離も同様に計算できる．

群 0 に属するデータ点 $\boldsymbol{x}_i$ に対しては $f(\boldsymbol{x}_i)=\boldsymbol{\beta}^\top\boldsymbol{x}_i<0$ となり群 1 に属するデータ点 $\boldsymbol{x}_j$ に対しては $\boldsymbol{\beta}^\top\boldsymbol{x}_j>0$ であることを考慮すると，各データ点を正確に分離する $f(\boldsymbol{x})=0$ はすべてのデータ点 $\boldsymbol{x}_i$，$i=1,2,\ldots,n+m$ に対して

$$z_i\boldsymbol{\beta}^\top\boldsymbol{x}_i>0 \tag{4.18}$$

でなければならない．

ここで式 (4.15) より，ある超平面 $f(\boldsymbol{x})=\boldsymbol{\beta}^\top\boldsymbol{x}=0$ の係数ベクトル $\boldsymbol{\beta}$ が与えられたもとでのマージンは

$$\min_{i=1,2,\ldots,n+m}\frac{|\beta_0+\beta_1x_{i1}+\beta_2x_{i2}+\cdots+\beta_px_{ip}|}{\sqrt{\beta_1^2+\beta_2^2+\cdots+\beta_p^2}} \tag{4.19}$$

と書ける．したがって式 (4.18) を制約条件とした上でマージンを最大化する関数 $f(\boldsymbol{x})$ の係数ベクトル $\boldsymbol{\beta}$ を求める問題は次の制約付き最適化問題として書くことができる．

$$\text{最大化}\quad \min_{i=1,2,\ldots,n+m}\frac{|\beta_0+\beta_1x_{i1}+\beta_2x_{i2}+\cdots+\beta_px_{ip}|}{\sqrt{\beta_1^2+\beta_2^2+\cdots+\beta_p^2}}, \tag{4.20}$$

$$\text{制約条件}\quad z_i\boldsymbol{\beta}^\top\boldsymbol{x}_i>0,\quad i=1,2,\ldots,n+m \tag{4.21}$$

この意思決定写像は**図 4.17** のようになる．

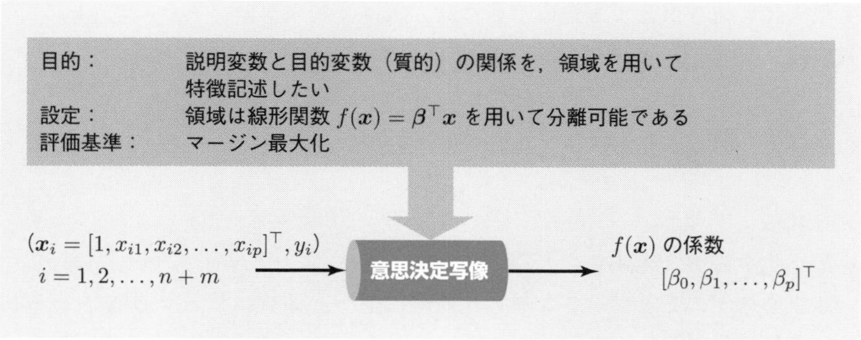

目的：　説明変数と目的変数（質的）の関係を，領域を用いて特徴記述したい
設定：　領域は線形関数 $f(\boldsymbol{x}) = \boldsymbol{\beta}^\top \boldsymbol{x}$ を用いて分離可能である
評価基準：　マージン最大化

$(\boldsymbol{x}_i = [1, x_{i1}, x_{i2}, \ldots, x_{ip}]^\top, y_i)$
$i = 1, 2, \ldots, n+m$
意思決定写像
$f(\boldsymbol{x})$ の係数
$[\beta_0, \beta_1, \ldots, \beta_p]^\top$

図 4.17　領域を用いた特徴記述の意思決定写像（マージン最大化基準）

マージン最大化基準の考え方は上記のとおりであるが，式 (4.20)，(4.21) の最適化問題は解きやすさの面からさらに簡素化できることが知られている．ここではこの制約付き最適化問題の別表現を考える．

まず超平面 $f(\boldsymbol{x}) = \boldsymbol{\beta}^\top \boldsymbol{x} = 0$ の係数ベクトル $\boldsymbol{\beta}$ は定数倍しても同じ超平面を表すことに注意しよう．例えば直線 $-2 + x_1 + 2x_2 = 0$ はその係数ベクトルを 2 倍した $-4 + 2x_1 + 4x_2 = 0$ としても表現できる．このことは式 (4.20) を最大化する係数ベクトル $\boldsymbol{\beta}$ が無数にあることを意味する．またそれらの中に

$$\min_{i=1,2,\ldots,n+m} |\beta_0 + \beta_1 x_{i1} + \beta_2 x_{i2} + \cdots + \beta_p x_{ip}| = 1 \tag{4.22}$$

を満たす $\boldsymbol{\beta}$ が存在することもわかる．そこで式 (4.21)，(4.22) を満たす $\boldsymbol{\beta}$ に注目する．このとき式 (4.22) はすべての $\boldsymbol{x}_i$，$i = 1, 2, \ldots, n+m$ に対して

$$z_i \boldsymbol{\beta}^\top \boldsymbol{x}_i \geq 1 \tag{4.23}$$

であることを意味する．したがって制約条件を表す式 (4.21) を

$$z_i \boldsymbol{\beta}^\top \boldsymbol{x}_i \geq 1, \quad i = 1, 2, \ldots, n+m \tag{4.24}$$

と書き換えた上で式 (4.20) の最大化を

$$\frac{1}{\sqrt{\beta_1^2 + \beta_2^2 + \cdots + \beta_p^2}} \tag{4.25}$$

の最大化と置き換えても達成できる最大値は変わらない．さらに式 (4.25) の最大化は

$$\sqrt{\beta_1^2 + \beta_2^2 + \cdots + \beta_p^2} \tag{4.26}$$

の最小化と考えてもよいが，上記を最小化する $\boldsymbol{\beta}$ は

$$\beta_1^2 + \beta_2^2 + \cdots + \beta_p^2 \tag{4.27}$$

を最小化する $\boldsymbol{\beta}$ でもある．

以上をまとめるとマージン最大化基準に基づく係数ベクトル $\boldsymbol{\beta}$ を求める制約付き最適化問題として

$$\text{最小化} \quad \beta_1^2 + \beta_2^2 + \cdots + \beta_p^2, \tag{4.28}$$

$$\text{制約条件} \quad z_i \boldsymbol{\beta}^\top \boldsymbol{x}_i \geq 1, \quad i = 1, 2, \ldots, n+m \tag{4.29}$$

を得る．最小化の対象が 2 次関数となっている点が重要で，このように線形関数からなる制約条件のもとで 2 次関数を最小化，あるいは最大化する問題は，2 次計画問題と呼ばれている．2 次計画問題は比較的解きやすい問題として知られている．なお最小化の対象である式 (4.28) を $\frac{1}{2}(\beta_1^2 + \beta_2^2 + \cdots + \beta_p^2)$ と書く場合も多いが，これも問題を解く上での利便性を考えた表現である．

この制約付き最適化問題を解いて得られた係数ベクトル $\boldsymbol{\beta}_*$ に対して $z_j \boldsymbol{\beta}_*^\top \boldsymbol{x}_j = 1$ を満たす $\boldsymbol{x}_j$ が複数存在する．これらのデータ点は領域を分離する直線 $f(\boldsymbol{x}) = \boldsymbol{\beta}_*^\top \boldsymbol{x} = 0$ に最も近いデータ点であり，$\boldsymbol{\beta}_*$ の決定に強く影響する．データ点 $\boldsymbol{x}_j$ は**サポートベクトル**と呼ばれ，この特徴記述に基づく予測関数の構築手法はサポートベクトルマシンと呼ばれる．サポートベクトルマシンを用いた予測については 6 章で述べる．

4.2.4 線形分離不可能なデータへの適用

前項では線形分離可能なデータを正確に分離するような特徴記述としてマージン最大化基準を解説した．本項ではマージン最大化基準に基づく特徴記述の考え方を線形分離不可能なデータへと適用する方法を考える．これまでと同様に目標は線形関数 $f(\boldsymbol{x}) = \boldsymbol{\beta}^\top \boldsymbol{x}$ の係数 $\boldsymbol{\beta}$ の決定である．

まず線形分離できない状況ではすべてのデータに対して同時に条件

$$z_i \boldsymbol{\beta}^\top \boldsymbol{x}_i \geq 1 \tag{4.30}$$

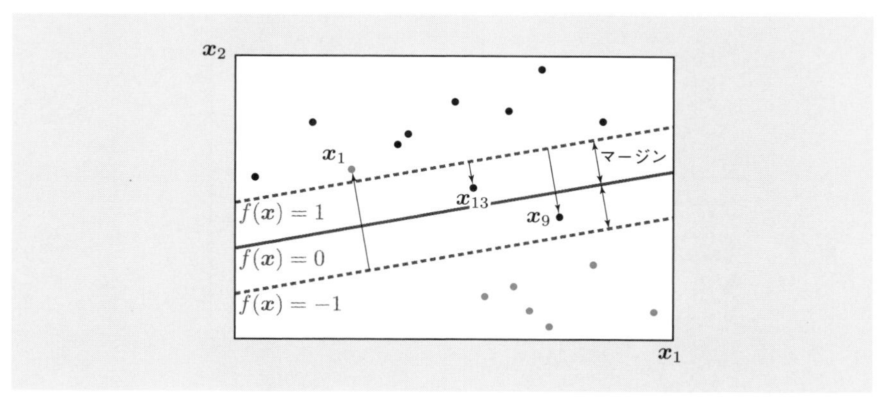

図 4.18 関数 $f(\boldsymbol{x}) = 0$. ここで $\xi_i > 0$ となるデータ点は $\boldsymbol{x}_1, \boldsymbol{x}_9, \boldsymbol{x}_{13}$ の 3 つである.

を満たす $\boldsymbol{\beta}$ が存在しない. そこで上式を満たさない $\boldsymbol{x}_i$ に対して変数 $\xi_i > 0$ を用いて次のように条件を緩和する.

$$z_i \boldsymbol{\beta}^\top \boldsymbol{x}_i \geq 1 - \xi_i \tag{4.31}$$

変数 ξ_i は**スラック変数**と呼ばれ定義は次のとおりである. スラックは「緩める」「緩み」などの意味がある.

$$\xi_i = \begin{cases} 0 & z_i \boldsymbol{\beta}^\top \boldsymbol{x}_i \geq 1 \text{ のとき} \\ \left| z_i - \boldsymbol{\beta}^\top \boldsymbol{x}_i \right| & z_i \boldsymbol{\beta}^\top \boldsymbol{x}_i < 1 \text{ のとき} \end{cases} \tag{4.32}$$

スラック変数の意味を**図 4.18** の状況を例として考えてみよう. まず与えられた線形関数 $f(\boldsymbol{x}) = \boldsymbol{\beta}^\top \boldsymbol{x}$ に対して $f(\boldsymbol{x}) = 1$ および $f(\boldsymbol{x}) = -1$ 上の仮想的な点をサポートベクトルとしたマージンを考える (図上の破線). この例では多くのデータ点 $\boldsymbol{x}_i$ が, $z_i \boldsymbol{\beta}^\top \boldsymbol{x}_i \geq 1$ を満たしている. 定義式からこれらに対応したスラック変数 ξ_i の値は 0 である.

一方 $z_i \boldsymbol{\beta}^\top \boldsymbol{x}_i < 1$ となるデータ点は $\boldsymbol{x}_1, \boldsymbol{x}_9, \boldsymbol{x}_{13}$ である. このとき例えば $\boldsymbol{x}_1$ は, $f(\boldsymbol{x}) \leq -1$ なる領域内に位置することが望ましい. しかし実際はそうではなく $\boldsymbol{x}_1$ は領域 $f(\boldsymbol{x}) \leq -1$ から離れており, その距離は式 (4.15) より

$$\frac{1}{\sqrt{\beta_1^2 + \beta_2^2 + \cdots + \beta_p^2}} + \frac{-z_1 \boldsymbol{\beta}^\top \boldsymbol{x}_1}{\sqrt{\beta_1^2 + \beta_2^2 + \cdots + \beta_p^2}} \tag{4.33}$$

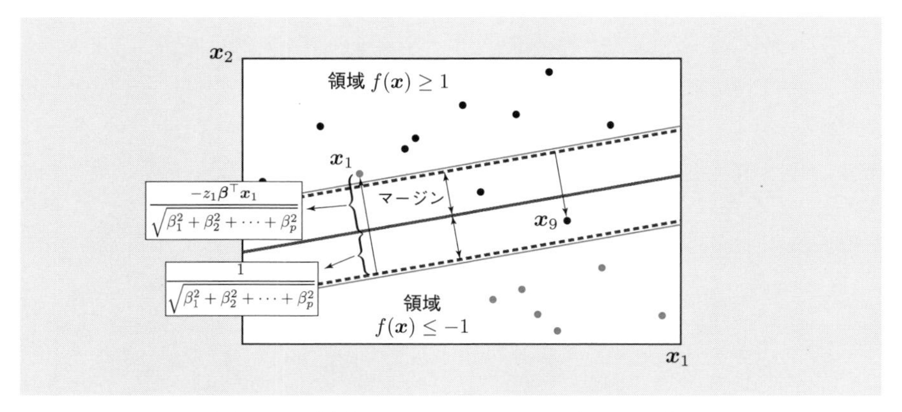

図 4.19　領域 $f(\boldsymbol{x}) \leq -1$ から $\boldsymbol{x}_1$ までの距離

と書ける（**図 4.19**）．$z_1 = -1$ かつ $\boldsymbol{\beta}^\top \boldsymbol{x}_1 > 1$ より $z_1\boldsymbol{\beta}^\top \boldsymbol{x}_1 < -1$ であることに注意しよう．ここでスラック変数の定義と $z_1 = -1$，$\boldsymbol{\beta}^\top \boldsymbol{x}_1 > 1$ の関係より

$$\begin{aligned}\frac{\xi_1}{\sqrt{\beta_1^2+\beta_2^2+\cdots+\beta_p^2}} &= \frac{\left|z_1 - \boldsymbol{\beta}^\top \boldsymbol{x}_1\right|}{\sqrt{\beta_1^2+\beta_2^2+\cdots+\beta_p^2}} \\ &= \frac{1+\boldsymbol{\beta}^\top \boldsymbol{x}_1}{\sqrt{\beta_1^2+\beta_2^2+\cdots+\beta_p^2}} \\ &= \frac{1-z_1\boldsymbol{\beta}^\top \boldsymbol{x}_1}{\sqrt{\beta_1^2+\beta_2^2+\cdots+\beta_p^2}} \end{aligned} \tag{4.34}$$

と書き換えることができる．上式は式 (4.33) と等しいことからスラック変数を用いた量 $\frac{\xi_1}{\sqrt{\beta_1^2+\beta_2^2+\cdots+\beta_p^2}}$ は領域 $f(\boldsymbol{x}) \leq -1$ から $\boldsymbol{x}_1$ までの距離を表し，式 (4.31) はその距離を許容するように緩和した条件と解釈できる．

同様に $\boldsymbol{x}_9$ に対しては領域 $f(\boldsymbol{x}) \geq 1$ から $\boldsymbol{x}_9$ までの距離

$$\frac{\xi_9}{\sqrt{\beta_1^2+\beta_2^2+\cdots+\beta_p^2}} \tag{4.35}$$

を許容した条件となる．

以上の説明からその総和 $\sum_{i=1}^{n+m} \xi_i$ は小さいほど望ましいことがわかるだろう．そこで前節で学んだマージン最大化基準式 (4.28) の代わりに

$$\beta_1^2 + \beta_2^2 + \cdots + \beta_p^2 + C \sum_{i=1}^{n+m} \xi_i \tag{4.36}$$

を係数ベクトル $\boldsymbol{\beta}$ について最小化することを考える．ここで C は分析者が決定する定数であり，最小化において総和 $\sum_{i=1}^{n+m} \xi_i$ をどの程度重視するかを表す．

上記をまとめると線形分離不可能なデータに対して係数ベクトル $\boldsymbol{\beta}$ を求める制約付き最適化問題として

$$\text{最小化} \quad \beta_1^2 + \beta_2^2 + \cdots + \beta_p^2 + C \sum_{i=1}^{n+m} \xi_i, \tag{4.37}$$

$$\text{制約条件} \quad z_i \boldsymbol{\beta}^\top \boldsymbol{x}_i \geq 1 - \xi_i, \quad i = 1, 2, \ldots, n+m \tag{4.38}$$

という基準を得る．

マージン最大化基準では分離超平面 $f(\boldsymbol{x}) = 0$ から最も近いデータ点が係数ベクトル $\boldsymbol{\beta}$ の決定に強く影響し，これらをサポートベクトルと呼んだ．スラック変数を用いた基準においては同様の意味で，$z_i \boldsymbol{\beta}^\top \boldsymbol{x}_i \leq 1$ を満たすデータ点が重要であり，これらがサポートベクトルと呼ばれる（**図 4.20**）．スラック変数を用いて拡張したマージン最大化基準を**ソフトマージン最大化基準**と呼ぶ．

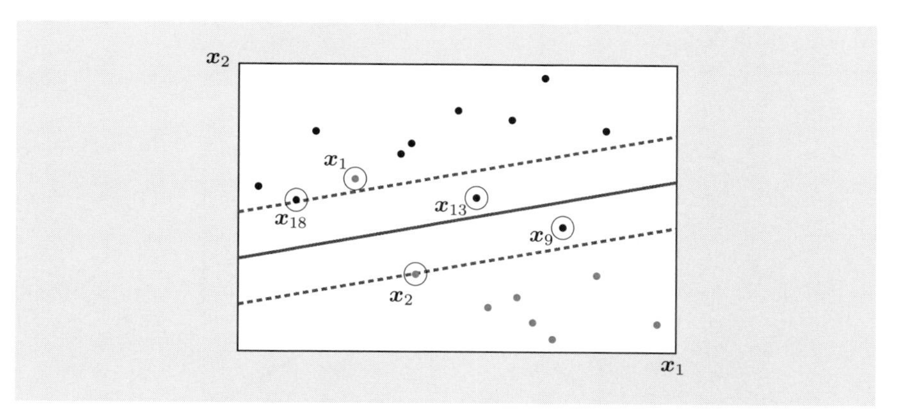

図 4.20 丸で囲まれたデータ点がソフトマージン基準を用いた際のサポートベクトルと呼ばれる．$\boldsymbol{x}_2, \boldsymbol{x}_{18}$ は $z_i \boldsymbol{\beta}^\top \boldsymbol{x}_i = 1$ であり，データ $\boldsymbol{x}_1, \boldsymbol{x}_9, \boldsymbol{x}_{13}$ は $z_i \boldsymbol{\beta}^\top \boldsymbol{x}_i < 1$ である．

4.2.5 データ分析例

4.2.2 項と同様の問題設定を考えるが，ここでは質的変数である総合成績と量的変数である平均睡眠時間および平均勉強時間の関係を領域で表すことを考える．また**表 4.5** とは多少異なり**表 4.6** で与えられる線形分離可能なデータを対象とする．

表 4.6 生徒の成績と生活リズムに関するデータ

No.	成績	睡眠時間	勉強時間	No.	成績	睡眠時間	勉強時間
1	A	7.0	1.8	11	B	5.7	1.4
2	A	7.0	1.5	12	B	5.5	1.3
3	A	6.1	2.2	13	B	4.3	1.2
4	A	6.6	1.4	14	B	4.8	1.3
5	A	5.1	2.1	15	B	5.1	1.3
6	A	5.5	1.9	16	B	5.3	1.4
7	A	6.2	2.5	17	B	5.5	1.5
8	A	6.7	1.4	18	B	4.9	1.7
9	A	5.2	2.0	19	B	4.7	0.9
10	A	5.5	2.1	20	B	4.5	1.5

本データに対してマージン最大化基準を用いて領域を記したものが**図 4.21** である．黒点が成績 A，青点が成績 B のデータとなっている．またこのとき境界を表す直線は

$$-10.02 + 1.21x_1 + 2.08x_2 = 0 \tag{4.39}$$

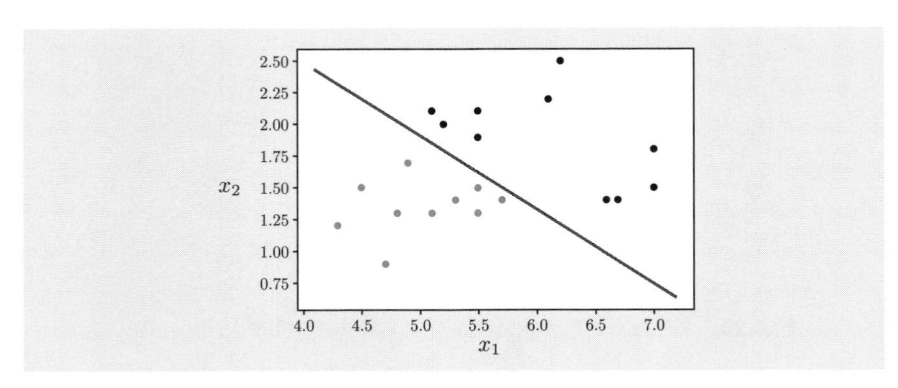

図 4.21 マージン最大化基準を用いたデータの特徴記述

であり係数ベクトルは $[-10.02, 1.21, 2.08]^\top$ である．

4.2.6 領域を用いた特徴記述の解釈

これまで線形関数 $f(\boldsymbol{x}) = \boldsymbol{\beta}^\top \boldsymbol{x}$ を用いた領域に基づく特徴記述として $\boldsymbol{\beta}$ の決定方法について解説した．ここでは線形関数を射影として捉えた視点から

- 群間群内分散比最大基準
- マージン最大化基準
- ソフトマージン最大化基準

の3つの考え方を整理する．4.2.1 項では $f(\boldsymbol{x})$ を用いた $\boldsymbol{x} = [x_1, x_2, \ldots, x_p]^\top$ の p 次元空間から1次元空間（直線上）への射影を考えた．このことから上の3つの基準はいずれも射影したデータに対して何らかの評価基準を用いて $\boldsymbol{\beta}$ を決定していると解釈できる．4.2.1 項と同様に $p = 2$ の状況で例を用いてこの違いを確認する．

図 4.22 は線形分離可能なデータに対して $x_1 + x_2 = 0$ による射影を考え各データ点の射影後の値を数直線上に並べたものである．

群間群内分散比最大基準では射影後のデータに対してそれぞれの群における平均と分散を考えていた．これは**図 4.23** のように，それぞれの群がばらつか

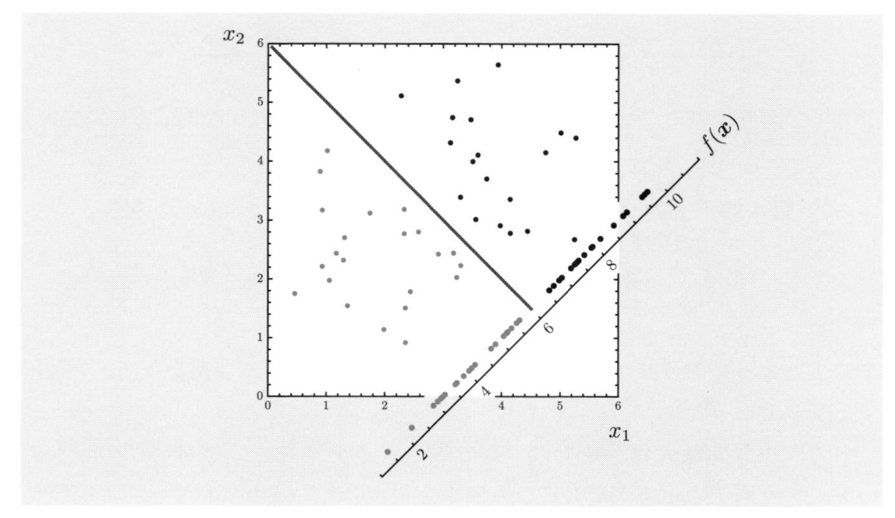

図 4.22 $f(\boldsymbol{x}) = x_1 + x_2 = 0$ による射影（数直線）

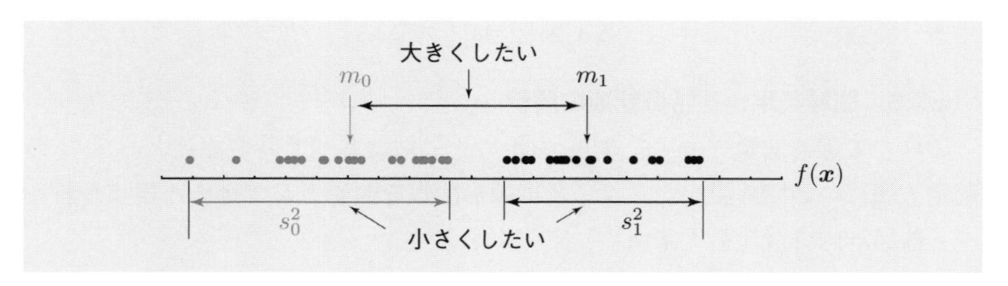

図 4.23　群間群内分散比最大基準のイメージ：射影後の各群のばらつきを小さく，また 2 群の平均の差を大きくしたい．

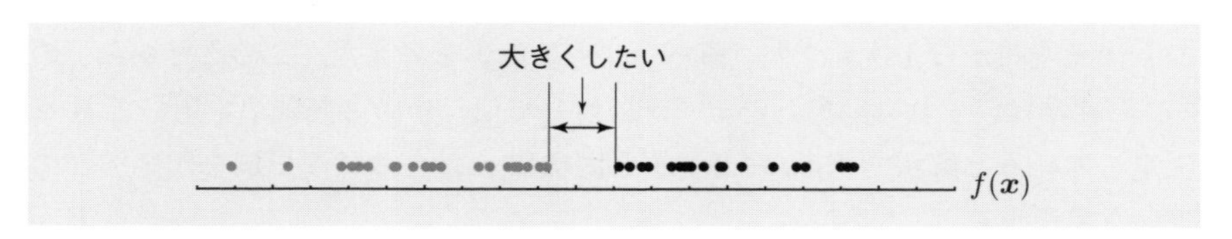

図 4.24　マージン最大化基準のイメージ：射影後の 2 群の間の最も近いデータ点同士の距離を大きくしたい．

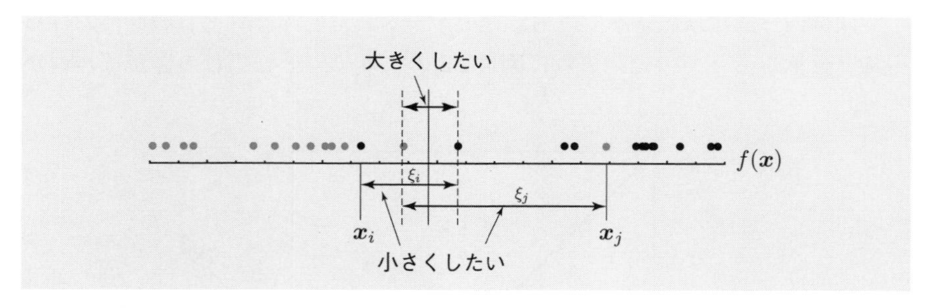

図 4.25　ソフトマージン最大化基準のイメージ：射影後に，2 群間の距離を大きくすると同時に，望んだ領域に入らないデータ（ここでは $\boldsymbol{x}_i, \boldsymbol{x}_j$）に対してその距離（ここでは ξ_i, ξ_j）を小さくしたい．

ずにまとまっており，また群の平均がなるべく離れるような関数 $f(\boldsymbol{x})$ を選択する基準であった．

一方マージン最大化基準では，射影後のデータに対して 2 群の間の最も近いデータ点同士の距離が最大になる関数を選択していると解釈できる．実際に最大化したい式 (4.20) の分子は射影後のデータ点の数直線上の大きさ（原点からの距離）である．なおこの大きさは $\boldsymbol{\beta}$ の値に左右される．したがって式 (4.20) では $\sqrt{\beta_1^2+\beta_2^2}$ で割ることにより，β_1, β_2 の大きさによる違いを消去している．

以上の考え方からするとソフトマージン最大化基準は，射影後に 2 群間の距離を大きくすると同時に望ましくない領域に入るデータに対してそれを許容するような基準と考えることができる（**図 4.25**）．

4.3 変数間の関係性を比率を用いて表現する特徴記述

これまで得られたデータの特徴記述として目的変数 y と説明変数ベクトル $\boldsymbol{x}$ の関係性を領域で表現する考え方を学んだ．ここでは関係性の表現としてある説明変数 $\boldsymbol{x}$ に対して $y=1$（あるいは $y=0$）となる比率を考える．その代表的な方法としてロジスティック関数を用いた関係性の表現について学ぶ．

4.3.1 ロジスティック関数を用いた関係性の表現

これまでと同様に $\boldsymbol{x}=[1, x_1, x_2, \ldots, x_p]^\top$ および $\boldsymbol{\beta}=[\beta_0, \beta_1, \ldots, \beta_p]^\top$ とする．y が質的変数である場合，線形関数 $f(\boldsymbol{x})=\boldsymbol{\beta}^\top\boldsymbol{x}$ を用いて y を直接表現することが困難であることは本章の最初に述べた．ここでの基本的な考えはこの線形関数 $\boldsymbol{\beta}^\top\boldsymbol{x}$ が 2 値をとるように変換することである．

図 4.26 のデータを例として進めていこう．

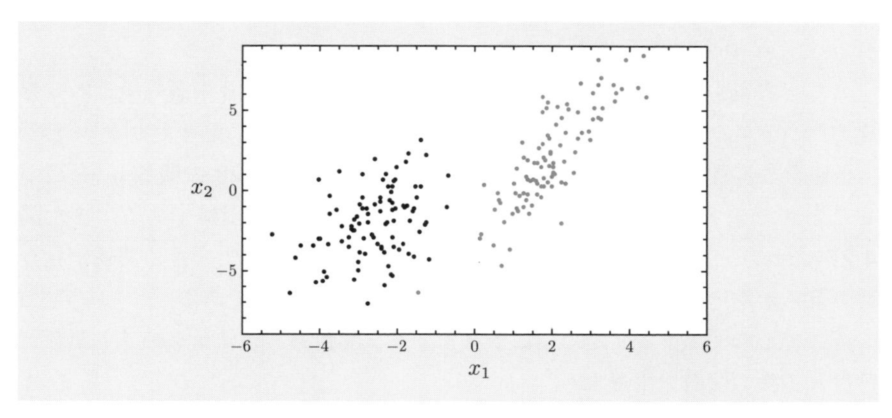

図 4.26 群 0（黒点）と群 1（青点）からなる 2 変量データ

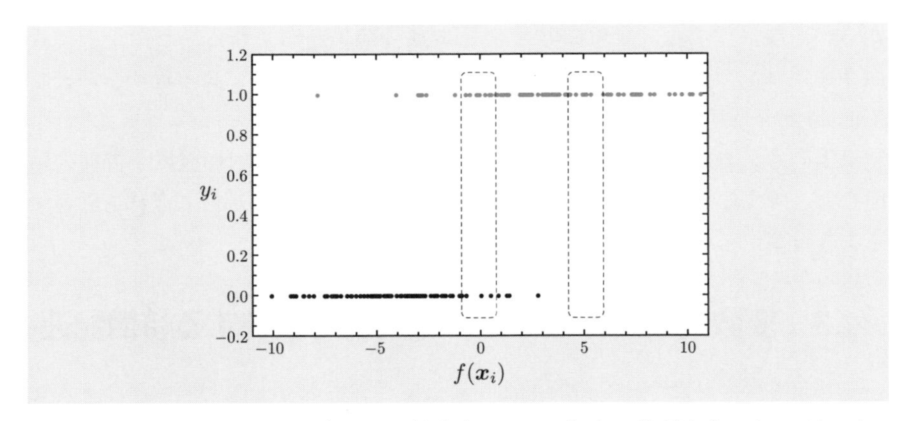

図 4.27　$f(\boldsymbol{x}_i) = x_{i1} + x_{i2}$ とそれに対応する y_i．$f(\boldsymbol{x}_i)$ の値が大きいと y_i は 1 となり，$f(\boldsymbol{x}_i)$ の値が小さいと y_i はほぼ 0 となる．また $f(\boldsymbol{x}_i) = 0$ の近くの黒点と青点の比率 $\frac{\text{黒}}{\text{青}+\text{黒}}$ は $f(\boldsymbol{x}_i) = 5$ 付近のそれより大きい．

群 0 に対応する目的変数を $y = 0$，群 1 に対応する目的変数を $y = 1$ とし，これと説明変数 $\boldsymbol{x}$ の関係性を線形関数 $\boldsymbol{\beta}^\top \boldsymbol{x}$ を用いて表現する．例として $\beta = [0, 1, 1]^\top$ すなわち $f(\boldsymbol{x}) = x_1 + x_2$ として，**図 4.26** の各データ点 $\boldsymbol{x}_i$ に対して $f(\boldsymbol{x}_i) = x_{i1} + x_{i2}$ を計算したものとそれに対応する y_i を図示したものが**図 4.27** である．

図 4.27 を見ると $f(\boldsymbol{x}_i)$ の値が大きいと y_i は 1 になっており，逆に $f(\boldsymbol{x}_i)$ の値が小さいと y_i はほぼ 0 であることがわかる．また $f(\boldsymbol{x}_i)$ の値が 0 に近い場合 y_i として 0 と 1 の双方をとることもわかる．

これを表現するためにまず $f(\boldsymbol{x}_i)$ を入力とし，その値が 0 未満の場合に 0 を出力，$f(\boldsymbol{x}_i)$ の値が 0 以上の場合は 1 をとるような関数 g_1 を考えよう．

2 値をとる目的変数 y と $\boldsymbol{x}$ の関係性の表現として**図 4.28** の関数 g_1 を用いることができる．しかしこの関数は数学的に取り扱いが困難である．また**図 4.27** では $f(\boldsymbol{x}_i)$ の値が 0 に近い場合 y_i として 0 と 1 の双方をとる関係が見うけられるが，そのような関係性も関数 g_1 では表現が困難である．

そこでこの関係を表すために**ロジスティック関数**あるいはシグモイド関数と呼ばれる次の関数を用意する．

$$g(z) = \frac{1}{1 + \mathrm{e}^{-z}} \tag{4.40}$$

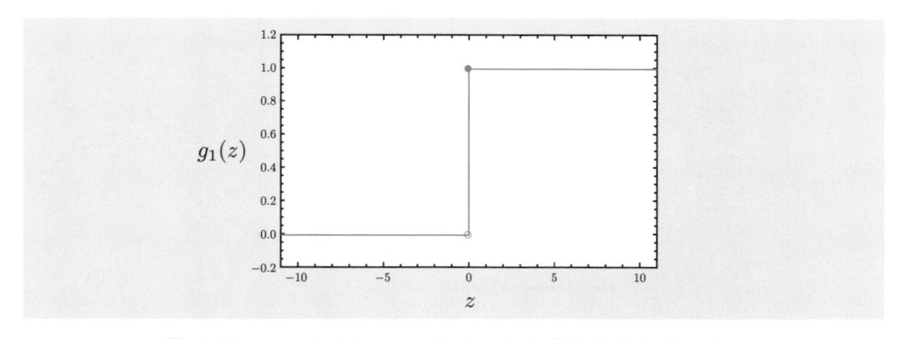

図 4.28 $z < 0$ で 0，$z \geq 0$ で 1 の 2 値をとる関数 $g_1(z)$

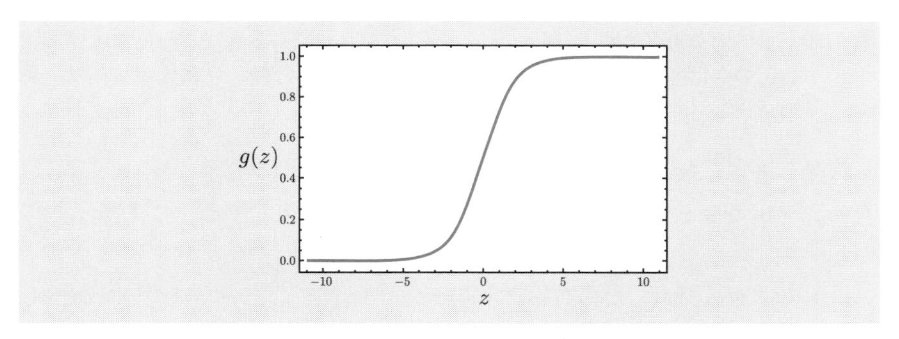

図 4.29 関数 $g(z) = \frac{1}{1+\mathrm{e}^{-z}}$

図 4.29 はこの関数の概形を図示したものである．

これより $g(z)$ は

- すべての入力 z に対してその出力は 0 から 1 までの値をとる
- z が大きくなると 1 に近づき，z が小さくなると 0 に近づく

関数であることがわかるだろう．したがって線形関数 $\boldsymbol{\beta}^\top \boldsymbol{x}$ の出力を関数 $g(z)$ に入力してデータの特徴を記述することが考えられる．つまり各 $\boldsymbol{x}_i$ に対して

$$g(\boldsymbol{\beta}^\top \boldsymbol{x}_i) = \frac{1}{1 + \mathrm{e}^{-\boldsymbol{\beta}^\top \boldsymbol{x}_i}} \tag{4.41}$$

により y_i を表現する．$f(\boldsymbol{x}) = x_1 + x_2$ としてこれを図示したものが**図 4.30** である．

このようにロジスティック関数を用いる場合，$f(\boldsymbol{x}_i)$ の値が 0 に近い状況では $g(f(\boldsymbol{x}_i))$ は 0.5 に近い値となる．これにより群 0 および群 1 の混在す

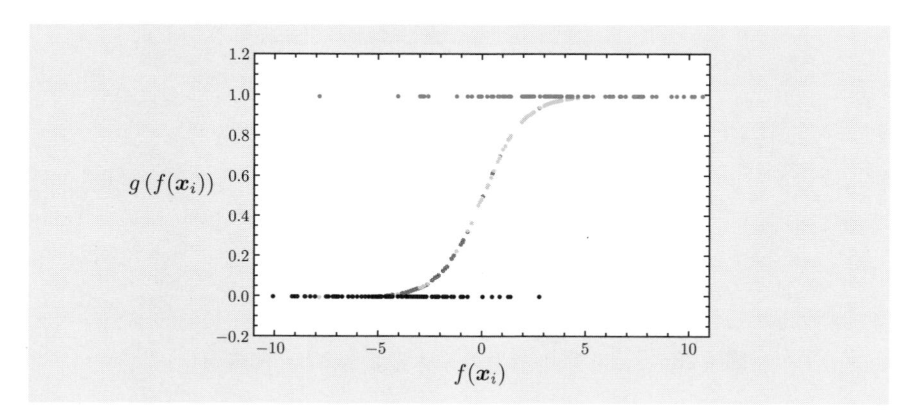

図 4.30 目的変数 y_i の $g(x_{i1}+x_{i2})=\frac{1}{1+\mathrm{e}^{-(x_{i1}+x_{i2})}}$ による表現．灰色および薄青色の点はそれぞれ群0に属するデータ（黒点）と群1に属するデータ（青点）をロジスティック関数により変換した値．

る状況を比率で表現することが可能となっていることに注意しよう．これは，$f(\boldsymbol{x}_i)=0$ となる点に対して y_i が0となる比率は0.5であることを示している．

以上ではある固定した係数ベクトル $\boldsymbol{\beta}=[\beta_0,\beta_1,\ldots,\beta_p]^\top$ について議論していた．どのような $\boldsymbol{\beta}$ を選択すればよいかについては，例えば $g(\boldsymbol{\beta}^\top\boldsymbol{x}_i)$ と y_i 間の距離を考えて最小化することが考えられる．例として回帰分析で学んだものと同様に最小2乗法などがある．すなわち，与えられたデータ組 $(\boldsymbol{x}_i,y_i)$，$i=1,\ldots,n+m$ に対して

$$\sum_{i=1}^{n+m}\left(y_i-\frac{1}{1+\mathrm{e}^{-\boldsymbol{\beta}^\top\boldsymbol{x}_i}}\right)^2 \tag{4.42}$$

を最小にする $\boldsymbol{\beta}$ を求めることが考えられる．

またこれ以外にも $\frac{1}{1+\mathrm{e}^{-\boldsymbol{\beta}^\top\boldsymbol{x}_i}}$ が0.5以下であれば0，そうでなければ1と出力する次のような関数

$$g_2\left(\boldsymbol{\beta}^\top\boldsymbol{x}_i\right)=\begin{cases}0 & \frac{1}{1+\mathrm{e}^{-\boldsymbol{\beta}^\top\boldsymbol{x}_i}}\leq 0.5\\ 1 & \frac{1}{1+\mathrm{e}^{-\boldsymbol{\beta}^\top\boldsymbol{x}_i}}>0.5\end{cases} \tag{4.43}$$

を考えて y_i と $g(\boldsymbol{\beta}^\top\boldsymbol{x}_i)$ の間に次で定義される0-1損失

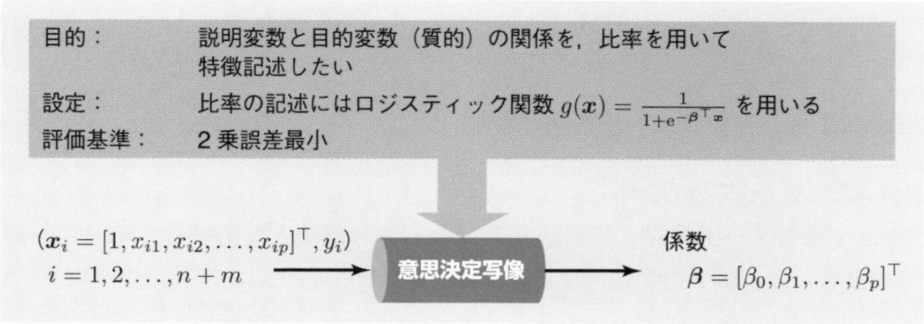

図 4.31 ロジスティック関数を用いた特徴記述の意思決定写像

$$\underline{\ell}(y_i,\boldsymbol{x}_i)=\begin{cases}0 & g_2\left(\boldsymbol{\beta}^\top \boldsymbol{x}_i\right)=y_i \text{のとき}\\ 1 & g_2\left(\boldsymbol{\beta}^\top \boldsymbol{x}_i\right)\neq y_i \text{のとき}\end{cases} \tag{4.44}$$

を考え，与えられたデータ組 $(\boldsymbol{x}_i,y_i)$，$i=1,\ldots,n+m$ に対して総和

$$\sum_{i=1}^{n+m}\frac{1}{n+m}\underline{\ell}(y_i,\boldsymbol{x}_i) \tag{4.45}$$

を最小にする評価基準も考えられる．

それ以外には，対数関数を用いて y_i と $\boldsymbol{x}_i$ について

$$\underline{\ell}_2(y_i,\boldsymbol{x}_i)=\begin{cases}-\log\frac{\mathrm{e}^{-\boldsymbol{\beta}^\top \boldsymbol{x}_i}}{1+\mathrm{e}^{-\boldsymbol{\beta}^\top \boldsymbol{x}_i}} & y_i=0 \text{ のとき}\\ -\log\frac{1}{1+\mathrm{e}^{-\boldsymbol{\beta}^\top \boldsymbol{x}_i}} & y_i=1 \text{ のとき}\end{cases} \tag{4.46}$$

なる損失を考えることができる．負の対数関数 $-\log z$ は z が 0 から 1 以下の範囲で正の値をとる単調減少関数であることに注意して，この損失の意味を $y_i=1$ の状況で考えてみよう．$\frac{1}{1+\mathrm{e}^{-\boldsymbol{\beta}^\top \boldsymbol{x}_i}}$ は 1 をとる比率であるので，1 に近い方が望ましい．一方，負の対数の性質から $\frac{1}{1+\mathrm{e}^{-\boldsymbol{\beta}^\top \boldsymbol{x}_i}}$ の値が 0 に近ければ近いほど損失が大きくなるという性質を持っており，この望ましい状況を反映した損失になっていることがわかる．$y_i=0$ の場合も同様である．

また y_i は 0 または 1 をとるので上記の損失は

$$\underline{\ell}_2(y_i,\boldsymbol{x}_i)=-y_i\log\frac{1}{1+\mathrm{e}^{-\boldsymbol{\beta}^\top \boldsymbol{x}_i}}-(1-y_i)\log\frac{\mathrm{e}^{-\boldsymbol{\beta}^\top \boldsymbol{x}_i}}{1+\mathrm{e}^{-\boldsymbol{\beta}^\top \boldsymbol{x}_i}} \tag{4.47}$$

と書くことができ，その総和

$$\sum_{i=1}^{n+m}\left(-y_i\log\frac{1}{1+\mathrm{e}^{-\boldsymbol{\beta}^\top\boldsymbol{x}_i}}-(1-y_i)\log\frac{\mathrm{e}^{-\boldsymbol{\beta}^\top\boldsymbol{x}_i}}{1+\mathrm{e}^{-\boldsymbol{\beta}^\top\boldsymbol{x}_i}}\right) \tag{4.48}$$

を最小にする $\boldsymbol{\beta}$ を選ぶ評価基準となる．

4.3.2 データ分析例

4.2.2 項のデータに対して質的変数である総合成績と量的変数である平均睡眠時間 x_1 および平均勉強時間 x_2 の関係を比率で表すことを考える．まず A に対し $y=1$，B に対し $y=0$ とし，睡眠時間を x_1，勉強時間を x_2 とすると式 (4.42) は

$$\left(1-\frac{1}{1+\mathrm{e}^{-\beta_0-7.0\beta_1-1.8\beta_2}}\right)^2+\cdots+\left(0-\frac{1}{1+\mathrm{e}^{-\beta_0-4.5\beta_1-1.5\beta_2}}\right)^2 \tag{4.49}$$

となる．これを最小にする係数を計算すると $\boldsymbol{\beta}=[49.05,-4.27,-16.02]^\top$ を得る．すなわち所望の関数は

$$g(49.05-4.27x_1-16.02x_2)=\frac{1}{1+\mathrm{e}^{-49.05+4.27x_1+16.02x_2}} \tag{4.50}$$

となる．

4.4 変数間の関係性を木構造を用いて表現する特徴記述

4.4.1 木構造を用いた関係性の表現

木構造はグラフ構造の一種であり視覚的に理解しやすい特徴を持っているためデータ科学のみならず様々な領域で用いられる．**図 4.32** は木構造の例である．木構造はノード（あるいは節点）とエッジ（あるいは枝，辺）からなる．図において ◯ がノードを表し，ノードを結ぶ線分がエッジを表している．一般的には根やルートと呼ばれるノードから下方向に複数のエッジが伸び，別のノードに接続，さらにそのノードから下方向にエッジが伸びる，という構造をしている．これ以上エッジが伸びないノードを葉と呼ぶ．また根から葉まで達する際に通過するエッジの個数を葉の深さと呼ぶ．すべての葉の中で最も深さが大きいものを木の最大深さと呼ぶ．図の最大深さは 2 である．

木構造を用いた特徴記述においては葉にデータ，根を含むその他のノードに

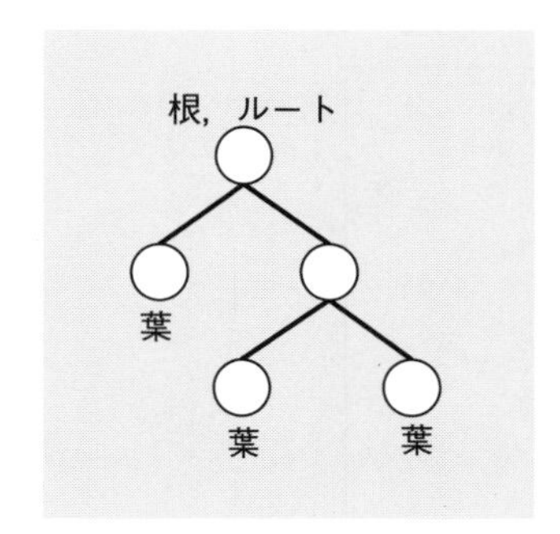

図 4.32　木構造の例

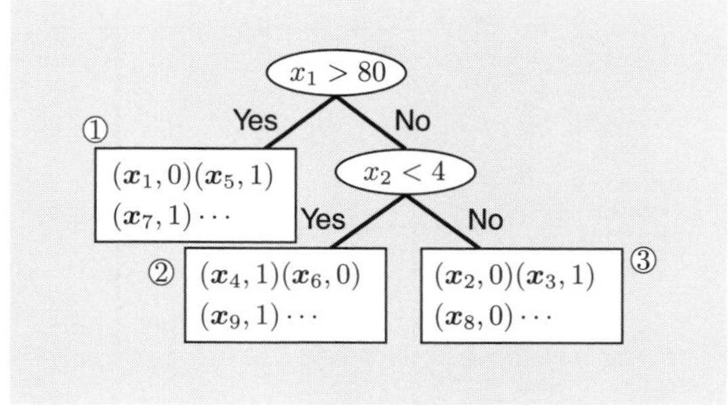

図 4.33　木構造を用いた変数間の関係性の表現例

は条件が書かれる．また各枝には条件を満たすかどうか（Yes または No）が書かれている．

図 4.33 は木構造を用いた特徴記述の例である．この木は各データ点の変数 x_1 が $x_1 > 80$ を満たすデータ点の組が $(\boldsymbol{x}_1, 0), (\boldsymbol{x}_5, 1), (\boldsymbol{x}_7, 1), \ldots$ であることを示している．また $x_1 \leq 80$ かつ $x_2 \geq 4$ を満たすデータの組は $(\boldsymbol{x}_2, 0), (\boldsymbol{x}_3, 1), (\boldsymbol{x}_8, 0), \ldots$ であることを表している．

このような木構造を用いた特徴記述はこれまで考えてきた $\boldsymbol{x}$ の線形関数では表現が難しい状況を取り扱うことができる．実際に，**図 4.33** の意味する $[x_1, x_2]^\top$ と各群との関係を領域で図示すると**図 4.34** になる．この例では葉①および葉②に対応する領域は $y_i = 1$ となるデータ点が多く，葉③に対応する領域には $y_i = 0$ となるデータ点が多いという形でデータの特徴を記述していることになる．

図 4.34 のように木構造を用いた表現における領域は変数の軸に対して垂直方向に分割される．

続いて得られたデータに対して適切な木構造表現を与える意思決定について考えてみよう．そのためにいくつかの量を定義する．ある木が与えられたとする．このときノード u_k において，根から条件を分岐してそのノード u_k に到達するデータ点 $(\boldsymbol{x}_i, y_i)$ の集合を $\mathbb{D}(u_k)$ と書くことにし，その要素数を $|\mathbb{D}(u_k)|$ と書くことにする．さらに $\mathbb{D}(u_k)$ の中で群が 0 となるデータ点の集合を $\mathbb{D}(0, u_k)$，群が 1 となるデータ点の集合を $\mathbb{D}(1, u_k)$ とする．これらデータ点の集合に対しても要素数を $|\mathbb{D}(0, u_k)|$ や $|\mathbb{D}(1, u_k)|$ と書くことにする．

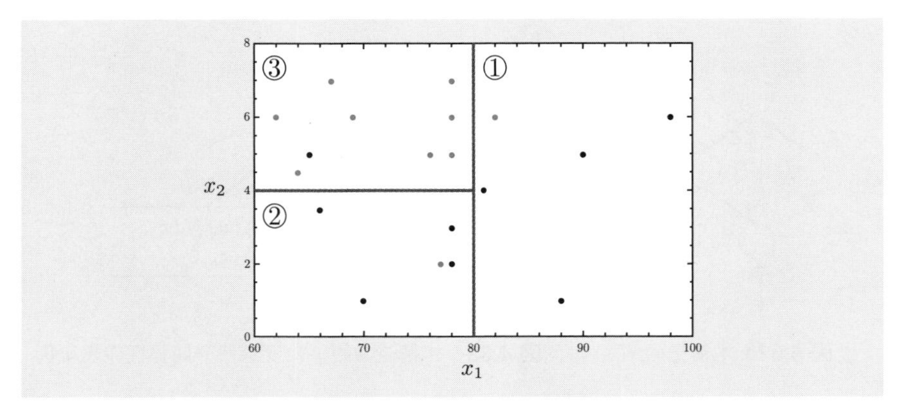

図 4.34 木構造を用いた変数間の関係性．領域による表現．

根を u_0 とした場合，すべてのデータ点が到達するために $\mathbb{D}(u_0) = \{(\boldsymbol{x}_1, y_1), (\boldsymbol{x}_2, y_2), \ldots, (\boldsymbol{x}_{n+m}, y_{n+m})\}$ であり，$|\mathbb{D}(u_0)| = n + m$ である．また $\mathbb{D}(0, u_0) = \{(\boldsymbol{x}_1, y_1 = 0), (\boldsymbol{x}_2, y_2 = 0), \ldots, (\boldsymbol{x}_n, y_n = 0)\}$ および $\mathbb{D}(1, u_0) = \{(\boldsymbol{x}_{n+1}, y_{n+1} = 1), (\boldsymbol{x}_{n+2}, y_{n+2} = 1), \ldots, (\boldsymbol{x}_{n+m}, y_{n+m} = 1)\}$ となり $|\mathbb{D}(0, u_0)| = n$，$|\mathbb{D}(1, u_0)| = m$ である．

ここでさらに

$$q(0|u_k) = \frac{|\mathbb{D}(0, u_k)|}{|\mathbb{D}(u_k)|}, \quad q(1|u_k) = \frac{|\mathbb{D}(1, u_k)|}{|\mathbb{D}(u_k)|} \tag{4.51}$$

とすると $q(0|u_k)$ は葉 u_k に到達するデータの中で群 0 に属するデータ点の比率を表す．同様に $q(1|u_k)$ は葉 u_k に到達するデータのうち群 1 に属するデータ点の比率となる．比率であるので $q(0|u_k), q(1|u_k)$ はともに 0 以上 1 以下の値となることに注意しよう．

この比率は例えば群 0 に属するデータ点のみが葉 u_k に到達する場合

$$q(0|u_k) = 1, \quad q(1|u_k) = 0 \tag{4.52}$$

となり，群 1 に属するデータ点のみが葉 u_k に到達する場合

$$q(0|u_k) = 0, \quad q(1|u_k) = 1 \tag{4.53}$$

となる．一方，ある葉 u_k に群 0 に属するデータ点と群 1 に属するデータ点が同数到達した場合は

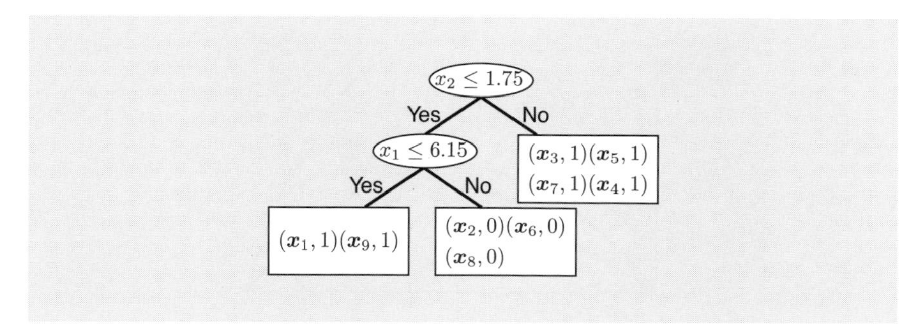

図 4.35　木構造を用いた変数間の関係性の表現例 2

$$q(0|u_k) = \frac{1}{2}, \quad q(1|u_k) = \frac{1}{2} \tag{4.54}$$

となる．

ここで，データの特徴記述としては各葉において群 0 に属するデータと群 1 に属するデータが偏っている状況が適していると考えることができる．すなわち式 (4.52) や式 (4.53) の状況が望ましい．**図 4.35** はこの状況の一例である．群 0 に属するデータと群 1 に属するデータが葉においてはっきり分かれていることがわかるだろう．

これに対し式 (4.54) の状況はその葉に到達するまでの過程で説明変数から群をうまく表現できていないことになる．

したがって，木を構築するに当たりその評価基準としてすべての葉で式 (4.52) や式 (4.53) が成立する状況では小さい値をとり，式 (4.54) のような状況では大きい値をとる損失関数を考えることが望ましい．このような損失関数を表すために各葉における

- データに基づく経験エントロピー

$$-q(0|u_k)\log_2 q(0|u_k) - q(1|u_k)\log_2 q(1|u_k) \tag{4.55}$$

- Gini 係数

$$1 - \left((q(0|u_k))^2 + (q(1|u_k))^2\right) \tag{4.56}$$

- データに基づく経験誤り確率（経験誤分類確率）

$$1 - \max\{q(0|u_k), q(1|u_k)\} \tag{4.57}$$

1.0
0.8
0.6
0.4
0.2
0.0
0.0
0.2
0.4
0.6
0.8
1.0
$q(0|u_k)$

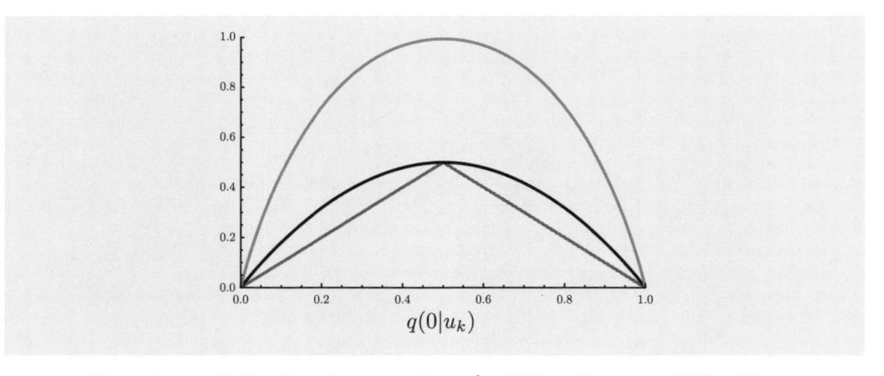

図 4.36 不純度の例．青：エントロピー関数，黒：Gini 係数，灰：誤り確率．いずれも $q(0|u_k)$ が 0.5 に近いほど大きな値をとり，0 または 1 に近づくと小さい値をとる関数である．

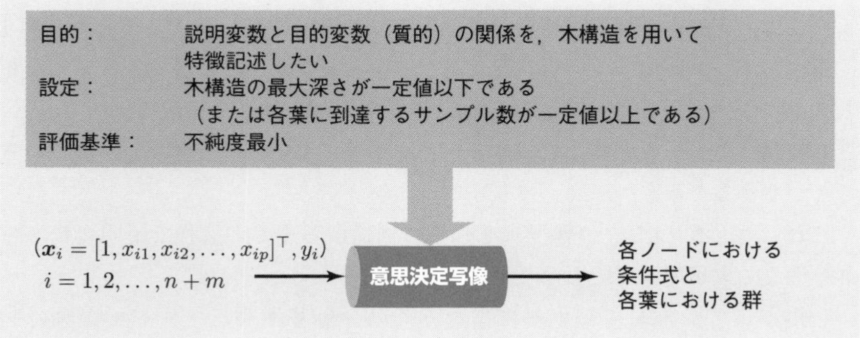

目的：
説明変数と目的変数（質的）の関係を，木構造を用いて特徴記述したい
設定：
木構造の最大深さが一定値以下である
（または各葉に到達するサンプル数が一定値以上である）
評価基準：
不純度最小
$(\boldsymbol{x}_i = [1, x_{i1}, x_{i2}, \ldots, x_{ip}]^\top, y_i)$
$i = 1, 2, \ldots, n+m$
意思決定写像
各ノードにおける
条件式と
各葉における群

図 4.37 木構造を用いた特徴記述の意思決定写像

を考えることができる．上記の量はいずれも $q(0|u_k)$ が 0.5 に近いほど大きな値をとり，0 または 1 に近づくと小さい値をとる（**図 4.36**）．これらを総じて**不純度**と呼ぶ．

木構造を用いた特徴記述における最適な意思決定としては，この不純度を 1 つ固定したもとで，各葉に対する不純度の総和を最小にする木の決定が考えられる．詳しい木の決定方法については 6.2.2 項で述べる．

この考え方に基づく意思決定写像は**図 4.37** のようになる．

4.4.2　データ分析例

4.2.5 項と同様のデータを対象とする．質的変数である総合成績を A に対して $y = 1$，B に対して $y = 0$ とし，これと量的変数である平均睡眠時間および平均勉強時間の関係を木構造で表すことを考える．

各葉における不純度の総和を最小にするよう得られた木は**図 4.38** のようになる．なお，不純度の総和は 0 である．またこの木を領域で図示すると**図 4.39** となる．

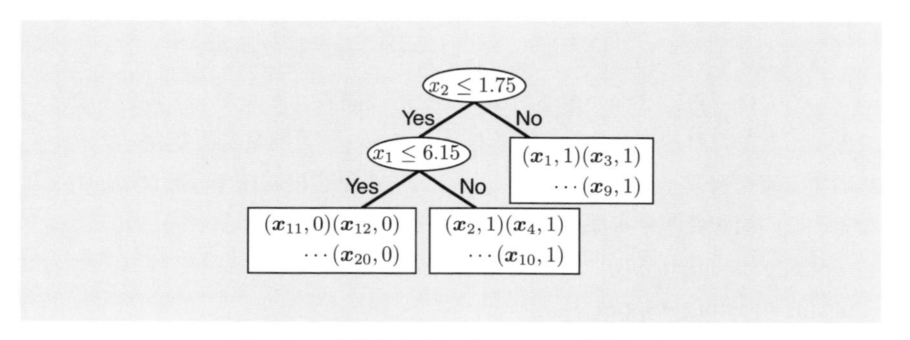

図 4.38　木構造を用いたデータの特徴記述

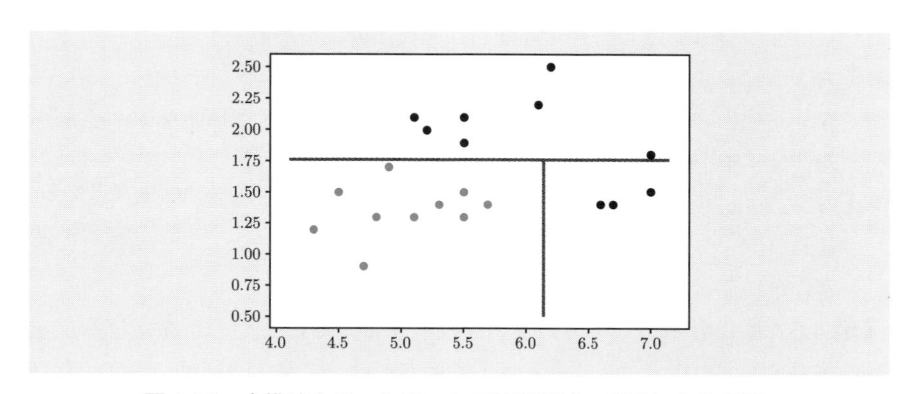

図 4.39　木構造を用いたデータの特徴記述．領域による表現．

4.5　データ生成観測メカニズム

「データ生成観測メカニズムの構造推定」および「未知変数の予測」について述べる前に，質的変数を目的変数とする状況におけるデータ生成観測メカニズムについて説明する．ここでは大きく2つのデータ生成観測メカニズムを考える．

4.5.1　確率的データ生成観測メカニズム

量的な目的変数を考えた場合と同様に，確率分布に従ってデータが発生するという仮定をモデル化したメカニズムが確率的データ生成観測メカニズムである．ここではさらに2つの確率的なデータ生成観測メカニズムを考えることができる．質的な目的変数に対応する確率変数を $\underset{\sim}{y}$，量的な説明変数ベクトルに対応する確率変数ベクトルを $\underset{\sim}{\boldsymbol{x}}$ としよう．このとき同時確率分布は $p(\underset{\sim}{\boldsymbol{x}}, \underset{\sim}{y})$ となる．この同時確率分布は確率分布の性質より

- $p(\underset{\sim}{\boldsymbol{x}}, \underset{\sim}{y}) = p(\underset{\sim}{\boldsymbol{x}}|\underset{\sim}{y})p(\underset{\sim}{y})$
- $p(\underset{\sim}{\boldsymbol{x}}, \underset{\sim}{y}) = p(\underset{\sim}{y}|\underset{\sim}{\boldsymbol{x}})p(\underset{\sim}{\boldsymbol{x}})$

のように条件付き確率分布を用いて分解することができる．

いずれも数学的には正しい変形であるが，データ生成観測メカニズムとしてこれらの2つを考えるとき，両者はそれぞれ次のように解釈できる．

考え方1　$p(\underset{\sim}{\boldsymbol{x}}, \underset{\sim}{y}) = p(\underset{\sim}{\boldsymbol{x}}|\underset{\sim}{y})p(\underset{\sim}{y})$：

群 y が先に確率分布に従って生成され，その群のもとで量的なデータ $\boldsymbol{x}$ が条件付き確率分布に従って生成される．

考え方2　$p(\underset{\sim}{\boldsymbol{x}}, \underset{\sim}{y}) = p(\underset{\sim}{y}|\underset{\sim}{\boldsymbol{x}})p(\underset{\sim}{\boldsymbol{x}})$：

量的なデータ $\boldsymbol{x}$ が先に確率分布に従って生成され，そのもとで条件付き確率分布に従って群 y が生成される．

例 4.5.1　これらの考え方の違いを理解するために2つの例をあげる．本章冒頭のアヤメの例で考えてみると，考え方1は，アヤメの種類が決定したもとでその種類ごとに花弁のサイズが確率的に決定するという考え方であり，考え方2では花弁のサイズが決定したもとでアヤメの種類が決定するということになる．一般的には，アヤメの種類ごとに花弁のサイズの傾向が異なると考えられるため，考え方1で表現される確率的データ生成観測メカニズムが妥当と

考えられるのではないだろうか．

一方で，例えば $\underset{\sim}{\boldsymbol{x}}$ を過去の各科目の成績，例えば直前の模擬試験の国語の成績を $\underset{\sim}{x}_1$，数学の成績を $\underset{\sim}{x}_2$ とし $\underset{\sim}{\boldsymbol{x}} = [\underset{\sim}{x}_1, \underset{\sim}{x}_2]^\top$ としよう．このとき入試の合否 $\underset{\sim}{y}$ と過去の成績 $\underset{\sim}{\boldsymbol{x}}$ の確率的な関係を表現するには，考え方 2 の確率的データ生成観測メカニズム，すなわち過去の成績から確率的に入試の合否が決定する考え方，が妥当であろう．考え方 1 の表す「入試の合否から確率的に過去の成績が決定する」という状況は考えにくいためである．■

以上の例からわかるとおり，考え方 1 は「群が先に決定し，その群のもとでそれぞれ異なる確率モデルに従い説明変数であるデータが発生する」状況を，考え方 2 は「説明変数が先に決定し，その値によって確率モデルに従い群が決定する」状況を表現することに適している．本書では考え方 1 に基づくデータ生成観測メカニズムを「群ごとに確率モデルが異なるデータ生成メカニズム」，考え方 2 に基づくそれを「説明変数から群が生成されるデータ生成観測メカニズム」と呼ぶことにする．どちらの確率的データ生成観測メカニズムを仮定するかは分析対象とする問題に関する知見から決定できることもあるが，それ以外にも問題の解きやすさや計算のしやすさなどから決定することも少なくない．また多くの場合，確率的データ生成観測メカニズムとしてはパラメトリックな確率分布が仮定される．

4.5.2 同質性を仮定した予測

データ生成観測メカニズムとして確率モデルを仮定する状況は非常に多い．確定的でない事象を表現可能な確率モデルは多くのデータ科学の問題表現に合致することが理由の一つであろう．また未知変数の予測などにおいて，各種アルゴリズムの性能評価（最適性の評価など）を行う際に確率モデルが有効であることもその理由の一つである．

一方で従来手法の中にはデータ生成観測メカニズムを陽に仮定せずに未知変数の予測を行う手法が少なからず存在する．データ生成観測メカニズムを仮定せずに予測を行う状況において多く見られる考え方として，「データの特徴記述」で得られた「関係性」を用いて予測を行う状況がある．例えば，4.2 節ではデータの関係性の表現として群に対応する領域を考えた．この領域を用いて未知変数を予測するという考え方である．

図 4.40 で考えてみよう．データの特徴記述により $f(\boldsymbol{x})=0$ が得られている状況で新たに得られた説明変数ベクトル $\boldsymbol{x}'$ に対応する群 y' を予測する．このとき関数 $f(\boldsymbol{x})=0$ から決定する領域を用いれば $\boldsymbol{x}'$ は群 1（青）に分類することができそうである．このようにデータの特徴記述により得られた領域を用いて新たな変数 $\boldsymbol{x}'$ の群を予測するという考え方は，一見妥当な考えに思える．しかしながらデータの特徴記述は既に得られたデータと領域の関係を表現しているのみで，新たに得られたデータ点に対しては何も保証していないことに注意する必要がある．上記の考え方に基づく予測が適切であるためには，「新たに得られるデータ点も過去に得られたデータと同様の関係性（上記の例でいえば領域）を持っている」というメカニズムが必要であろう．実際，確率的データ生成観測メカニズムを明示的に仮定しない多くの手法において，上記のメカニズムを暗に仮定していると考えられる．本書ではこのような「新たに得られるデータも過去に得られたデータと同様の関係性を持つ」メカニズムもデータ生成観測メカニズムの一つであると考え，同質性を仮定するデータ生成観測メカニズムと呼び，それに基づく予測を「同質性を仮定した予測」と呼ぶ．

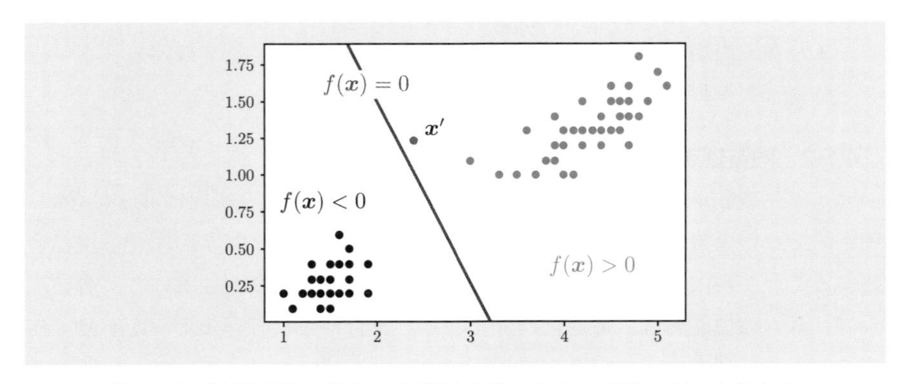

図 4.40　特徴記述で得られた領域を用いた未知変数 $\boldsymbol{x}'$ に対応する群の予測の考え方．暗にデータ生成観測メカニズムを仮定していると考えられる．

●コラム　予測関数とその評価

上で述べたように同質性を仮定した予測においては，データの特徴記述と同様の意思決定写像を用いて予測のための関数を構築することが多い．このような関数は予測関数と呼ばれる．与えられた問題に対しどのような予測関数を用いるかは分析者が決定することになる．ここで得られた予測関数の性能を評価する方法について補足しておこう．

同質性を仮定した予測における予測関数の評価方法として，得られたデータを用いてこれを評価する考え方があり，代表的な方法としてブートストラップ法や交差検証法がある．例えば交差検証法ではあらかじめ得られたデータを予測関数を構築するためのデータと，得られた予測関数を評価するためのデータの 2 つに分けることにより，得られたデータに対して予測関数の精度を評価する（詳しくはデータ科学入門 III にて解説する）．

一方各データ点 $(\boldsymbol{x}_i, y_i)$ が独立に同様の確率分布（独立同分布）に従うと仮定し，その確率分布に基づいて予測関数の性能を評価する考え方もある．代表的なものに PAC（Probably Approximately Correct）学習の理論がある．真の確率分布は未知であるので，この期待値の厳密な評価は困難なことが多いが，問題によっては大数の法則を用いて評価する，あるいは上界を評価する，などが考えられ，Rademacher 複雑度や VC（Vapnik-Chervonenkis）次元などの重要な概念が提案されている．また真の確率分布の代わりにデータから得られる経験分布を用いた損失関数の期待値を近似値として性能評価に利用することもある．

第5章 確率的データ生成観測メカニズムと意思決定写像

本章では，目的変数が質的変数である場合の確率的データ生成観測メカニズムおよびそのもとでの意思決定について扱う．

5.1 群ごとに確率モデルが異なるデータ生成観測メカニズム

前章までと同様に質的変数として2値をとる問題を考える．本データ生成観測メカニズムは，群 y が確率的に決定し，その群のもとで説明変数ベクトル $\boldsymbol{x} = [x_1, x_2, \ldots, x_p]^\top$ が条件付き確率分布に従い発生する確率モデルであり同時確率分布が $p(\boldsymbol{x}, y) = p(\boldsymbol{x}|y)p(y)$ と書ける状況であると既に述べた．ここでさらに各群から発生する説明変数 $\boldsymbol{x}$ の条件付き確率分布は2つの異なる平均パラメータを持つ多変量正規分布で表現されることを仮定する．具体的には群0からのデータは $\mathcal{N}(\boldsymbol{\mu}_0, \boldsymbol{\Sigma})$ で表される多変量正規分布に従うとし，群1からのデータは $\mathcal{N}(\boldsymbol{\mu}_1, \boldsymbol{\Sigma})$ で表される多変量正規分布に従うものとする．分散パラメータは等しいと仮定していることに注意しよう．また群 y が0および1となる確率 $p_{\underset{\sim}{y}}(0)$, $p_{\underset{\sim}{y}}(1)$ は既知であるとする．

このとき群0から出力する説明変数ベクトル $\boldsymbol{x}$ の確率密度関数 $p(\boldsymbol{x}|\underset{\sim}{y} = 0)$ は $p(\boldsymbol{x}; \boldsymbol{\mu}_0, \boldsymbol{\Sigma})$ と書くことができ，多変量正規分布の定義より

$$p(\boldsymbol{x}; \boldsymbol{\mu}_0, \boldsymbol{\Sigma}) = \frac{1}{\sqrt{(2\pi)^p \det(\boldsymbol{\Sigma})}} \exp\left(-\frac{1}{2}(\boldsymbol{x} - \boldsymbol{\mu}_0)^\top \boldsymbol{\Sigma}^{-1} (\boldsymbol{x} - \boldsymbol{\mu}_0)\right) \quad (5.1)$$

となる．同様に群1から出力する説明変数ベクトル $\boldsymbol{x}$ の確率密度関数は

$$p(\boldsymbol{x};\boldsymbol{\mu}_1,\boldsymbol{\Sigma})=\frac{1}{\sqrt{(2\pi)^p\det(\boldsymbol{\Sigma})}}\exp\left(-\frac{1}{2}(\boldsymbol{x}-\boldsymbol{\mu}_1)^\top\boldsymbol{\Sigma}^{-1}(\boldsymbol{x}-\boldsymbol{\mu}_1)\right) \tag{5.2}$$

と書ける．

例 5.1.1 群 0 に属する 100 個のサンプルおよび群 1 に属する 100 個のサンプルの出力例を**図 5.1** に示す．ただしそれぞれのパラメータは

$$\boldsymbol{\mu}_0=[-2.5,-2]^\top,\quad \boldsymbol{\mu}_1=[2,2]^\top,\quad \boldsymbol{\Sigma}=\begin{bmatrix}1 & 1\\ 1 & 4\end{bmatrix} \tag{5.3}$$

である．また 2 変量正規分布の確率密度関数の等高線も表示している．

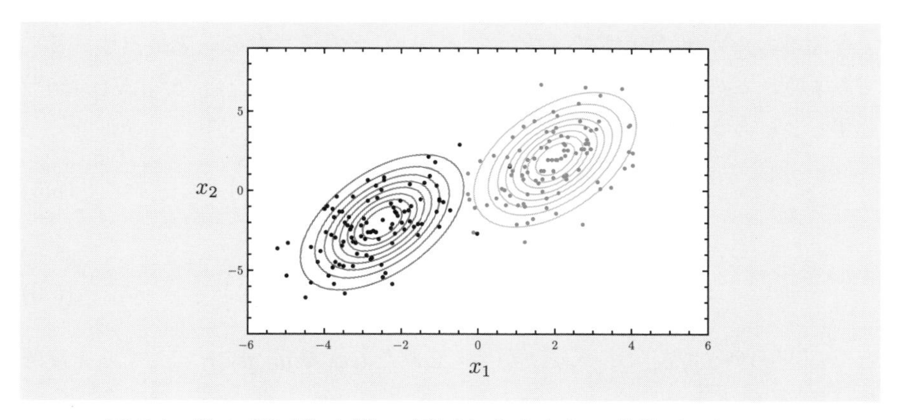

図 5.1　群 0（黒点）と群 1（青点）からなる 2 変量データ $\boldsymbol{x}=[x_1,x_2]^\top$ の例

以上が本節で考える確率的データ生成観測メカニズムである．次節以降この仮定のもとで 2 つの多変量正規分布の期待値パラメータ $\boldsymbol{\mu}_1,\boldsymbol{\mu}_2$ および分散パラメータ $\boldsymbol{\Sigma}$ が未知である状況を考え，そのもとでの構造推定および予測について説明する．

5.1.1　構　造　推　定

群 0 に属する n 個のサンプル $(\boldsymbol{x}_1,y_1),(\boldsymbol{x}_2,y_2),\ldots,(\boldsymbol{x}_n,y_m)$ および群 1 に属する m 個のサンプル $(\boldsymbol{x}_{n+1},y_{n+1}),(\boldsymbol{x}_{n+2},y_{n+2}),\ldots,(\boldsymbol{x}_{n+m},y_{n+m})$ からの構造推定とはそれぞれの多変量正規分布のパラメータを推定することに他ならない．正規分布のパラメータ推定については，本ライブラリ「データ科学入

門I」で学んだ各種推定法があるが，例えば最尤推定法などを用いることが考えられる．多変量正規分布の定義から，$n+m$ 個のサンプルが与えられたもとでのパラメータ $\boldsymbol{\mu}_1, \boldsymbol{\mu}_2, \boldsymbol{\Sigma}$ の尤度関数は次のようになる．

$$\begin{aligned} L(\boldsymbol{\mu}_1, \boldsymbol{\mu}_2, \boldsymbol{\Sigma}) = &\prod_{i=1}^{n} \frac{1}{\sqrt{(2\pi)^p \det(\boldsymbol{\Sigma})}} \exp\left(-\frac{1}{2}(\boldsymbol{x}_i - \boldsymbol{\mu}_0)^\top \boldsymbol{\Sigma}^{-1}(\boldsymbol{x}_i - \boldsymbol{\mu}_0)\right) \\ &\times \prod_{i=n+1}^{n+m} \frac{1}{\sqrt{(2\pi)^p \det(\boldsymbol{\Sigma})}} \exp\left(-\frac{1}{2}(\boldsymbol{x}_i - \boldsymbol{\mu}_1)^\top \boldsymbol{\Sigma}^{-1}(\boldsymbol{x}_i - \boldsymbol{\mu}_1)\right) \end{aligned} \tag{5.4}$$

上記の尤度関数を最大にするパラメータを選択する方法が最尤法である．ここでは簡単のため $\boldsymbol{x}$ が1変量すなわち $\boldsymbol{x}_i = x_i$ となる場合の最尤推定量を考えてみよう．このとき各群のもとで $\underset{\sim}{x}$ の従う正規分布を $\mathcal{N}(\mu_0, \sigma^2), \mathcal{N}(\mu_1, \sigma^2)$ とすると，ある x の確率密度関数は

$$p(x; \mu_0, \sigma) = \frac{1}{\sqrt{2\pi\sigma^2}} \exp\left(-\frac{(x-\mu_0)^2}{2\sigma^2}\right), \tag{5.5}$$

$$p(x; \mu_1, \sigma) = \frac{1}{\sqrt{2\pi\sigma^2}} \exp\left(-\frac{(x-\mu_1)^2}{2\sigma^2}\right) \tag{5.6}$$

となる． 系列 $x_1, x_2, \ldots, x_{n+m}$ が与えられたもとで μ_0, μ_1, σ に対する尤度関数は式 (5.4) より

$$\begin{aligned} &L(\mu_0, \mu_1, \sigma) \\ &= \prod_{i=1}^{n} \frac{1}{\sqrt{2\pi\sigma^2}} \exp\left(-\frac{(x_i-\mu_0)^2}{2\sigma^2}\right) \prod_{i=n+1}^{n+m} \frac{1}{\sqrt{2\pi\sigma^2}} \exp\left(-\frac{(x_i-\mu_1)^2}{2\sigma^2}\right) \\ &= \left(\frac{1}{\sqrt{2\pi\sigma^2}}\right)^{n+m} \prod_{i=1}^{n} \exp\left(-\frac{(x_i-\mu_0)^2}{2\sigma^2}\right) \prod_{i=n+1}^{n+m} \exp\left(-\frac{(x_i-\mu_1)^2}{2\sigma^2}\right) \end{aligned} \tag{5.7}$$

となり，対数尤度関数は

$$l(\mu_0, \mu_1, \sigma) = -\frac{n+m}{2} \log 2\pi\sigma^2 - \sum_{i=1}^{n} \frac{(x_i-\mu_0)^2}{2\sigma^2} - \sum_{i=n+1}^{n+m} \frac{(x_i-\mu_1)^2}{2\sigma^2} \tag{5.8}$$

となる．まずこの関数 $l(\mu_0, \mu_1, \sigma)$ を μ_0 に対して最大化しよう．式 (5.8) の第 1 項および第 3 項は μ_0 に無関係であることおよび $\sum_{i=1}^{n}(x_i - \mu_0)^2$ は x_i の 2 乗誤差であるので μ_0 の最尤推定量は

$$\widehat{\mu}_0 = \frac{1}{n}\sum_{i=1}^{n} x_i \tag{5.9}$$

となる（詳しくは「データ科学入門 I」参照のこと）．同様に μ_1 および σ^2 の最尤推定量はそれぞれ

$$\widehat{\mu}_1 = \frac{1}{m}\sum_{i=n+1}^{n+m} x_i, \tag{5.10}$$

$$\widehat{\sigma^2} = \sum_{i=1}^{n} \frac{(x_i - \widehat{\mu}_0)^2}{n+m} + \sum_{i=n+1}^{n+m} \frac{(x_i - \widehat{\mu}_1)^2}{n+m} \tag{5.11}$$

となる．なお 2 つの群において σ^2 は共通であると仮定しているので σ^2 の最尤推定量を求める際にすべてのサンプル $(x_1, y_1), (x_2, y_2), \ldots, (x_{n+m}, y_{n+m})$ を利用している．

この考えに基づく意思決定写像は**図 5.2** のようになる．

以上では，条件付き確率分布 $p(\boldsymbol{x}|y)$ が多変量正規分布となる状況での構造推定としてパラメータの最尤法を考えた．最尤法以外にも，パラメータに関する事前分布が与えられた場合にはベイズ基準のもとでの最適な推定法など様々な基準が考えられる．

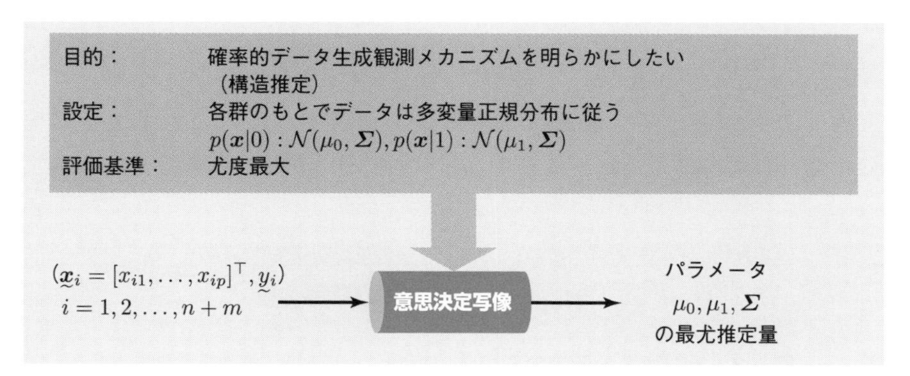

図 5.2 構造推定の意思決定写像

他方，群の出現確率分布 $p(y)$ に関する構造推定を考えることもある．例として $p(y)$ がパラメータ ω のベルヌーイ分布とし，このパラメータを推定する状況が考えられる．この場合も最尤法やベイズ最適な推定法などが存在する．ベルヌーイ分布のパラメータに対する最尤法については「データ科学入門 I」第6章を参照するとよい．

5.1.2　予　　測

本項でも群0に属する n 個のサンプル $(\boldsymbol{x}_1, y_1), (\boldsymbol{x}_2, y_2), \ldots, (\boldsymbol{x}_n, y_n)$ および群1に属する m 個のサンプル $(\boldsymbol{x}_{n+1}, y_{n+1}), (\boldsymbol{x}_{n+2}, y_{n+2}), \ldots, (\boldsymbol{x}_{n+m}, y_{n+m})$ が与えられているとする．このとき，予測の目的は新たに与えられた $n+m+1$ 番目のサンプル $\boldsymbol{x}_{n+m+1}$ の属する群 y_{n+m+1} を決定することである．簡単のため $j = n+m+1$ として予測対象のサンプル $\boldsymbol{x}_{n+m+1}$ を $\boldsymbol{x}_j$，$\boldsymbol{x}_j$ に対応した群を y_j と書くことにする．予測問題においてはこれまでと同様に，y_j の決定に対して直接損失関数を設定する直接予測，あるいは何らかの方法で確率的データ生成観測メカニズムの構造を推定し，それに基づいて y_j を予測する間接予測がある．

まず間接予測から考えるが，間接予測の意味をより明確にするために確率的データ生成観測メカニズムにおけるパラメータが既知であるとした際の最適な予測方式を考察する．ここでは2つの2変量正規分布 $\mathcal{N}(\boldsymbol{\mu}_0, \boldsymbol{\Sigma})$ および $\mathcal{N}(\boldsymbol{\mu}_1, \boldsymbol{\Sigma})$ を考えているのでこれらのパラメータ $\boldsymbol{\mu}_0, \boldsymbol{\mu}_1, \boldsymbol{\Sigma}$ が既知ということになる．簡単のため $\theta = (\boldsymbol{\mu}_0, \boldsymbol{\mu}_1, \boldsymbol{\Sigma})$ とまとめて書くことにする．意思決定写像の出力は $(\boldsymbol{x}_i, y_i)_{i=1}^{n+m}$ および $\boldsymbol{x}_j$ の関数となるので

$$d((\boldsymbol{x}_i, y_i)_{i=1}^{n+m}, \boldsymbol{x}_j) \tag{5.12}$$

と書くことができる．最適な予測方式を検討するために意思決定写像の出力 $d((\boldsymbol{x}_i, y_i)_{i=1}^{n+m}, \boldsymbol{x}_j)$ と真の y_j の間に損失関数を設定する．まず

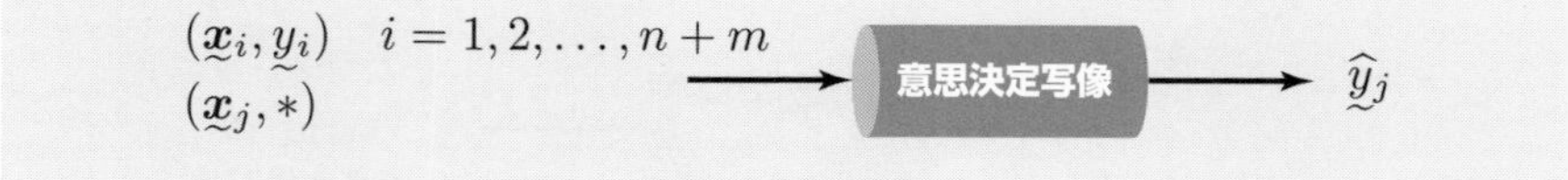

$(\underset{\sim}{\boldsymbol{x}_i}, \underset{\sim}{y_i})$　$i = 1, 2, \ldots, n+m$
$(\underset{\sim}{\boldsymbol{x}_j}, *)$
→ 意思決定写像 → $\underset{\sim}{\widehat{y}_j}$

図 5.3　未知変数の予測の意思決定写像．$\boldsymbol{x}_j$ に対応した y_j を出力する写像となる．

$d((\boldsymbol{x}_i, y_i)_{i=1}^{n+m}, \boldsymbol{x}_j)$ と y_j の間に 0-1 損失

$$\underline{\ell}(y_j, d((\boldsymbol{x}_i, y_i)_{i=1}^{n+m}, \boldsymbol{x}_j)) = \begin{cases} 0 & d((\boldsymbol{x}_i, y_i)_{i=1}^{n+m}, \boldsymbol{x}_j) = y_j \text{のとき} \\ 1 & d((\boldsymbol{x}_i, y_i)_{i=1}^{n+m}, \boldsymbol{x}_j) \neq y_j \text{のとき} \end{cases} \tag{5.13}$$

を考えよう．さらに y_j は確率変数であるので $\underset{\sim}{y_j}$ に対して期待値をとった次の損失関数を用いる．

$$\ell(\underset{\sim}{y_j}, d((\boldsymbol{x}_i, y_i)_{i=1}^{n+m}, \boldsymbol{x}_j)) = \sum_{y_j} \underline{\ell}(y_j, d((\boldsymbol{x}_i, y_i)_{i=1}^{n+m}, \boldsymbol{x}_j)) p(y_j|\boldsymbol{x}_j, \theta) \tag{5.14}$$

上式は式 (5.13) より次のように表現できる．

$$\ell(\underset{\sim}{y_j}, d((\boldsymbol{x}_i, y_i)_{i=1}^{n+m}, \boldsymbol{x}_j)) = \sum_{y_j \neq d\left((\boldsymbol{x}_i, y_i)_{i=1}^{n+m}, \boldsymbol{x}_j\right)} p(y_j|\boldsymbol{x}_j, \theta) \tag{5.15}$$

式 (5.15) の右辺は $\boldsymbol{x}_j$ の属する群が本当は y_j であるにもかかわらず異なる群と分類してしまう確率と解釈でき**誤分類確率**と呼ばれる．

以上の損失関数を最小にする意味で最適な予測方式は $\boldsymbol{x}_j$ が与えられたもとで

$$p(0|\boldsymbol{x}_j, \theta) > p(1|\boldsymbol{x}_j, \theta) \tag{5.16}$$

であれば 0 と予測，そうでなければ 1 と予測する決定となる．なお $p(0|\boldsymbol{x}_j, \theta) = p(1|\boldsymbol{x}_j, \theta)$ が成立する場合に，どちらと予測するかはあらかじめ分析者が決定する必要があるが，どちらに予測しても誤分類確率の意味では性能は変わらないといえる．決定関数の形式で記述すると

$$d^*((\boldsymbol{x}_i, y_i)_{i=1}^{n+m}, \boldsymbol{x}_j) = \arg\max_{y_j} p(y_j|\boldsymbol{x}_j, \theta) \tag{5.17}$$

なる決定が最適となる．ただし，いま考えているデータ生成観測メカニズムにおいては $p(y_j|\boldsymbol{x}_j;\theta)$ は陽に与えられていないのでベイズの定理

$$p(y_j|\boldsymbol{x}_j, \theta) = \frac{p(\boldsymbol{x}_j|y_j, \theta)p(y_j)}{\sum_{y_j} p(\boldsymbol{x}_j|y_j, \theta)p(y_j)} \tag{5.18}$$

を用いて計算する必要がある．

また $p_{\underset{\sim}{y}}(0) = p_{\underset{\sim}{y}}(1)$ が成立する場合，すなわち群 0 である確率と群 1 である

事前確率が等しい場合，式 (5.17) は

$$d^*((\boldsymbol{x}_i, y_i)_{i=1}^{n+m}, \boldsymbol{x}_j) = \arg\max_{y_j} p(\boldsymbol{x}_j|y_j, \theta) \tag{5.19}$$

という決定関数と出力は等しくなる．

ここで式 (5.19) について2変量正規分布を用いて考えてみよう．このとき式 (5.19) より

$$\begin{aligned} &\frac{1}{2\pi\sqrt{\det(\boldsymbol{\Sigma})}} \exp\left(-\frac{1}{2}(\boldsymbol{x}_j - \boldsymbol{\mu}_0)^\top \boldsymbol{\Sigma}^{-1}(\boldsymbol{x}_j - \boldsymbol{\mu}_0)\right) \\ &\geq \frac{1}{2\pi\sqrt{\det(\boldsymbol{\Sigma})}} \exp\left(-\frac{1}{2}(\boldsymbol{x}_j - \boldsymbol{\mu}_1)^\top \boldsymbol{\Sigma}^{-1}(\boldsymbol{x}_j - \boldsymbol{\mu}_1)\right) \end{aligned} \tag{5.20}$$

であれば $y_j = 0$ とし，そうでなければ $y_j = 1$ と予測する方式が誤分類確率最小となる．対数をとっても大小関係は変わらないために，上式の関係は

$$\begin{aligned} &-\log 2\pi\sqrt{\det(\boldsymbol{\Sigma})} - \frac{1}{2}(\boldsymbol{x}_j - \boldsymbol{\mu}_0)^\top \boldsymbol{\Sigma}^{-1}(\boldsymbol{x}_j - \boldsymbol{\mu}_0) \\ &\geq -\log 2\pi\sqrt{\det(\boldsymbol{\Sigma})} - \frac{1}{2}(\boldsymbol{x}_j - \boldsymbol{\mu}_1)^\top \boldsymbol{\Sigma}^{-1}(\boldsymbol{x}_j - \boldsymbol{\mu}_1) \end{aligned} \tag{5.21}$$

の関係と置き換えることができる．さらに，両辺の第1項が同じ量であることと両辺にマイナスがかけられていることに注意すると結局

$$(\boldsymbol{x}_j - \boldsymbol{\mu}_0)^\top \boldsymbol{\Sigma}^{-1}(\boldsymbol{x}_j - \boldsymbol{\mu}_0) \leq (\boldsymbol{x}_i - \boldsymbol{\mu}_1)^\top \boldsymbol{\Sigma}^{-1}(\boldsymbol{x}_j - \boldsymbol{\mu}_1) \tag{5.22}$$

であれば $y_j = 0$ とし，そうでなければ $y_j = 1$ とする判定方式を得る．上式両辺に現れる $(\boldsymbol{x}_j - \boldsymbol{\mu})^\top \boldsymbol{\Sigma}^{-1}(\boldsymbol{x}_j - \boldsymbol{\mu})$ の平方根をとった量は x_j の $\mathcal{N}(\boldsymbol{\mu}, \boldsymbol{\Sigma})$ に対する**マハラノビスの汎距離**やマハラノビス距離と呼ばれる．したがって2変量正規分布のパラメータが既知の状況で $\boldsymbol{x}_j$ に対する質的変数 y_j を予測する場合は，$\boldsymbol{x}_j$ の2つの2変量正規分布からのマハラノビスの汎距離を比較し，距離の小さい（近い）方に予測すればよい．この考え方はより一般の多変量正規分布においても成立し，フィッシャーの**判別分析**と呼ばれている．なお上記の予測方式は次のような関数 $g(\boldsymbol{x}_j;\theta)$ を考えて

$$g(\boldsymbol{x}_j;\theta) := (\boldsymbol{x}_j - \boldsymbol{\mu}_0)^\top \boldsymbol{\Sigma}^{-1}(\boldsymbol{x}_j - \boldsymbol{\mu}_0) - (\boldsymbol{x}_i - \boldsymbol{\mu}_1)^\top \boldsymbol{\Sigma}^{-1}(\boldsymbol{x}_j - \boldsymbol{\mu}_1) \tag{5.23}$$

$g(\boldsymbol{x}_j;\theta) \leq 0$ であれば $y_j = 0$，そうでなければ $y_j = 1$ と予測する方式と同様

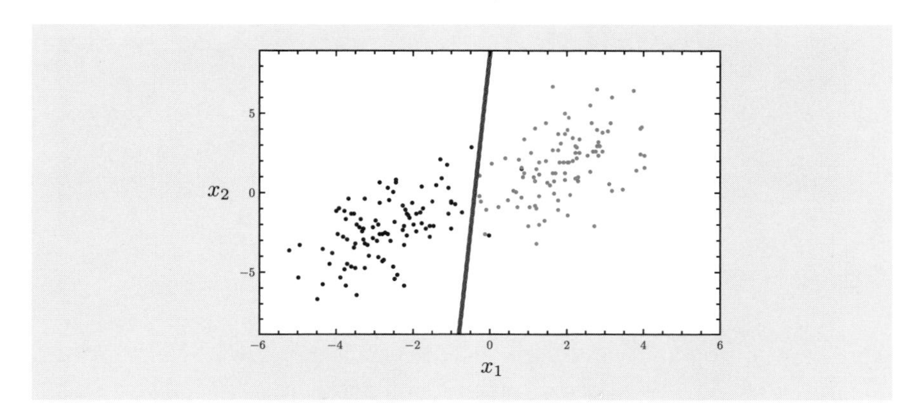

図 5.4　境界 $g(\boldsymbol{x};\theta) = 0$ の例．分散共分散行列が等しい場合 $g(\boldsymbol{x};\theta) = 0$ は直線となる．

である．関数 $g(\boldsymbol{x}_j)$ は 2 つの多変量正規分布の分散共分散行列が等しい場合線形になることが知られており線形判別関数と呼ばれる（**図 5.4**）．

以上，パラメータ $\theta = (\boldsymbol{\mu}_0, \boldsymbol{\mu}_1, \boldsymbol{\Sigma})$ が既知の場合の質的変数の予測について考察した．ここでは決定に過去のデータ $(\boldsymbol{x}_i, y_i)_{i=1}^{n+m}$ を用いる必要はないことに注意したい．

続いてパラメータが未知の問題設定における間接予測アルゴリズムについて考えよう．これまでの考えから，パラメータ $\theta = (\boldsymbol{\mu}_0, \boldsymbol{\mu}_1, \boldsymbol{\Sigma})$ が既知であれば式 (5.17) を用いればよい．したがって，これを推定量 $\widehat{\theta}$ で置き換えた

$$d((\boldsymbol{x}_i, y_i)_{i=1}^{n+m}, \boldsymbol{x}_j) = \arg\max_{y_j} p(y_j|\boldsymbol{x}_j, \widehat{\theta}) \tag{5.24}$$

という決定関数を考えることができる．パラメータの推定量としては，前節の構造推定により得られた推定量が代表的であろう．この予測方式をフィッシャーの判別分析と呼ぶこともある．

以上の考え方に基づく間接予測の意思決定写像は**図 5.5** のようになる．

この決定関数の意味を考えると対象とする $\boldsymbol{x}_j$ が 2 つの多変量正規分布 $\mathcal{N}(\widehat{\boldsymbol{\mu}}_0, \widehat{\boldsymbol{\Sigma}}), \mathcal{N}(\widehat{\boldsymbol{\mu}}_1, \widehat{\boldsymbol{\Sigma}})$ のどちらから出る確率が高いかを考えていることに他ならない．したがって式 (5.23) の $\theta = (\boldsymbol{\mu}_0, \boldsymbol{\mu}_1, \boldsymbol{\Sigma})$ をそれぞれの推定量で置き換えた

$$g(\boldsymbol{x}_j;\widehat{\theta}) := (\boldsymbol{x}_j - \widehat{\boldsymbol{\mu}}_0)^\top \widehat{\boldsymbol{\Sigma}}^{-1}(\boldsymbol{x}_j - \widehat{\boldsymbol{\mu}}_0) - (\boldsymbol{x}_i - \widehat{\boldsymbol{\mu}}_1)^\top \widehat{\boldsymbol{\Sigma}}^{-1}(\boldsymbol{x}_j - \widehat{\boldsymbol{\mu}}_1) \tag{5.25}$$

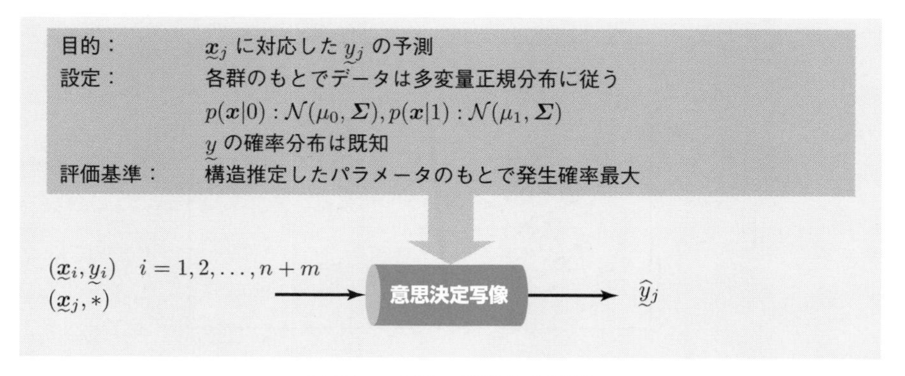

図 5.5　予測の意思決定写像

を計算することになる．ここで2つの多変量正規分布の分散共分散行列は等しいとの仮定からその最尤推定量 $\widehat{\boldsymbol{\Sigma}}$ も等しいとしたため，境界は線形関数を用いて表すことができる．

2群の分散共分散行列が等しい状況において，構造推定として最尤推定量を用いた線形判別関数はデータの特徴記述で述べた群間群内比最大基準による線形関数と結果として等しくなることが知られている[8]．

以上で述べた間接予測の考え方を整理しよう．間接予測では得られたデータ $(\boldsymbol{x}_i, y_i)_{i=1}^{n+m}$ によるデータ生成観測メカニズムの構造推定の結果を用いて，$\boldsymbol{x}_j$ に対応した y_j を予測した．すなわち，予測を目的とする枠組みの中で，

- 過去のデータ $(\boldsymbol{x}_i, y_i)_{i=1}^{n+m}$ から構造推定等を用いてデータ生成観測メカニズムを推定，予測のための関数 $f(\boldsymbol{x})$ を構築し
- 構築した関数と予測対象のデータ $\boldsymbol{x}_j$ を用いて予測を行う

という2つの意思決定写像が存在していると解釈できる（**図 5.6**）．以上のように考えると間接予測における構造推定は過去のデータ $(\boldsymbol{x}_i, y_i)_{i=1}^{n+m}$ を用いて予測を行うための関数を構築していると解釈できる．このように予測の目的に対して，間接予測などを用いて構築する関数を**予測関数**と呼ぶ．特に質的変数の予測の場合，問題の性質から予測関数のことを判別関数や識別関数あるいは分類関数と呼ぶことがある．

以上の考えを取り入れて**図 5.5** を詳細に記述したものが**図 5.7** となる．

次に直接予測を考える．間接予測の場合と同様に $j = n + m + 1$ とし既に学

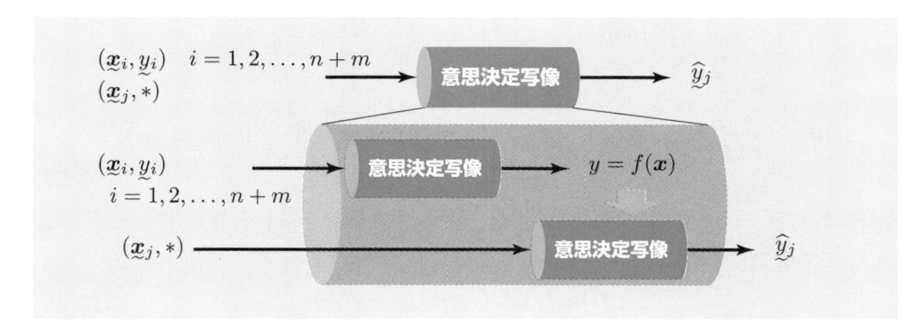

図 5.6　質的変数の予測における構造推定の結果を用いた意思決定写像．大きな意思決定写像の枠組みの中で「予測関数の構築」とそれを用いた「予測」2 つの意思決定写像が用いられていると考えられる．

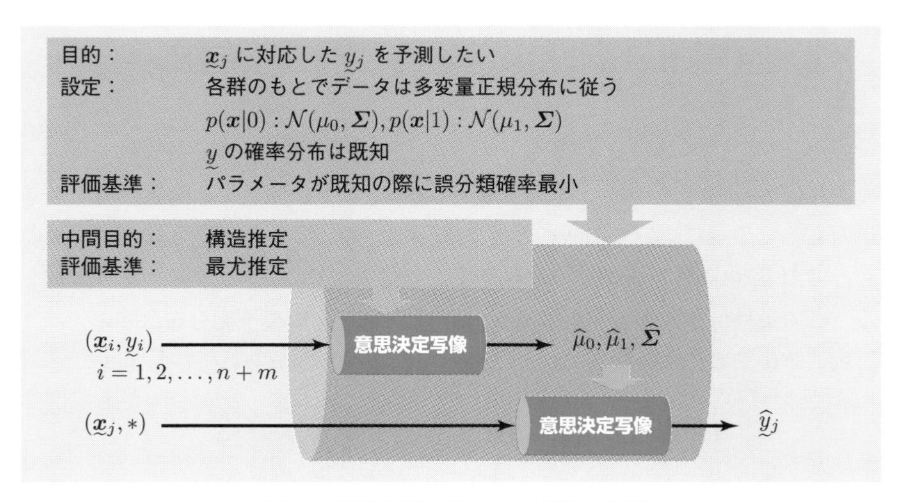

図 5.7　間接予測を用いた意思決定写像

んだ誤分類確率を損失関数としよう．

$$\ell(\underset{\sim}{y}_j, d((\boldsymbol{x}_i, y_i)_{i=1}^{n+m}, \boldsymbol{x}_j), \theta) = \sum_{y_j \neq d\left((\boldsymbol{x}_i, y_i)_{i=1}^{n+m}, \boldsymbol{x}_j\right)} p(y_j|\boldsymbol{x}_j, \theta) \tag{5.26}$$

ただし，ここでもパラメータを $\theta = (\boldsymbol{\mu}_0, \boldsymbol{\mu}_1, \boldsymbol{\Sigma})$ とおいた．また式 (5.14) での状況と異なり，ここでは θ は未知であり，損失関数の値を動かしうるので損失関数の引数として陽に記述している．以上の損失関数のもとで $(\boldsymbol{x}_i, y_i)_{i=1}^{n+m}$ は確率変数であることに注意して，これらで期待値をとると次の危険関数が得られる：

$$R(\theta, d) = \int \ell(\underset{\sim}{y_j}, d((\boldsymbol{x}_i, y_i)_{i=1}^{n+m}, \boldsymbol{x}_j), \theta) p((\boldsymbol{x}_i, y_i)_{i=1}^{n+m} | \theta) \mathrm{d}(\boldsymbol{x}_i, y_i)_{i=1}^{n+m} \tag{5.27}$$

さらにパラメータも確率変数と考え，事前確率分布 $p(\underset{\sim}{\theta})$ を仮定することによりベイズ危険関数

$$BR(d) = \int R(\theta, d) p(\theta) \mathrm{d}\theta \tag{5.28}$$

を得る．これを最小にする決定がベイズ最適な予測となる．導出は省略するがこの場合のベイズ最適な予測は

$$d^*((\boldsymbol{x}_i, y_i)_{i=1}^{n+m}, \boldsymbol{x}_j) = \arg\max_{y_j} p(y_j | (\boldsymbol{x}_i, y_i)_{i=1}^{n+m}, \boldsymbol{x}_j) \tag{5.29}$$

となる．上式の計算については後ほど触れるとしてこの式は条件付き確率が

$$p(0 | (\boldsymbol{x}_i, y_i)_{i=1}^{n+m}, \boldsymbol{x}_j) \geq p(1 | (\boldsymbol{x}_i, y_i)_{i=1}^{n+m}, \boldsymbol{x}_j) \tag{5.30}$$

であれば $y_j = 0$ と分類し，そうでなければ $y_j = 1$ と分類する関数がベイズ基準のもとで最適な決定であることを意味している．すなわち得られたデータのもとでの y_j の条件付き確率（事後確率）が最大になる y_j と予測する方式になる．この条件付き確率分布 $p(y_j | (\boldsymbol{x}_i, y_i)_{i=1}^{n+m}, \boldsymbol{x}_j)$ を**事後予測分布**と呼ぶ．

次に事後予測分布の計算について述べる．事後予測分布は

$$\begin{aligned}
&p(y_j | (\boldsymbol{x}_i, y_i)_{i=1}^{n+m}, \boldsymbol{x}_j) \\
&= \int p(y_j | (\boldsymbol{x}_i, y_i)_{i=1}^{n+m}, \boldsymbol{x}_j, \theta) p(\theta | (\boldsymbol{x}_i, y_i)_{i=1}^{n+m}) \mathrm{d}\theta \\
&= \int \frac{p(\boldsymbol{x}_j | y_j, \theta) p(y_j)}{\sum_{y_j} p(\boldsymbol{x}_j | y_j, \theta) p(y_j)} p(\theta | (\boldsymbol{x}_i, y_i)_{i=1}^{n+m}) \mathrm{d}\theta
\end{aligned} \tag{5.31}$$

と書ける．ここで $p(\boldsymbol{x}_j | y_j, \theta)$ は問題設定より多変量正規分布で表現できる．また $p(y_j)$ は群の出現確率であり既知とすることが多い．すると他に上記予測分布の計算に必要な量は $p(\theta | (\boldsymbol{x}_i, y_i)_{i=1}^{n+m})$，すなわち与えられたデータのもとでのパラメータの事後確率分布である．これらの値は理論上は計算できるが，積分計算などを含むため，解析的に解くことは一般に困難であり，近似計算

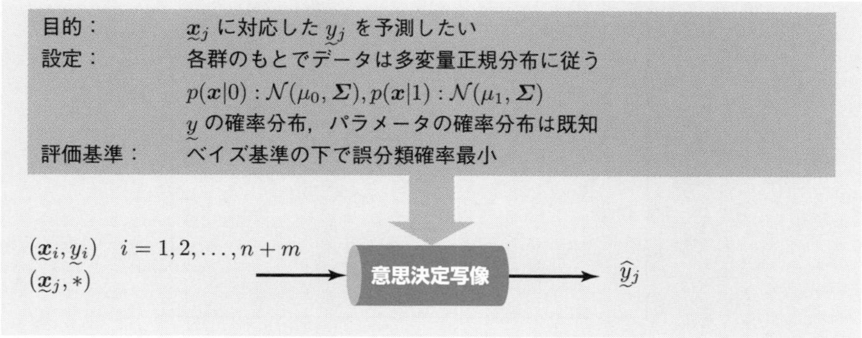

目的：　$\underset{\sim}{\boldsymbol{x}}_j$ に対応した $\underset{\sim}{y}_j$ を予測したい
設定：　各群のもとでデータは多変量正規分布に従う
$p(\boldsymbol{x}|0) : \mathcal{N}(\mu_0, \boldsymbol{\Sigma}), p(\boldsymbol{x}|1) : \mathcal{N}(\mu_1, \boldsymbol{\Sigma})$
$\underset{\sim}{y}$ の確率分布，パラメータの確率分布は既知
評価基準：　ベイズ基準の下で誤分類確率最小

$(\underset{\sim}{\boldsymbol{x}}_i, \underset{\sim}{y}_i)$　$i = 1, 2, \ldots, n+m$
$(\underset{\sim}{\boldsymbol{x}}_j, *)$　→　意思決定写像　→　$\underset{\sim}{\widehat{y}}_j$

図 5.8　予測の意思決定写像

が用いられることもある．この考えに基づく意思決定写像は**図 5.8** のようになる．

5.1.3　データ分析例

ある疾病に関して，罹患者および非罹患者の検査結果 A および B（ともに量的な検査値）が得られている．新薬の開発のために，疾病の有無と検査値の関係を知りたい．ただし，検査値は疾病欄が無の場合 2 変量正規分布 $\mathcal{N}(\boldsymbol{\mu}_0, \boldsymbol{\Sigma})$ に従い，疾病欄が有の場合 $\mathcal{N}(\boldsymbol{\mu}_1, \boldsymbol{\Sigma})$ に従って発生することがわかっているが，そのパラメータ $\boldsymbol{\mu}_1, \boldsymbol{\mu}_2, \boldsymbol{\Sigma}$ は未知である．

検査値 A を x_1，検査値 B を x_2 とし，疾病無を黒，疾病有を青で図示した

表 5.1　疾病の有無と検査値に関するデータ

No.	疾病	検査値 A	検査値 B	No.	疾病	検査値 A	検査値 B
1	無	27.32	3.03	11	有	21.97	7.80
2	無	18.51	0.33	12	有	30.70	9.21
3	無	31.57	7.13	13	有	13.49	4.36
4	無	26.86	0.00	14	有	23.89	2.76
5	無	30.86	1.96	15	有	19.66	7.24
6	無	23.25	0.00	16	有	16.88	2.12
7	無	28.33	2.54	17	有	19.18	3.95
8	無	15.30	0.00	18	有	19.88	5.54
9	無	27.29	2.05	19	有	15.21	1.67
10	無	31.42	3.34	20	有	14.65	4.37

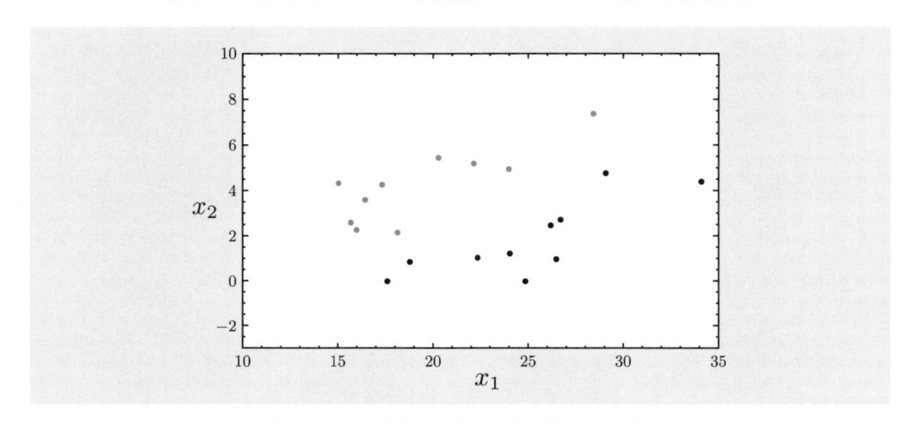

図 5.9　疾病の有無と検査値に関するデータ

ものが**図 5.9** である．

このデータに対して構造推定を考える．詳細は省略するが 1 変数の場合の式 (5.9)，(5.10)，(5.11) と同様に各最尤推定量はデータの算術平均および分散共分散行列より求められることが知られている．これより計算された最尤推定量は

$$\widehat{\boldsymbol{\mu}}_0 = [26.071, 2.038]^\top, \quad \widehat{\boldsymbol{\mu}}_1 = [19.551, 4.902]^\top \tag{5.32}$$

および

$$\widehat{\boldsymbol{\Sigma}} = \begin{bmatrix} 18.78 & 5.54 \\ 5.54 & 2.50 \end{bmatrix} \tag{5.33}$$

となる．

続いて上記構造推定により得られたパラメータの推定量を用いた間接予測を考えよう．いま新規に検査値 A および B の数値がそれぞれ 28.00 および 4.00 という検査結果を得た．このときの疾病の有無を予測する．まず疾病の有無に関する事前分布 $p_{\underset{\sim}{y}}$ は疾病無を $y = 0$，疾病有を $y = 1$ としたもとで $p_{\underset{\sim}{y}}(0) = p_{\underset{\sim}{y}}(1) = 0.5$ としておく．このとき式 (5.22) より

$$(\boldsymbol{x}_j - \widehat{\boldsymbol{\mu}}_0)^\top \boldsymbol{\Sigma}^{-1}(\boldsymbol{x}_j - \widehat{\boldsymbol{\mu}}_0) \leq (\boldsymbol{x}_i - \widehat{\boldsymbol{\mu}}_1)^\top \boldsymbol{\Sigma}^{-1}(\boldsymbol{x}_j - \widehat{\boldsymbol{\mu}}_1) \tag{5.34}$$

であれば疾病無，そうでなければ疾病有と計算することになる．

$\widehat{\boldsymbol{\Sigma}}$ の逆行列が

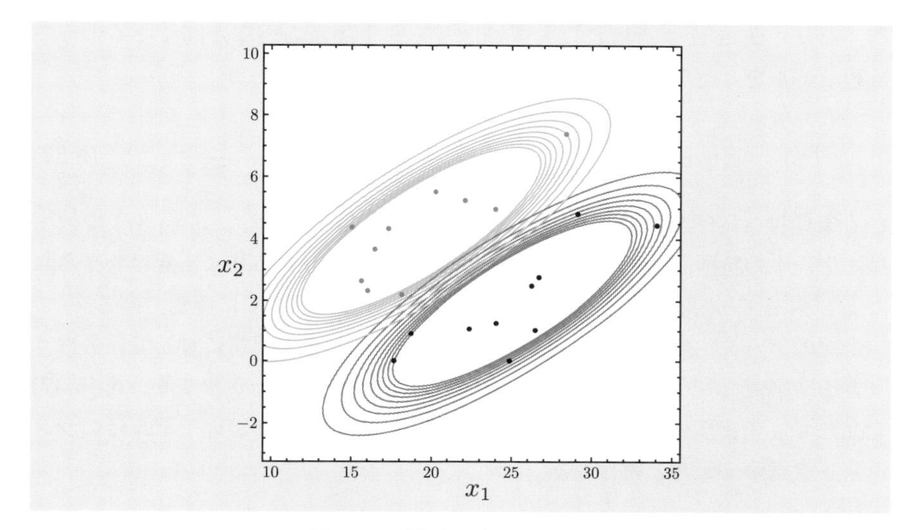

図 5.10 構造推定による結果

$$\widehat{\boldsymbol{\Sigma}}^{-1} = \begin{bmatrix} 0.15 & -0.34 \\ -0.34 & 1.16 \end{bmatrix} \tag{5.35}$$

であることに注意して $\boldsymbol{x}_j = [28.00, 4.00]^\top$ に対して上式の両辺を計算すると

$$(\boldsymbol{x}_j - \widehat{\boldsymbol{\mu}}_0)^\top \boldsymbol{\Sigma}^{-1} (\boldsymbol{x}_j - \widehat{\boldsymbol{\mu}}_0) = 2.44 < (\boldsymbol{x}_j - \widehat{\boldsymbol{\mu}}_1)^\top \boldsymbol{\Sigma}^{-1} (\boldsymbol{x}_j - \widehat{\boldsymbol{\mu}}_1) = 17.81 \tag{5.36}$$

となる．したがって $y_j = 0$，つまり疾病無と予測される．

5.2 説明変数から確率的に群が生成されるデータ生成観測メカニズム

本節では説明変数が与えられたもとで確率的に群 y が決定する状況，特に説明変数の線形和が目的変数に影響を与える状況を考える．そこで $\boldsymbol{x} = [1, x_1, x_2, \ldots, x_p]^\top$ および $\boldsymbol{\beta} = [\beta_0, \beta_1, \ldots, \beta_p]^\top$ とし，$\boldsymbol{\beta}^\top \boldsymbol{x}$ の値が目的変数 y と関連していると仮定する．

以上の設定は回帰モデルと呼ぶことができるが，ここでは y は質的変数，より具体的には y のとりうる値が 0 と 1 の 2 値のみを考えていることに注意しよう．これを数理モデル化するために $\boldsymbol{\beta}^\top \boldsymbol{x}$ が小さければ y が 0 をとる確率が高くなり，$\boldsymbol{\beta}^\top \boldsymbol{x}$ が大きければ大きいほど $y = 1$ となる確率が高くなるような数理モデルを考える．具体的には $\boldsymbol{x}$ が与えられたときに $\underset{\sim}{y}$ が

$$p(0|\boldsymbol{x}, \boldsymbol{\beta}) = \frac{\mathrm{e}^{-\boldsymbol{\beta}^\top \boldsymbol{x}}}{1 + \mathrm{e}^{-\boldsymbol{\beta}^\top \boldsymbol{x}}}, \quad p(1|\boldsymbol{x}, \boldsymbol{\beta}) = \frac{1}{1 + \mathrm{e}^{-\boldsymbol{\beta}^\top \boldsymbol{x}}} \tag{5.37}$$

なる条件付き確率分布に従う確率変数となる状況を考える．式 (5.37) の後半は，データの特徴記述で紹介したロジスティック関数であり，任意の与えられた $\boldsymbol{x}$ に対して $p(0|\boldsymbol{x}, \boldsymbol{\beta}) + p(1|\boldsymbol{x}, \boldsymbol{\beta}) = 1$ であることはすぐに確認できる．

上記のデータ生成観測メカニズムをまとめよう．まず問題に対して係数ベクトル $\boldsymbol{\beta}$ が決まっている．このとき与えられた $\boldsymbol{x}$ から $\boldsymbol{\beta}^\top \boldsymbol{x}$ が決まり，式 (5.37) を通じて y の出現確率が決定する数理モデルとなる．この数理モデルは**ロジスティック回帰モデル**と呼ばれる．

5.2.1　構　造　推　定

前節と同様群 0 に属する n 個のサンプル $(\boldsymbol{x}_1, y_1 = 0), \ldots, (\boldsymbol{x}_n, y_n = 0)$ および群 1 に属する m 個のサンプル $(\boldsymbol{x}_{n+1}, y_{n+1} = 1), \ldots, (\boldsymbol{x}_{n+m}, y_{n+m} = 1)$ からの構造推定を考える．

ロジスティック回帰モデルにおける構造推定は与えられた $n + m$ 個のサンプルから係数ベクトル $\boldsymbol{\beta}$ を推定することであり，この推定には例えば最尤推定法を用いることが考えられる．式 (5.37) より尤度関数は

$$L(\boldsymbol{\beta}) = \prod_{i=1}^{n} \frac{\mathrm{e}^{-\boldsymbol{\beta}^\top \boldsymbol{x}_i}}{1 + \mathrm{e}^{-\boldsymbol{\beta}^\top \boldsymbol{x}_i}} \prod_{i=n+1}^{n+m} \frac{1}{1 + \mathrm{e}^{-\boldsymbol{\beta}^\top \boldsymbol{x}_i}} \tag{5.38}$$

となり，対数尤度関数は

$$l(\boldsymbol{\beta}) = \sum_{i=1}^{n} \log\left(\frac{\mathrm{e}^{-\boldsymbol{\beta}^\top \boldsymbol{x}_i}}{1 + \mathrm{e}^{-\boldsymbol{\beta}^\top \boldsymbol{x}_i}}\right) + \sum_{i=n+1}^{n+m} \log\left(\frac{1}{1 + \mathrm{e}^{-\boldsymbol{\beta}^\top \boldsymbol{x}_i}}\right) \tag{5.39}$$

となる．右辺は

$$\begin{aligned}
&-\sum_{i=1}^{n} \log\left(\frac{1 + \mathrm{e}^{-\boldsymbol{\beta}^\top \boldsymbol{x}_i}}{\mathrm{e}^{-\boldsymbol{\beta}^\top \boldsymbol{x}_i}}\right) - \sum_{i=n+1}^{n+m} \log\left(1 + \mathrm{e}^{-\boldsymbol{\beta}^\top \boldsymbol{x}_i}\right) \\
&= -\sum_{i=1}^{n} \left\{\log\left(1 + \mathrm{e}^{-\boldsymbol{\beta}^\top \boldsymbol{x}_i}\right) - \log\left(\mathrm{e}^{-\boldsymbol{\beta}^\top \boldsymbol{x}_i}\right)\right\} - \sum_{i=n+1}^{n+m} \log\left(1 + \mathrm{e}^{-\boldsymbol{\beta}^\top \boldsymbol{x}_i}\right)
\end{aligned}$$

$$= -\sum_{i=1}^{n}\left\{\log\left(1+\mathrm{e}^{-\boldsymbol{\beta}^\top \boldsymbol{x}_i}\right)+\boldsymbol{\beta}^\top \boldsymbol{x}_i\right\} - \sum_{i=n+1}^{n+m}\log\left(1+\mathrm{e}^{-\boldsymbol{\beta}^\top \boldsymbol{x}_i}\right)$$

$$= -\sum_{i=1}^{n+m}\log\left(1+\mathrm{e}^{-\boldsymbol{\beta}^\top \boldsymbol{x}_i}\right) - \sum_{i=1}^{n}\boldsymbol{\beta}^\top \boldsymbol{x}_i \tag{5.40}$$

と変形できる．したがって上記を最大化する $\boldsymbol{\beta}$ が最尤推定量である．ここで

$$y_i = \begin{cases} 0 & i=1,2,\ldots,n \text{ のとき} \\ 1 & \text{それ以外} \end{cases} \tag{5.41}$$

であることに注意すれば式 (5.40) より対数尤度関数を下記のように書くこともできる．

$$l(\boldsymbol{\beta}) = -\sum_{i=1}^{n+m}\left\{\log\left(1+\mathrm{e}^{-\boldsymbol{\beta}^\top \boldsymbol{x}_i}\right)+(1-y_i)\boldsymbol{\beta}^\top \boldsymbol{x}_i\right\} \tag{5.42}$$

この考えに基づく意思決定写像は**図 5.11** のようになる．

ここで特徴記述との関係を見てみよう．対数尤度関数式 (5.42) の最大化は，第 4 章の式 (4.48) の最小化と等しくなることがわかる．したがってこの最尤推定量を求める意思決定写像と式 (4.48) の最小化を評価基準とした特徴記述の意思決定写像は結果として等しくなる．

また $\boldsymbol{x}$ が確率分布に従う確率変数と考えることもできる．さらに係数ベクトル $\boldsymbol{\beta}$ に事前確率分布を設定し，適切な損失を設定することでベイズ基準のもとで最適な推定を考えることもできる．

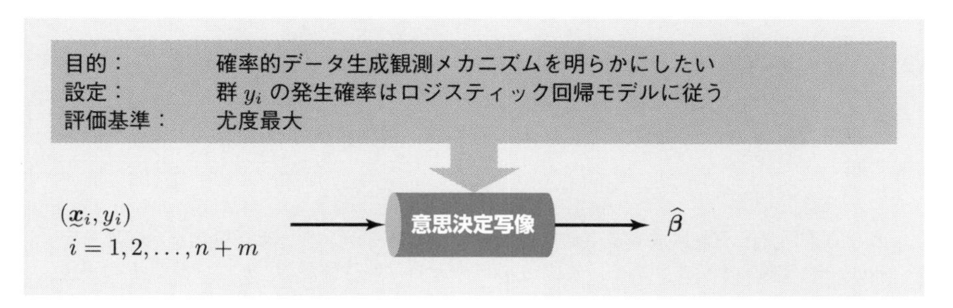

図 5.11　構造推定の意思決定写像

●コラム 一般化線形モデル

ロジスティック回帰モデルは次のようにも解釈できる．式 (5.37) より

$$\frac{p(0|\boldsymbol{x},\boldsymbol{\beta})}{p(1|\boldsymbol{x},\boldsymbol{\beta})} = \mathrm{e}^{-\boldsymbol{\beta}^\top \boldsymbol{x}} \tag{1}$$

が成り立つので対数をとることにより

$$\log\frac{p(0|\boldsymbol{x},\boldsymbol{\beta})}{p(1|\boldsymbol{x},\boldsymbol{\beta})} = -\boldsymbol{\beta}^\top \boldsymbol{x} \iff \log\frac{p(1|\boldsymbol{x},\boldsymbol{\beta})}{p(0|\boldsymbol{x},\boldsymbol{\beta})} = \boldsymbol{\beta}^\top \boldsymbol{x} \tag{2}$$

を得る．したがってロジスティック回帰モデルは説明変数の線形和 $\boldsymbol{\beta}^\top \boldsymbol{x}$ と y の条件付き確率の比の対数

$$\log\frac{p(1|\boldsymbol{x},\boldsymbol{\beta})}{p(0|\boldsymbol{x},\boldsymbol{\beta})} \tag{3}$$

が関連している数理モデルと言い換えることもできる．

式 (2) はさらに

$$\log\frac{p(1|\boldsymbol{x},\boldsymbol{\beta})}{1-p(1|\boldsymbol{x},\boldsymbol{\beta})} = \boldsymbol{\beta}^\top \boldsymbol{x} \tag{4}$$

と変形できるが，上式左辺に現れる関数

$$f(z) = \log\frac{z}{1-z} \tag{5}$$

は，定義域が $z \in (0,1)$ の関数でありロジット関数と呼ばれる．なおロジット関数はロジスティック関数の逆関数である．

目的変数 $\underset{\sim}{y}$ の確率分布のパラメータ ϕ が説明変数 $\boldsymbol{x}$ の線形和 $\boldsymbol{\beta}^\top \boldsymbol{x}$ の関数 $g(\boldsymbol{\beta}^\top \boldsymbol{x})$ となる数理モデルを一般化線形モデルと呼ぶ（一般化線形モデルの正確な定義は文献[3],[6] などを参照のこと）．したがって関数 g の逆関数 g^{-1} はパラメータ ϕ を線形和 $\boldsymbol{\beta}^\top \boldsymbol{x}$ と結びつける関数と解釈できる．このことから g^{-1} はリンク関数と呼ばれる．

ロジスティック回帰モデルは，$\underset{\sim}{y}$ の確率分布が

$$p(1|\boldsymbol{x},\boldsymbol{\beta}) = g(\boldsymbol{\beta}^\top \boldsymbol{x}) = \frac{1}{1+\mathrm{e}^{-\boldsymbol{\beta}^\top \boldsymbol{x}}} \tag{6}$$

により特定され，この式が $\underset{\sim}{y}$ の平均パラメータであるので一般化線形モデルの一種である．またリンク関数はロジット関数である．

説明変数 $\underset{\sim}{y}$ が説明変数ベクトル $\boldsymbol{x}$ の線形和と標準正規分布 $\mathcal{N}(0,1)$ に従う誤差の和

$$\underset{\sim}{y} = \boldsymbol{\beta}^\top \boldsymbol{x} + \underset{\sim}{\varepsilon} \tag{7}$$

となる重回帰モデルは最も基本的な線形モデルであるが，これを一般化した数理モデルが一般化線形モデルである．実際 $\underset{\sim}{y}$ の確率分布は期待値が $\boldsymbol{\beta}^\top \boldsymbol{x}$ で分散が 1 の正規分布になるので $\boldsymbol{\beta}^\top \boldsymbol{x}$ がパラメータとなる．さらに $g(z)$ を関数 $g(z) = z$ とすれば一般化線形モデルの定義を満たすことがわかる．その他の代表的な一般化線形モデルにポアソン回帰モデルなどがある．

5.2.2 予　測

これまでと同様に間接予測と直接予測を考える．間接予測においては，構造推定を用いて $(\boldsymbol{x}_1, y_1), (\boldsymbol{x}_2, y_2), \ldots, (\boldsymbol{x}_{n+m}, y_{n+m})$ から推定した係数ベクトル $\widehat{\boldsymbol{\beta}}$ を利用することが考えられる．ここで前節「群ごとに確率モデルが異なるデータ生成メカニズム」で考えた状況と同様に係数ベクトル $\boldsymbol{\beta}$ がわかっていると仮定してみよう．このとき，次式で表される誤分類確率を損失関数とする．

$$\ell(\underset{\sim}{y_j}, d((\boldsymbol{x}_i, y_i)_{i=1}^{n+m}, \boldsymbol{x}_j)) = \sum_{y_j \neq d\left((\boldsymbol{x}_i, y_i)_{i=1}^{n+m}, \boldsymbol{x}_j\right)} p(y_j|\boldsymbol{x}_j, \boldsymbol{\beta}) \tag{5.43}$$

すると与えられた $\boldsymbol{x}_j$ に対して

$$p(0|\boldsymbol{x}_j, \boldsymbol{\beta}) = \frac{\mathrm{e}^{-\boldsymbol{\beta}^\top \boldsymbol{x}_j}}{1 + \mathrm{e}^{-\boldsymbol{\beta}^\top \boldsymbol{x}_j}} \geq p(1|\boldsymbol{x}_j, \boldsymbol{\beta}) = \frac{1}{1 + \mathrm{e}^{-\boldsymbol{\beta}^\top \boldsymbol{x}_j}} \tag{5.44}$$

であれば $y_j = 0$ と決定，そうでなければ $y_j = 1$ と決定する判別方式を考えることができる．実は上記の判別方式が誤分類確率を最小とすることが前節式 (5.16) と同様の議論よりわかる．

したがって係数ベクトル $\boldsymbol{\beta}$ が未知の場合，推定した係数ベクトル $\widehat{\boldsymbol{\beta}}$ を用いて

$$p(0|\boldsymbol{x}, \widehat{\boldsymbol{\beta}}) = \frac{\mathrm{e}^{-\widehat{\boldsymbol{\beta}}^\top \boldsymbol{x}}}{1 + \mathrm{e}^{-\widehat{\boldsymbol{\beta}}^\top \boldsymbol{x}}} \geq p(1|\boldsymbol{x}, \widehat{\boldsymbol{\beta}}) = \frac{1}{1 + \mathrm{e}^{-\widehat{\boldsymbol{\beta}}^\top \boldsymbol{x}}} \tag{5.45}$$

であれば $y_j = 0$ と決定，そうでなければ $y_j = 1$ と決定する写像が考えられる．これは $p(0|\boldsymbol{x}, \widehat{\boldsymbol{\beta}}) \geq 0.5$ であれば $y_j = 0$ とし，そうでなければ $y_j = 1$ とする写像と同値である．

以上を決定関数の形で記述すると

$$d((\boldsymbol{x}_1, y_1), (\boldsymbol{x}_2, y_2), \ldots, (\boldsymbol{x}_{n+m}, y_{n+m}), \boldsymbol{x}_j) = \arg\max_{y_j} p(y_j|\boldsymbol{x}_j, \widehat{\boldsymbol{\beta}}) \tag{5.46}$$

となり，推定した $\widehat{\boldsymbol{\beta}}$ のもとで，$\boldsymbol{x}_j$ から出現する確率の高い y_j に決定するということになる．

次に直接予測について述べるが，基本的な考え方は前節における直接予測と同様である．ここでも得られたサンプル組 $(\boldsymbol{x}_1, y_1), (\boldsymbol{x}_2, y_2), \ldots, (\boldsymbol{x}_{n+m}, y_{n+m})$ を $(\boldsymbol{x}_i, y_i)_{i=1}^{n+m}$ と書くことにする．意思決定写像の出力は $(\boldsymbol{x}_i, y_i)_{i=1}^{n+m}$ および

$\boldsymbol{x}_j$ の関数となるので

$$d((\boldsymbol{x}_i, y_i)_{i=1}^{n+m}, \boldsymbol{x}_j) \tag{5.47}$$

と書くことができる．直接予測を行うために意思決定写像の出力 $d((\boldsymbol{x}_i, y_i)_{i=1}^{n+m}, \boldsymbol{x}_j)$ と真の y_j の間の損失関数を式 (5.43) で定義される誤分類確率とする．$(\boldsymbol{x}_i, y_i)_{i=1}^{n+m}$ は確率変数であることに注意して，これらで期待値をとると次の危険関数が得られる：

$$R(\boldsymbol{\beta}, d) = \int \ell(\boldsymbol{\beta}, \underset{\sim}{y}_j, d((\boldsymbol{x}_i, y_i)_{i=1}^{n+m}, \boldsymbol{x}_j))p((\boldsymbol{x}_i, y_i)_{i=1}^{n+m}|\boldsymbol{\beta})\mathrm{d}(\underset{\sim}{\boldsymbol{x}}_i, \underset{\sim}{y}_i)_{i=1}^{n+m} \tag{5.48}$$

さらに係数ベクトル $\boldsymbol{\beta}$ も確率変数と考え，$p(\boldsymbol{\beta})$ を仮定することによりベイズ危険関数

$$BR(d) = \int R(\boldsymbol{\beta}, d)p(\boldsymbol{\beta})\mathrm{d}\boldsymbol{\beta} \tag{5.49}$$

を得る．これを最小にする決定がベイズ最適な予測となる．導出は省略するがこの場合のベイズ最適な予測は

$$d^*((\boldsymbol{x}_i, y_i)_{i=1}^{n+m}, \boldsymbol{x}_j) = \arg\max_{y_j} p(y_j|(\boldsymbol{x}_i, y_i)_{i=1}^{n+m}, \boldsymbol{x}_j) \tag{5.50}$$

となる．条件付き確率分布 $p(y_j|(\boldsymbol{x}_i, y_i)_{i=1}^{n+m}, \boldsymbol{x}_j)$ は前節と同様事後予測分布と呼ばれる．この考えに基づく意思決定写像は**図 5.12** のようになる．

ここまでの導出はほぼ前節「群ごとに異なる確率モデルが異なるデータ生成観測メカニズム」における直接予測と同様である．実際，導出に登場する主たる

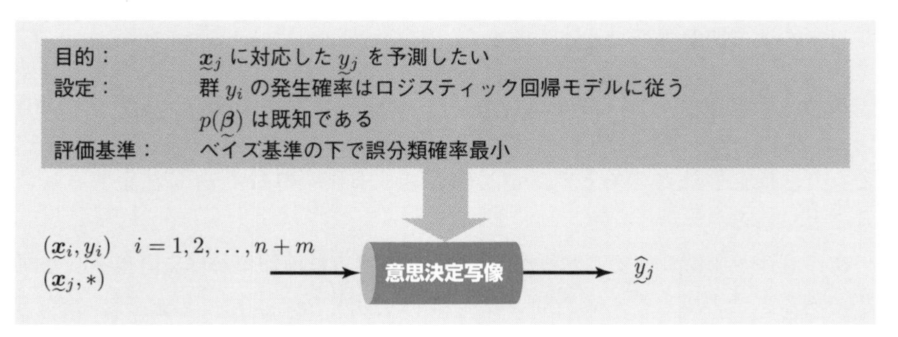

図 5.12 予測の意思決定写像

量としてパラメータ θ と係数ベクトル $\boldsymbol{\beta}$ という違いはあるが得られる事後予測分布は同じ形となっている．これは，ベイズ最適な決定関数の導出に確率論に基づく式変形のみを用いているためである．$p(x,y) = p(x|y)p(y) = p(y|x)p(x)$ が成立するので，ここまでで 2 つのデータ生成観測メカニズムによる差は見られない．では 2 つのデータ生成観測メカニズムの違いがどこに現れるかというと事後予測分布の計算になる．説明変数 $\boldsymbol{x}$ から確率的に y が決定するデータ生成観測メカニズムにおいては，係数ベクトル $\boldsymbol{\beta}$ が与えられたもとで $p(y|\boldsymbol{x},\boldsymbol{\beta})$ が陽に計算可能である．一方，群ごとに確率モデルが異なるデータ生成観測メカニズムにおいては条件付き確率分布 $p(y|\boldsymbol{x},\boldsymbol{\theta})$ を計算するために与えられている $p(\boldsymbol{x}|y,\boldsymbol{\theta})$ からベイズの定理を利用する必要がある．以上のデータ生成観測メカニズムの違いが事後予測分布の計算に影響を与える．本節の予測分布は

$$\begin{aligned} &p(y_j|(\boldsymbol{x}_i, y_i)_{i=1}^{n+m}, \boldsymbol{x}_j) \\ &= \int p(y_j|(\boldsymbol{x}_i, y_i)_{i=1}^{n+m}, \boldsymbol{x}_j, \boldsymbol{\beta}) p(\boldsymbol{\beta}|(\boldsymbol{x}_i, y_i)_{i=1}^{n+m}) \mathrm{d}\boldsymbol{\beta} \\ &= \int p(y_j|\boldsymbol{x}_j, \boldsymbol{\beta}) p(\boldsymbol{\beta}|(\boldsymbol{x}_i, y_i)_{i=1}^{n+m}) \mathrm{d}\boldsymbol{\beta} \end{aligned} \tag{5.51}$$

のように計算できる．上記 2 番目の等式は $\boldsymbol{x}_j, \boldsymbol{\beta}$ が与えられたもとでは $\underset{\sim}{y}_j$ と $(\underset{\sim}{\boldsymbol{x}}_i, \underset{\sim}{y}_i)_{i=1}^{n+m}$ は独立であるためである（条件付き独立性）．また条件付き確率 $p(y_j|\boldsymbol{x}_j,\boldsymbol{\beta})$ は式 (5.37) で与えられる．

5.2.3　データ分析例

5.1.3 項と同様のデータに対して分析を試みる．ただしここでは過去の知見から検査値 A および B と疾病の有無には

$$p(0|\boldsymbol{x},\boldsymbol{\beta}) = \frac{\mathrm{e}^{-\boldsymbol{\beta}^\top \boldsymbol{x}}}{1+\mathrm{e}^{-\boldsymbol{\beta}^\top \boldsymbol{x}}}, \quad p(1|\boldsymbol{x},\boldsymbol{\beta}) = \frac{1}{1+\mathrm{e}^{-\boldsymbol{\beta}^\top \boldsymbol{x}}} \tag{5.52}$$

という関係を仮定してよいとする．ここで $y=0$ は疾病無，$y=1$ は疾病有を表す．

疾病の有無と検査値の関係を知るために，係数ベクトル $\boldsymbol{\beta}$ の最尤推定を考える．すなわち式 (5.40) を最大化することになる．ここでは最適化手法を用いて推定量 $\widehat{\boldsymbol{\beta}} = [9.94, -0.654, 1.46]^\top$ を得た．

したがってこの最尤推定量 $\widehat{\boldsymbol{\beta}}$ を用いれば次の条件付き確率分布を得る．

$$p(0|\boldsymbol{x}, \widehat{\boldsymbol{\beta}}) = \frac{\mathrm{e}^{-9.94+0.654x_1-1.46x_2}}{1+\mathrm{e}^{-9.94+0.654x_1-1.46x_2}}, \tag{5.53}$$

$$p(1|\boldsymbol{x}, \widehat{\boldsymbol{\beta}}) = \frac{1}{1+\mathrm{e}^{-9.94+0.654x_1-1.46x_2}} \tag{5.54}$$

間接予測を行う場合，与えられた $\boldsymbol{x}_j$ に対して上記を計算することになる．$x_{j1} = 28.00$，$x_{j2} = 4.00$ である状況を考えると

$$\begin{aligned} p(1|\boldsymbol{x}_j, \widehat{\boldsymbol{\beta}}) &= \frac{1}{1+\mathrm{e}^{-9.94+0.654\times 28-1.46\times 4}} \\ &= 0.074 \end{aligned} \tag{5.55}$$

を得る．これは $p(0|\boldsymbol{x}_j, \widehat{\boldsymbol{\beta}}) = 0.926$ を意味するので検査値 A が 28.00，検査値 B が 4.00 の場合は疾病無と予測される．

第6章 同質性を仮定した予測の意思決定写像

本章では，目的変数が質的変数である場合に，データの同質性を仮定した設定を考え，そのもとでの予測を目的とした意思決定を扱う．

6.1 データの特徴記述と予測関数

データ生成観測メカニズムの説明で述べたように，データの発生過程にパラメトリックな確率分布などを仮定せずこれまでのデータ組 $(\boldsymbol{x}_i, y_i)$ と同様のメカニズムに従って新たなデータが発生するというメカニズムのみ仮定する考え方を用いた予測が同質性を仮定した予測である．

本章ではこのメカニズムにおける予測について述べるが，その前にデータの特徴記述と予測関数の関係について触れておく．これまでと同様 $n+m$ 個のデータ点 $(\boldsymbol{x}_i, y_i)$，$i = 1, 2, \ldots, n+m$ が得られたとする．このときデータに対する特徴記述とは，この $n+m$ 個のデータ点に対してその関係性を表現するものであった．一方，データが同質性を仮定する状況においてはここに含まれないデータ点，例えば $(\boldsymbol{x}_j, y_j)$，も $n+m$ 個のデータ点と同様の関係性を持つことが想定されている．したがって得られた $n+m$ 個のデータ点に対する特徴記述を用いて予測に必要な関数を構築することが考えられる．このように $n+m$ 個のデータ点から構築した次のデータ点の予測を目的とした関数が予測関数である．予測関数を利用した予測においては一般にどのような関数で予測したいか（予測するべきか）を分析者があらかじめ決定しておき，得られたデータによりその関数のパラメータなどを決定する．例えば，線形関数 $f(\boldsymbol{x}) = \boldsymbol{\beta}^\top \boldsymbol{x}$

を用いて予測関数を構築したいとあらかじめ分析者が決めておき，具体的なパラメータ $\boldsymbol{\beta}$ を得られたデータから決定する，といった形になる．

次節以降では，データに対する特徴記述で学んだ考え方を予測関数の構築に適用した例として，マージン最大化基準による予測関数の構築，木構造を用いた予測関数の構築について解説する．

6.2　マージン最大化基準に基づく領域を用いた予測

6.2.1　サポートベクトルマシン

同質性を仮定するデータ生成観測メカニズムに従うデータに対する予測の目的はこれまでと同様 $n+m$ 個のデータ点 $(\boldsymbol{x}_i, y_i)$ および群の未知な変数 $\boldsymbol{x}_j$ が得られている状況で $\boldsymbol{x}_j$ に対応する群 y_j を決定することである．

ここでは，$n+m$ 個のデータ点の特徴記述としてマージン最大化基準を用いた場合の間接予測について例を使って説明する．

図 6.1 はマージン最大化基準を用いて説明変数と目的変数の関係を領域で表したものである．黒点が $y=0$ の群に属するデータ，青点が $y=1$ の群に属するデータであり，これらのデータの特徴記述から $\boldsymbol{\beta} = [-2.128, 0.616, 0.810]^\top$ なる境界が得られている．

いま $\boldsymbol{x}_j = [1, 2.5, 1.25]^\top$ の属する群を決定するに当たり，この境界により区別される領域に従って予測を行うことが適当であると考えられる．**図 6.1** から

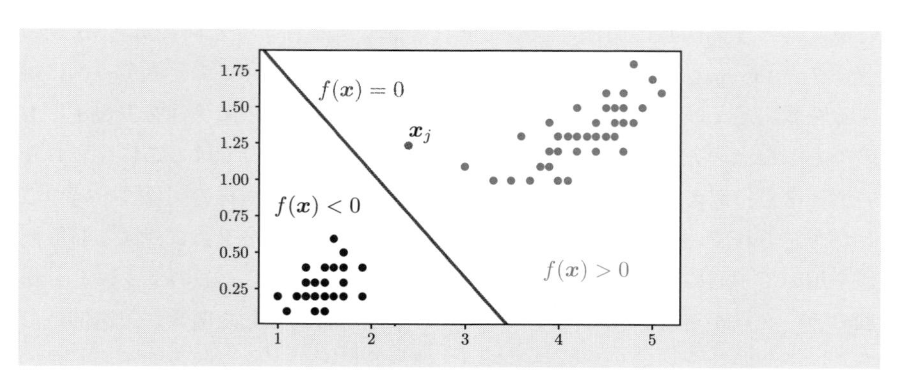

図 6.1　マージン最大化基準を用いた予測の考え方

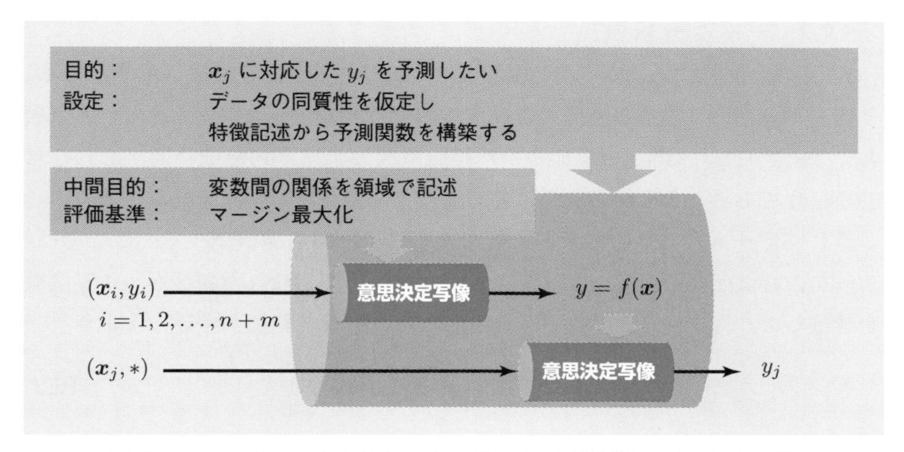

図 6.2　マージン最大化基準による領域を予測関数に用いた意思決定写像．1段階目の意思決定写像はデータの特徴記述による意思決定写像と一致する．

$\boldsymbol{x}_j$ に対応した y_j は 1 であることは明らかであるが実際に $\boldsymbol{\beta}^\top \boldsymbol{x}_j$ を計算すると

$$[-2.128, 0.616, 0.810][1, 2.5, 1.25]^\top = 0.4245 > 0 \tag{6.1}$$

であるので，マージン最大化基準を用いた間接予測の結果は $y_i = 1$ となる．

以上ではマージン最大化基準により得られた関数 $f(\boldsymbol{x}) = 0$ から予測関数を構築し y_i を決定した．このように同質性を仮定するデータ生成観測メカニズムにおいてはデータの特徴記述と同様の意思決定写像により予測関数を構築し，その予測関数を用いた間接予測が行われることが多い．マージン最大化基準による特徴記述に基づく間接予測の意思決定写像は**図 6.2** のようになる．

ここで述べたマージン最大化基準に基づく領域を用いた予測方法を**サポートベクトルマシン**（Support Vector Machine）と呼ぶ．頭文字をとって SVM と書くことも多い．また 4.2.3 項ではマージン最大化基準の考え方を線形分離不可能なデータに対して適用する方法を検討した．この方法に基づいて得られた領域を用いて予測関数を構築することも可能である．この方法をソフトマージンサポートベクトルマシン（ソフトマージン SVM）や C-SVM と呼ぶ．

6.2.2 データ分析例

4.2.5 項と同様にあるクラス 20 名の生徒に対して，総合成績（A または B）と過去 1 週間の平均睡眠時間および平均勉強時間のデータが得られている（**表 4.6**，98 ページ）．新しい生徒の平均睡眠時間および平均勉強時間がそれぞれ 6.0，2.0 であるとき生徒の成績はどうなると予測されるか考えてみよう．

新しいデータ点に対して予測を行うために予測関数を構築する．ここでは，データの特徴記述で考えたマージン最大化を用いて得られた領域から予測関数を構築しよう．まず 4.2.5 項で得られた結果より境界を表す線形関数は

$$-10.02 + 1.21x_1 + 2.08x_2 = 0 \tag{6.2}$$

であった．したがって予測関数としては A $= 0$，B $= 1$ としたときに

$$d(x_1, x_2) = \begin{cases} 0 & -10.02 + 1.21x_1 + 2.08x_2 \geq 0 \\ 1 & -10.02 + 1.21x_1 + 2.08x_2 < 0 \end{cases} \tag{6.3}$$

を得る．この予測関数に $[6.0, 2.0]^\top$ を代入，$-10.02 + 1.21x_1 + 2.08x_2 = 1.4$ より

$$d(x_1, x_2) = 0 \tag{6.4}$$

を得る．これより成績は A と予測される．

6.3 木構造を用いた予測

6.3.1 決 定 木

前節ではマージン最大化基準を用いた予測関数の構築について説明した．次にデータの特徴記述に木構造を用いた予測について述べる．特にデータ科学の領域で予測を目的とした場合には**決定木**と呼ばれる．

決定木を用いた予測について説明するためにこれまでと同様 $n+m$ 個のデータ点 $(\boldsymbol{x}_i, y_i)$，$i = 1, 2, \ldots, n+m$ を得たもとで $\boldsymbol{x}_j$ に対する群 y_j を予測することを考える．同質性を仮定していることに注意しよう．

このとき決定木を用いた予測においては

(1) $n + m$ 個のデータを用いて決定木を構築する

(2) 得られた決定木を用いて $\boldsymbol{x}_j$ に対する群 y_j を予測する

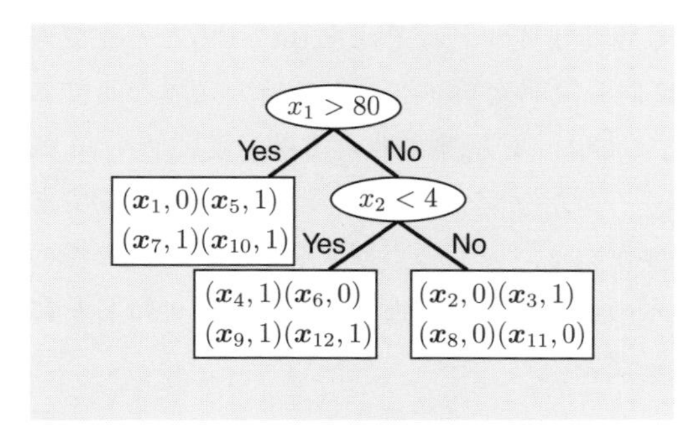

図 6.3 データの特徴記述により得られた木

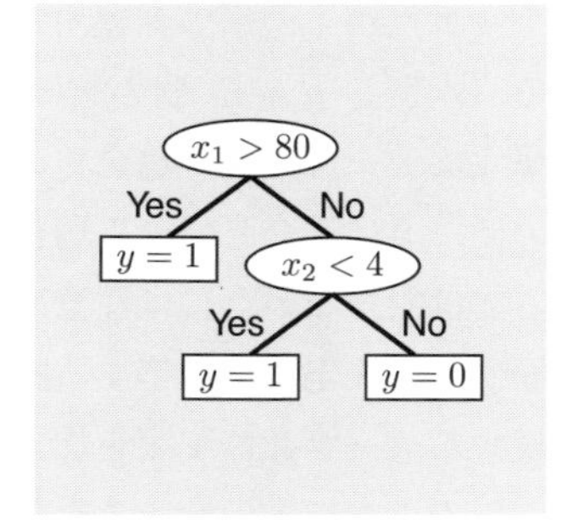

図 6.4 決定木の例

という手順になる．手順 (1) はデータの特徴記述で考えた意思決定写像と同様の考え方を用いることが多い．ここでは**図 6.3** の木が特徴記述により得られていたとする．この木を用いて新しいデータ点 $\boldsymbol{x}_j$ に対する y_j を予測する場合，$\boldsymbol{x}_j$ を用いて根からエッジをたどり，到達した葉においてその割合が大きい群へと予測すればよい．この方式が得られているデータ $(\boldsymbol{x}_i, y_i)_{i=1}^{n+m}$ に対する誤り確率を最小にすること，および同質性の仮定から $(\boldsymbol{x}_j, y_j)$ も同様の性質を持つためである．つまり到達した葉を u' とし

$$d((\boldsymbol{x}_i, y_i)_{i=1}^{n+m}, \boldsymbol{x}_j) = \begin{cases} 0 & q(0|u') \geq q(1|u') \\ 1 & q(0|u') < q(1|u') \end{cases} \tag{6.5}$$

で表される予測関数を用いる．各葉においてこの決定を行うことを考えれば**図 6.3** に対応した決定木として**図 6.4** が得られる．**図 6.4** の決定木では，例えば $\boldsymbol{x}_j = [76, 2]^\top$ に対する y_j は根から分岐を繰り返してたどり着いた葉に基づいて 1 と予測される．

以上で見たように $n + m$ 個のデータから木を構築できればそれを用いて予測を行うことは容易である．そこで決定木の構築方法をいま一度考えてみよう．4.4.1 項で述べたとおり木構造を用いたデータの特徴記述では不純度を評価基準として用いた．3 種類の代表的な不純度を紹介したが，特に同質性を仮定した予測においては式 (6.5) の決定方法と合わせて考えると不純度として式 (4.57) で与えられる経験誤り確率を考え，各葉における経験誤り確率が最小になるような決定木を構築することが望ましい．一方，誤り確率を最小にする木の構築を考えたとき，データ数 $n + m$ と同数の葉を持つ木を用いて各葉にデータ点が 1 つずつ到達するような木を構成すればそれを 0 にすることができる（ただし $n+m$ 個のデータ内に同じ説明変数ベクトルを持つが異なる群に属するデータがない場合）．しかしこのように構築された木は過度に $n+m$ 個のデータに適合している場合があり，新たなデータ点の予測に対して有効であるとは限らない点には注意する必要がある．以上の点や木を構築する計算量の面から，決定木を構築する際には木の最大深さや最大ノード数あるいは各葉に属するデータ数に制限を加えることが多い．

このように木のサイズを制限したもとでも，経験誤り確率を最小にする木の構築は計算量の面から困難である．実際には，「根ノードにどのような条件を配置するかを決定し，続いて根ノードから到達するノードにおける条件を決定し，さらに次に到達するノードにおける条件を決定...」という形を繰り返すことで根ノードから葉まで逐次的に決定木を構築する方法が提案されている．代表的なアルゴリズムに CART（Classification And Regression Trees）アルゴリズムがある．CART ではまず根ノードからをエッジを伸ばす際に，なるべく不純度の減少が大きくなるような条件を決定する．さらに続く各ノードにおいても同様に不純度の減少が大きくなるような条件を決定することを繰り返すアルゴリズムである．なお，このような逐次的な構成法を用いた場合には予測の目標が誤り確率を最小にすることであっても，各ノードにおける条件決定

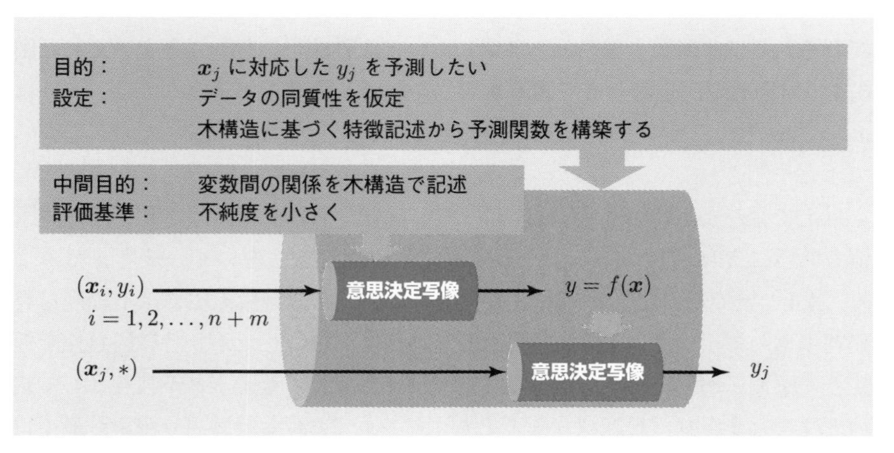

図 6.5　決定木を予測関数とした意思決定写像．1 段階目の意思決定写像はデータの特徴記述による意思決定写像と一致する．

の際には前述の Gini 係数などを基準にした方が最終的な誤り確率が小さくなる場合があることが経験的に知られている．以上，説明した決定木を用いた予測における意思決定写像は**図 6.5** のようになる．

なお，ここでは質的変数を目的変数とした場合の決定木について述べたが，量的変数を予測する状況にも決定木を用いることができる．このとき前者を分類木，後者を回帰木と呼ぶ．

6.3.2 データ分析例

ある病院ではとある疾病の有無（それぞれ 1 および 0 とする）と 2 種類の検査値（検査値 1，検査値 2）について 70 名分のデータを所持している（**表 6.1**）．このとき新しい検査値データ $[5.3, 10.7]^\top$ に対応する疾病の有無 y_j を予測しよう．

表 6.1 疾病と検査値に関するデータ

No.	疾病	検査値 1	検査値 2	No.	疾病	検査値 1	検査値 2
1	有	4.43	12.03	36	無	4.32	8.22
2	有	4.11	12.26	37	無	5.46	10.88
3	有	2.74	11.50	38	無	5.10	8.95
4	有	4.23	13.17	39	無	5.68	4.37
5	有	1.97	2.36	40	無	4.42	7.97
6	有	2.12	2.75	41	無	4.36	9.23
7	有	3.78	11.74	42	無	3.08	7.19
8	有	0.79	5.36	43	無	5.20	8.53
9	有	1.78	5.13	44	無	5.37	7.93
10	有	4.59	9.93	45	無	4.27	8.23
…	…	…	…	…	…	…	…

このデータに対して Gini 係数を不純度として用い，最大深さを 2 と設定した上で CART 法を適用して得られた木が**図 6.7** のようになる．またこれを領域表現したものを**図 6.8** に記す．

この決定木を用いると根の $x_1 \leq 4.12$ という条件に対して，$x_{j1} = 5.3$ であるので条件は成立しない．したがって No の枝をたどり次のノードの条件 $x_2 \leq 9.63$ を確認することになる．$x_{j2} = 10.7$ であるので条件は成立しない．よって No の枝をたどり最終的に葉 $y = 1$ にたどり着く．最終的に $y_j = 1$，疾病有と予測される．

このように決定木を用いた予測においてはこれまで考えてきた $\boldsymbol{x}$ の線形関数では表現が難しい状況を取り扱うことができる．また決定木は予測の仕組みが理解しやすいという利点もある．

最後に，最大深さを 2 と制限した場合は**図 6.8** の左上の領域における疾病と検査値データがうまく表現できていないように思われる．これに対し最大深さ 3 として，同様に CART 法を利用して得られた領域が**図 6.9** になる．このように木の最大深さを大きくすることで領域が細かくなっていく．予測に対してどの程度の深さが良いかなどについてはデータ科学入門 III で述べる．

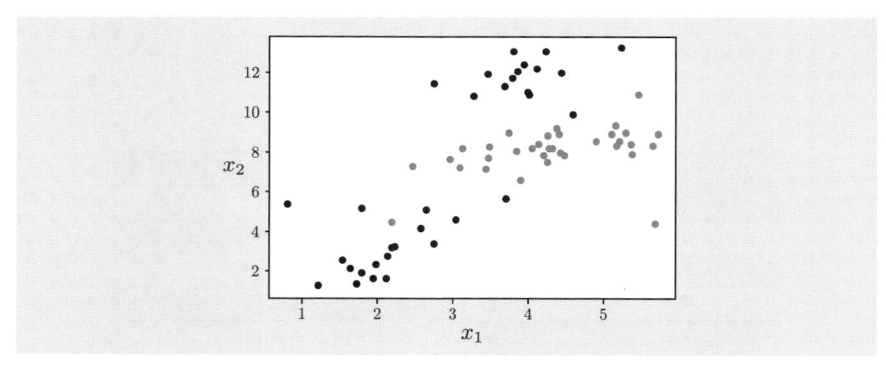

図 6.6 疾病と検査値に関するデータ（青：疾病無，黒：疾病有）

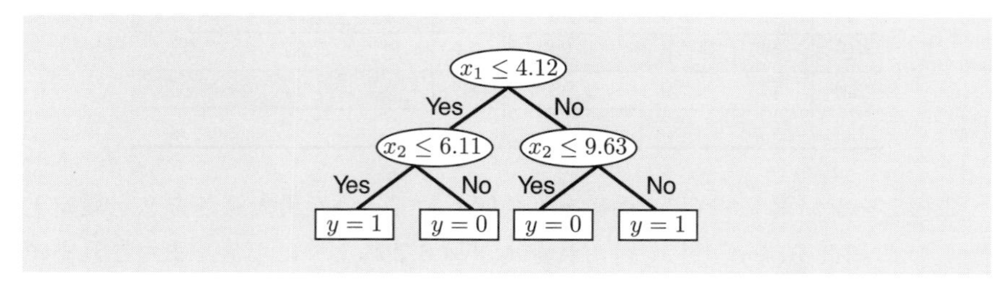

図 6.7 Gini 係数を用いた CART アルゴリズムによる決定木

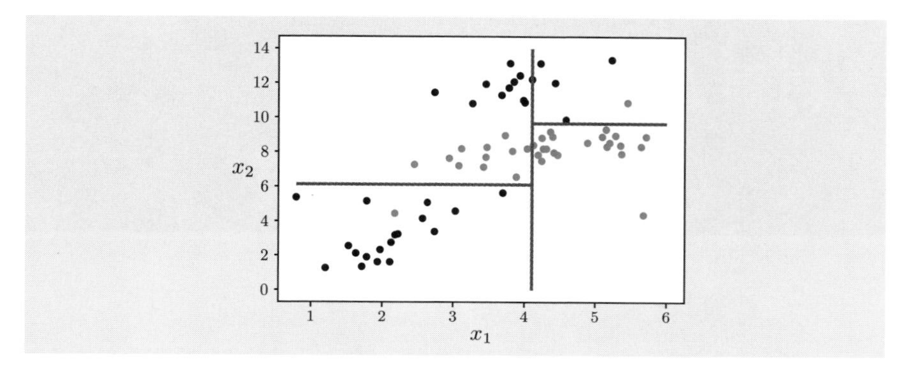

図 6.8　Gini 係数を用いた CART アルゴリズムによる決定木（領域表現）

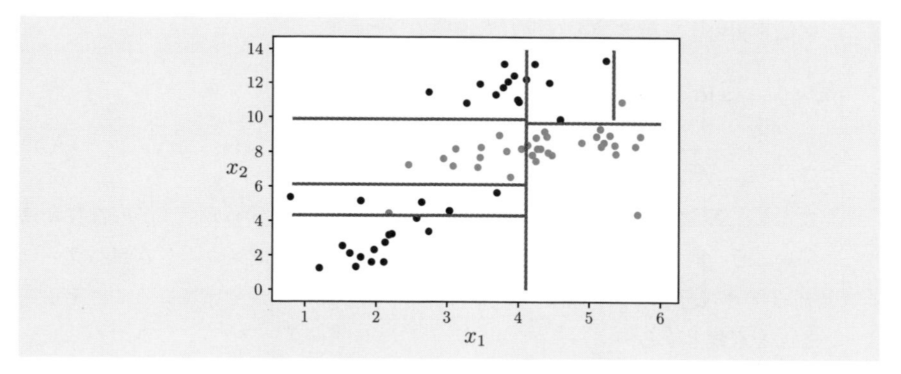

図 6.9　Gini 係数を用いた CART アルゴリズムによる決定木（領域表現，最大深さ 3）

付録 A 正規分布の性質

d 次元確率変数ベクトル $\underset{\sim}{\boldsymbol{x}}$ が期待値ベクトル $\boldsymbol{\mu}$，分散共分散行列 $\boldsymbol{\Sigma}$ の多変量正規分布 $\mathcal{N}(\boldsymbol{\mu}, \boldsymbol{\Sigma})$ に従うとき，$\underset{\sim}{\boldsymbol{x}}$ の確率密度関数は以下の式で表される（ここでは，断りのない限り確率密度関数内での | と ; の区別は避け，| に統一した記法を用いる．第 3 章のコラムも参照のこと）．

$$
\begin{aligned}
&p(\boldsymbol{x}|\mu, \boldsymbol{\Sigma}) \\
&= \frac{1}{(2\pi)^{d/2}} \frac{1}{(\det(\boldsymbol{\Sigma}))^{1/2}} \exp\left(-\frac{1}{2}(\boldsymbol{x}-\boldsymbol{\mu})^\top \boldsymbol{\Sigma}^{-1}(\boldsymbol{x}-\boldsymbol{\mu})\right) \qquad \text{(A.1)}
\end{aligned}
$$

ただし，$\boldsymbol{\Sigma}$ は正定値対称行列である．ここでは，正規分布のベイズ的性質を見ていこう．特に，線形回帰分析におけるデータ生成観測メカニズムのパラメータ $\boldsymbol{\beta}$ の事後分布や，新規データ y_{n+1} の予測分布が正規分布になることを示すことを目標とする．

A.1 正規分布に対するベイズの定理

本節では，以下の定理を紹介する．以下の定理は非常に一般的に書かれており，$\boldsymbol{A}$ や $\boldsymbol{b}$ に相当する量が何であるか想像することが難しいかもしれない．この定理が役立つ例として，線形回帰分析におけるベイズ推論について次節で述べているため，そちらも参照されたい．また，定理の証明は長くなるため，最後の節で述べることとする．

定理 A.1.1（正規分布に対するベイズの定理） $\underset{\sim}{\boldsymbol{x}}$ を正規分布 $\mathcal{N}(\boldsymbol{\mu}, \boldsymbol{\Sigma})$ に従う k 次元確率変数ベクトルとし，$\underset{\sim}{\boldsymbol{y}}$ を $\boldsymbol{x}$ が与えられたもとでの条件付き分布が正規分布 $\mathcal{N}(\boldsymbol{Ax}+\boldsymbol{b}, \boldsymbol{S})$ となるような l 次元確率変数ベクトルとする．ここで，$\boldsymbol{A}$ は $l \times k$ 行列であり，$\boldsymbol{b}$ は l 次元縦ベクトルとする．このとき，$\underset{\sim}{\boldsymbol{y}}$ のもとでの $\underset{\sim}{\boldsymbol{x}}$

の条件付き分布は以下の正規分布で与えられる．

$$\mathcal{N}(\boldsymbol{\mu}', \boldsymbol{\Sigma}') \tag{A.2}$$

ただし，

$$\boldsymbol{\Sigma}' = (\boldsymbol{\Sigma}^{-1} + \boldsymbol{A}^\top \boldsymbol{S}^{-1} \boldsymbol{A})^{-1}, \tag{A.3}$$

$$\boldsymbol{\mu}' = \boldsymbol{\Sigma}' \{\boldsymbol{A}^\top \boldsymbol{S}^{-1}(\boldsymbol{y} - \boldsymbol{b}) + \boldsymbol{\Sigma}^{-1}\boldsymbol{\mu}\} \tag{A.4}$$

とする．また，$\underset{\sim}{\boldsymbol{y}}$ の周辺分布は以下の正規分布で与えられる．

$$\mathcal{N}(\boldsymbol{A\mu} + \boldsymbol{b}, \boldsymbol{S} + \boldsymbol{A\Sigma A}^\top) \tag{A.5}$$

A.2　線形回帰分析におけるベイズ推論

本節では，前節で述べた正規分布に対するベイズの定理を利用して，線形回帰分析におけるベイズ推論に関する定理を証明する．まず，第 2 章で述べた重回帰分析におけるデータ生成観測メカニズムより定まる尤度関数を再掲する．式 (3.10) においてパラメータを確率変数と見なした上で，式 (3.3) を合わせると，尤度関数は以下のように表せる．

$$\begin{aligned} & p(\boldsymbol{y}|\boldsymbol{\beta}) \\ &= \prod_{i=1}^{n} \frac{1}{\sqrt{2\pi\sigma_\epsilon^2}} \exp\left(-\frac{1}{2\sigma_\epsilon^2}(\boldsymbol{y} - \boldsymbol{X\beta})^\top(\boldsymbol{y} - \boldsymbol{X\beta})\right) && \text{(A.6)} \\ &= \frac{1}{(2\pi)^{n/2}} \frac{1}{(\det(\sigma_\epsilon^2 \boldsymbol{I}))^{1/2}} \exp\left(-\frac{1}{2}(\boldsymbol{y} - \boldsymbol{X\beta})^\top(\sigma_\epsilon^2\boldsymbol{I})^{-1}(\boldsymbol{y} - \boldsymbol{X\beta})\right) && \text{(A.7)} \end{aligned}$$

ここで，$\boldsymbol{I}$ は n 次単位行列である．したがって，$p(\boldsymbol{y}|\boldsymbol{\beta})$ は期待値ベクトルが $\boldsymbol{X\beta}$，分散共分散行列が $\sigma_\epsilon^2\boldsymbol{I}$ の n 変量正規分布 $\mathcal{N}(\boldsymbol{X\beta}, \sigma_\epsilon^2\boldsymbol{I})$ に従うということがわかる．さらに，本論の記述に倣い，$\boldsymbol{\beta}$ の事前分布を期待値ベクトルが $\boldsymbol{\mu}_0$，分散共分散行列が $\boldsymbol{\Sigma}_0$ となるような正規分布 $\mathcal{N}(\boldsymbol{\mu}_0, \boldsymbol{\Sigma}_0)$ であると仮定する．また，σ_ϵ^2 は既知とする．

A.2.1　事　後　分　布

はじめに，$\boldsymbol{\beta}$ の事後分布を求める．定理 A.1.1 において，$\boldsymbol{x} = \boldsymbol{\beta}$，$\boldsymbol{\mu} = \boldsymbol{\mu}_0$，$\boldsymbol{\Sigma} = \boldsymbol{\Sigma}_0$，$\boldsymbol{y} = \boldsymbol{y}$，$\boldsymbol{A} = \boldsymbol{X}$，$\boldsymbol{b} = \boldsymbol{0}$，$\boldsymbol{S} = \sigma_\epsilon^2\boldsymbol{I}$ とおくと，以下の結果が得られる．

定理 A.2.1（線形回帰分析におけるパラメータの事後分布） 線形回帰分析におけるデータ生成観測メカニズムのパラメータ $\boldsymbol{\beta}$ の事後分布は以下の正規分布となる.

$$\mathcal{N}(\boldsymbol{\mu}_n, \boldsymbol{\Sigma}_n) \tag{A.8}$$

ただし, $\boldsymbol{\mu}_n$, $\boldsymbol{\Sigma}_n$ は以下で与えられる.

$$\boldsymbol{\Sigma}_n = \left(\boldsymbol{\Sigma}_0^{-1} + \boldsymbol{X}^\top \left(\frac{1}{\sigma_\epsilon^2}\boldsymbol{I}\right)\boldsymbol{X}\right)^{-1} = \left(\boldsymbol{\Sigma}_0^{-1} + \frac{1}{\sigma_\epsilon^2}\boldsymbol{X}^\top\boldsymbol{X}\right)^{-1}, \tag{A.9}$$

$$\boldsymbol{\mu}_n = \boldsymbol{\Sigma}_n \left(\boldsymbol{\Sigma}_0^{-1}\boldsymbol{\mu}_0 + \boldsymbol{X}^\top \left(\frac{1}{\sigma_\epsilon^2}\boldsymbol{I}\right)\boldsymbol{y}\right) = \boldsymbol{\Sigma}_n \left(\boldsymbol{\Sigma}_0^{-1}\boldsymbol{\mu}_0 + \frac{1}{\sigma_\epsilon^2}\boldsymbol{X}^\top\boldsymbol{y}\right) \tag{A.10}$$

A.2.2 予 測 分 布

次に, y_{n+1} の予測分布を求める. 予測分布は以下の周辺化計算によって得られる（次式に限り, 第 3 章の記述に合わせて確率変数でない変数をセミコロンの右側に記述している. また, 厳密には, 次式は 1 から n 番目の説明変数 $x_1, x_2, \ldots, x_n$ にも依存しているが, 引数からは省略されている. 第 3 章脚注 5 も参照のこと）.

$$p(y_{n+1}|\boldsymbol{y}; x_{n+1}) = \int p(y_{n+1}|\boldsymbol{\beta}; \boldsymbol{x}_{n+1})p(\boldsymbol{\beta}|\boldsymbol{y})\mathrm{d}\boldsymbol{\beta} \tag{A.11}$$

ここで, 仮定より $p(y_{n+1}|\boldsymbol{\beta}; \boldsymbol{x}_{n+1})$ は正規分布の確率密度関数となり, 定理 A.2.1 より $p(\boldsymbol{\beta}|\boldsymbol{y})$ もまた正規分布の確率密度関数となるので, 定理 A.1.1 において, $\boldsymbol{x} = \boldsymbol{\beta}$, $\boldsymbol{\mu} = \boldsymbol{\mu}_n$, $\boldsymbol{\Sigma} = \boldsymbol{\Sigma}_n$, $\boldsymbol{y} = y_{n+1}$, $\boldsymbol{A} = \boldsymbol{x}_{n+1}^\top$, $\boldsymbol{b} = \boldsymbol{0}$, $\boldsymbol{S} = \sigma_\epsilon^2$ とおくと, 以下の結果が得られる（$\boldsymbol{\mu}_n^\top \boldsymbol{x}_{n+1} = \boldsymbol{x}_{n+1}^\top \boldsymbol{\mu}_n$ であることに注意してほしい）.

定理 A.2.2（線形回帰分析における予測分布） 線形回帰分析における予測分布は以下の正規分布となる.

$$\mathcal{N}(\boldsymbol{\mu}_n^\top \boldsymbol{x}_{n+1}, \sigma_n^2) \tag{A.12}$$

ただし, σ_n は以下で与えられる.

$$\sigma_n^2 = \sigma_\epsilon^2 + \boldsymbol{x}_{n+1}^\top \boldsymbol{\Sigma}_n \boldsymbol{x}_{n+1} \tag{A.13}$$

A.3　正規分布に対するベイズの定理の証明

本節では，定理 A.1.1 の証明を述べる．まず，あらかじめ比例記号 $\propto$ を導入しておく．この記号は，左辺が右辺に比例するということを表す記号である．具体的には以下のように用いられる．式 (A.1) において，$\boldsymbol{\mu}$ と $\boldsymbol{\Sigma}$ を定数と見て，変数として $\boldsymbol{x}$ に着目したとき，$\frac{1}{(2\pi)^{d/2}}\frac{1}{\det(\boldsymbol{\Sigma})^{1/2}}$ は $\boldsymbol{x}$ が変化しても値の変わらない量であることがわかる．このように，等式の左辺側のある変数に着目したときに右辺側がその変数に対して変化する部分と変化しない部分の積に分けられる場合，変化しない部分を省略して

$$p(\boldsymbol{x}|\mu, \boldsymbol{\Sigma}) \propto \exp\left(-\frac{1}{2}(\boldsymbol{x}-\boldsymbol{\mu})^\top \boldsymbol{\Sigma}^{-1}(\boldsymbol{x}-\boldsymbol{\mu})\right) \tag{A.14}$$

と表す．左辺側のどの変数に着目しているかによって記号の意味するところが変わってしまうことに注意してほしい．例えば，式 (A.1) の $\boldsymbol{\Sigma}$ に着目した場合は式 (A.14) のように表すことはできない．$\frac{1}{(2\pi)^{d/2}}\frac{1}{\det(\boldsymbol{\Sigma})^{1/2}}$ は $\boldsymbol{\Sigma}$ が変化したとき値が変化する量だからである．左辺側のどの変数が着目されているかは文脈から読み取らなければならないことも多いが，本節では着目している変数をなるべく明示するように心がけたい．

次に，証明は省略するが，以下の 2 つの命題を紹介する．

命題 A.3.1

$$\int_{\mathbb{R}^d} \exp\left(-\frac{1}{2}(\boldsymbol{x}-\boldsymbol{\mu})^\top \boldsymbol{\Sigma}^{-1}(\boldsymbol{x}-\boldsymbol{\mu})\right) \mathrm{d}\boldsymbol{x} = (2\pi)^{d/2}(\det(\boldsymbol{\Sigma}))^{1/2} \tag{A.15}$$

ここで $\int_{\mathbb{R}^d}$ は $\boldsymbol{x}$ のとりうる範囲である $\mathbb{R}^d$ 全体での積分をとることを表す．この命題によって，「$\boldsymbol{x}$ のとりうる範囲全体での積分が 1 になる」という確率密度関数の満たすべき条件を式 (A.1) が満たすことが保証されている．

命題 A.3.2（ウッドベリーの恒等式）　行列 $\boldsymbol{A}, \boldsymbol{B}, \boldsymbol{C}, \boldsymbol{D}$ に対し，以下が成り立つ．

$$(\boldsymbol{A}+\boldsymbol{BCD})^{-1} = \boldsymbol{A}^{-1} - \boldsymbol{A}^{-1}\boldsymbol{B}(\boldsymbol{C}^{-1}+\boldsymbol{DA}^{-1}\boldsymbol{B})^{-1}\boldsymbol{DA}^{-1} \tag{A.16}$$

ただし，$\boldsymbol{A}, \boldsymbol{B}, \boldsymbol{C}, \boldsymbol{D}$ は上記の積がすべて定義可能な行数，列数を持つとし，$\boldsymbol{A}^{-1}, \boldsymbol{C}^{-1}$ が存在するものとする．

上記の準備のもと，以下から定理 A.1.1 の証明を述べる．

（定理 A.1.1 の証明） まず，定理 A.1.1 の条件に基づき $\underset{\sim}{\boldsymbol{x}}$ は k 次元確率変数ベクトル，$\underset{\sim}{\boldsymbol{y}}$ は l 次元確率変数ベクトルであることを再掲しておく．$\underset{\sim}{\boldsymbol{x}}$ の確率密度関数を $p(\boldsymbol{x}|\boldsymbol{\mu}, \boldsymbol{\Sigma})$，$\underset{\sim}{\boldsymbol{x}}$ のもとでの $\underset{\sim}{\boldsymbol{y}}$ の条件付き確率密度関数を $p(\boldsymbol{y}|\boldsymbol{x}, \boldsymbol{A}, \boldsymbol{b}, \boldsymbol{S})$，$\underset{\sim}{\boldsymbol{y}}$ のもとでの $\underset{\sim}{\boldsymbol{x}}$ の条件付き確率密度関数を $p(\boldsymbol{x}|\boldsymbol{y}, \boldsymbol{\mu}, \boldsymbol{\Sigma}, \boldsymbol{A}, \boldsymbol{b}, \boldsymbol{S})$，$\underset{\sim}{\boldsymbol{y}}$ の周辺確率密度関数を $p(\boldsymbol{y}|\boldsymbol{\mu}, \boldsymbol{\Sigma}, \boldsymbol{A}, \boldsymbol{b}, \boldsymbol{S})$ とする．はじめに，$\underset{\sim}{\boldsymbol{y}}$ のもとでの $\underset{\sim}{\boldsymbol{x}}$ の条件付き分布について示す．以下，式 (A.17) から式 (A.23) までの比例記号 $\propto$ では変数として $\boldsymbol{x}$ に着目する．

$$
\begin{aligned}
&p(\boldsymbol{x}|\boldsymbol{y}, \boldsymbol{\mu}, \boldsymbol{\Sigma}, \boldsymbol{A}, \boldsymbol{b}, \boldsymbol{S}) \\
&= \frac{p(\boldsymbol{y}|\boldsymbol{x}, \boldsymbol{A}, \boldsymbol{b}, \boldsymbol{S})p(\boldsymbol{x}|\boldsymbol{\mu}, \boldsymbol{\Sigma})}{p(\boldsymbol{y}|\boldsymbol{\mu}, \boldsymbol{\Sigma}, \boldsymbol{A}, \boldsymbol{b}, \boldsymbol{S})} \qquad (\because \text{ベイズの定理}) &\text{(A.17)}\\
&\propto p(\boldsymbol{y}|\boldsymbol{x}, \boldsymbol{A}, \boldsymbol{b}, \boldsymbol{S})p(\boldsymbol{x}|\boldsymbol{\mu}, \boldsymbol{\Sigma}) &\text{(A.18)}\\
&\propto \exp\left(-\frac{1}{2}(\boldsymbol{y}-(\boldsymbol{A}\boldsymbol{x}+\boldsymbol{b}))^\top \boldsymbol{S}^{-1}(\boldsymbol{y}-(\boldsymbol{A}\boldsymbol{x}+\boldsymbol{b}))\right) \\
&\qquad \times \exp\left(-\frac{1}{2}(\boldsymbol{x}-\boldsymbol{\mu})^\top \boldsymbol{\Sigma}^{-1}(\boldsymbol{x}-\boldsymbol{\mu})\right) \qquad (\because \text{正規分布の定義}) &\text{(A.19)}\\
&= \exp\Bigg(-\frac{1}{2}\boldsymbol{y}^\top \boldsymbol{S}^{-1}\boldsymbol{y} + \frac{1}{2}\boldsymbol{y}^\top \boldsymbol{S}^{-1}\boldsymbol{A}\boldsymbol{x} + \frac{1}{2}\boldsymbol{y}^\top \boldsymbol{S}^{-1}\boldsymbol{b} \\
&\qquad + \frac{1}{2}\boldsymbol{x}^\top \boldsymbol{A}^\top \boldsymbol{S}^{-1}\boldsymbol{y} - \frac{1}{2}\boldsymbol{x}^\top \boldsymbol{A}^\top \boldsymbol{S}^{-1}\boldsymbol{A}\boldsymbol{x} \\
&\qquad - \frac{1}{2}\boldsymbol{x}^\top \boldsymbol{A}^\top \boldsymbol{S}^{-1}\boldsymbol{b} + \frac{1}{2}\boldsymbol{b}\boldsymbol{S}^{-1}\boldsymbol{y} - \frac{1}{2}\boldsymbol{b}^\top \boldsymbol{S}^{-1}\boldsymbol{A}\boldsymbol{x} \\
&\qquad - \frac{1}{2}\boldsymbol{b}^\top \boldsymbol{S}^{-1}\boldsymbol{b} - \frac{1}{2}\boldsymbol{x}^\top \boldsymbol{\Sigma}^{-1}\boldsymbol{x} + \frac{1}{2}\boldsymbol{x}^\top \boldsymbol{\Sigma}^{-1}\boldsymbol{\mu} \\
&\qquad + \frac{1}{2}\boldsymbol{\mu}\boldsymbol{\Sigma}^{-1}\boldsymbol{x} - \frac{1}{2}\boldsymbol{\mu}^\top \boldsymbol{\Sigma}^{-1}\boldsymbol{\mu}\Bigg) &\text{(A.20)}
\end{aligned}
$$

ここで，$\boldsymbol{y}^\top \boldsymbol{S}^{-1}\boldsymbol{A}\boldsymbol{x}$ などの項は 2 次形式であり，計算結果は 1×1 行列になる．したがって，転置をとっても値は変わらないため，$\boldsymbol{y}^\top \boldsymbol{S}^{-1}\boldsymbol{A}\boldsymbol{x} = (\boldsymbol{y}^\top \boldsymbol{S}^{-1}\boldsymbol{A}\boldsymbol{x})^\top = \boldsymbol{x}^\top \boldsymbol{A}^\top \boldsymbol{S}^{-1}\boldsymbol{y}$ などが成り立つ．分散共分散行列である $\boldsymbol{S}$ が対称行列であり，対称行列の逆行列がまた対称行列となることにも注意せよ．これらを用いていくつかの項をまとめ，$\boldsymbol{x}$ に着目したときに定数と見なせる項を省略すると，

$$
\begin{aligned}
&p(\boldsymbol{x}|\boldsymbol{y}, \boldsymbol{\mu}, \boldsymbol{\Sigma}, \boldsymbol{A}, \boldsymbol{b}, \boldsymbol{S}) \\
&\propto \exp\left(-\frac{1}{2}\boldsymbol{x}^\top(\boldsymbol{\Sigma}^{-1}+\boldsymbol{A}^\top \boldsymbol{S}^{-1}\boldsymbol{A})\boldsymbol{x} + \boldsymbol{x}^\top(\boldsymbol{A}^\top \boldsymbol{S}^{-1}(\boldsymbol{y}-\boldsymbol{b})+\boldsymbol{\Sigma}^{-1}\boldsymbol{\mu})\right) &\text{(A.21)}
\end{aligned}
$$

となる．ここで，式 (A.3)，(A.4) に合わせて $\boldsymbol{\Sigma}' = (\boldsymbol{\Sigma}^{-1} + \boldsymbol{A}^\top \boldsymbol{S}^{-1}\boldsymbol{A})^{-1}$，

$\boldsymbol{\mu}' = \boldsymbol{\Sigma}'(\boldsymbol{A}^\top \boldsymbol{S}^{-1}(\boldsymbol{y}-\boldsymbol{b}) + \boldsymbol{\Sigma}^{-1}\boldsymbol{\mu})$ とおくと,

$$p(\boldsymbol{x}|\boldsymbol{y},\boldsymbol{\mu},\boldsymbol{\Sigma},\boldsymbol{A},\boldsymbol{b},\boldsymbol{S}) \propto \exp\left(-\frac{1}{2}\boldsymbol{x}^\top(\boldsymbol{\Sigma}')^{-1}\boldsymbol{x} + \boldsymbol{x}^\top(\boldsymbol{\Sigma}')^{-1}\boldsymbol{\mu}'\right) \tag{A.22}$$

$$\propto \exp\left(-\frac{1}{2}(\boldsymbol{x}-\boldsymbol{\mu}')^\top(\boldsymbol{\Sigma}')^{-1}(\boldsymbol{x}-\boldsymbol{\mu}')\right) \tag{A.23}$$

となる．式 (A.23) が成り立つことは，右辺を展開すると左辺に戻ることから確認できる．この変形は平方完成と呼ばれ，実数の 2 次関数の平方完成を一般化したものになっている．正規分布に関する定理の証明において非常によく用いられる変形である．

最後に，比例記号 $\propto$ のもとに省略されている定数を求める．式 (A.23) が示していることは，$\boldsymbol{x}$ が変化しても値の変わらない量 C が存在し，

$$p(\boldsymbol{x}|\boldsymbol{y},\boldsymbol{\mu},\boldsymbol{\Sigma},\boldsymbol{A},\boldsymbol{b},\boldsymbol{S}) = C\exp\left(-\frac{1}{2}(\boldsymbol{x}-\boldsymbol{\mu}')^\top(\boldsymbol{\Sigma}')^{-1}(\boldsymbol{x}-\boldsymbol{\mu}')\right) \tag{A.24}$$

と表せるということである．また，$p(\boldsymbol{x}|\boldsymbol{y},\boldsymbol{\mu},\boldsymbol{\Sigma},\boldsymbol{A},\boldsymbol{b},\boldsymbol{S})$ は元々 $p(\boldsymbol{x}|\boldsymbol{\mu},\boldsymbol{\Sigma})$ や $p(\boldsymbol{y}|\boldsymbol{x},\boldsymbol{A},\boldsymbol{b},\boldsymbol{S})$ から計算された確率密度関数であったことから，$\boldsymbol{x}$ について $\mathbb{R}^k$ 全体で積分すると 1 にならなければならない．そこで，命題 A.3.1 を用いると，$C = \frac{1}{(2\pi)^{k/2}}\frac{1}{\det(\boldsymbol{\Sigma}')}$ であることがわかる．したがって，$\underset{\sim}{\boldsymbol{y}}$ のもとでの $\underset{\sim}{\boldsymbol{x}}$ の条件付き分布は以下の正規分布で与えられる．

$$\mathcal{N}(\boldsymbol{\mu}',\boldsymbol{\Sigma}') \tag{A.25}$$

次に，$\underset{\sim}{\boldsymbol{y}}$ の周辺分布について示す．以降の比例記号 $\propto$ ではこれまでと異なり，変数として $\boldsymbol{y}$ に着目する．周辺分布の定義より，$\underset{\sim}{\boldsymbol{y}}$ の周辺分布は以下のように表せる．

$$p(\boldsymbol{y}|\boldsymbol{\mu},\boldsymbol{\Sigma},\boldsymbol{A},\boldsymbol{b},\boldsymbol{S}) = \int_{\mathbb{R}^k} p(\boldsymbol{y}|\boldsymbol{x},\boldsymbol{A},\boldsymbol{b},\boldsymbol{S})p(\boldsymbol{x}|\boldsymbol{\mu},\boldsymbol{\Sigma})\mathrm{d}\boldsymbol{x} \tag{A.26}$$

ここで，右辺の積分の中身は式 (A.18) の右辺と等しいので，式 (A.20) の右辺までと同様に展開し，$\boldsymbol{y}$ について整理することで以下を得る．

$$p(\boldsymbol{y}|\boldsymbol{\mu},\boldsymbol{\Sigma},\boldsymbol{A},\boldsymbol{b},\boldsymbol{S}) \propto \exp\left(-\frac{1}{2}\boldsymbol{y}^\top\boldsymbol{S}^{-1}\boldsymbol{y} + \boldsymbol{y}^\top\boldsymbol{S}^{-1}\boldsymbol{b}\right) \times \int_{\mathbb{R}^k}\exp\left(-\frac{1}{2}\boldsymbol{x}^\top(\boldsymbol{\Sigma}')^{-1}\boldsymbol{x} + \boldsymbol{x}^\top(\boldsymbol{\Sigma}')^{-1}\boldsymbol{\mu}'\right)\mathrm{d}\boldsymbol{x} \tag{A.27}$$

ここで，$\boldsymbol{\Sigma}'$, $\boldsymbol{\mu}'$ はそれぞれ式 (A.3)，(A.4) で定義されたものである．さらに，積分の中の指数関数の中身を平方完成すると以下のようになる（ただし，$\boldsymbol{\mu}'$ は $\boldsymbol{y}$ に依存するため，$\frac{1}{2}\boldsymbol{\mu}'^\top\boldsymbol{\Sigma}'\boldsymbol{\mu}'$ の項も省略せずに残している）．

$$p(\boldsymbol{y}|\boldsymbol{\mu}, \boldsymbol{\Sigma}, \boldsymbol{A}, \boldsymbol{b}, \boldsymbol{S}) \propto \exp\left(-\frac{1}{2}\boldsymbol{y}^\top \boldsymbol{S}^{-1}\boldsymbol{y} + \boldsymbol{y}^\top \boldsymbol{S}^{-1}\boldsymbol{b} + \frac{1}{2}\boldsymbol{\mu}'^\top (\boldsymbol{\Sigma}')^{-1}\boldsymbol{\mu}'\right) \times \int_{\mathbb{R}^k} \exp\left(-\frac{1}{2}(\boldsymbol{x}-\boldsymbol{\mu}')^\top (\boldsymbol{\Sigma}')^{-1}(\boldsymbol{x}-\boldsymbol{\mu}')\right) \mathrm{d}\boldsymbol{x} \tag{A.28}$$

ここで，命題 A.3.1 を用いると，積分の結果が $\boldsymbol{\mu}'$ に依存しない（したがって $\boldsymbol{y}$ に依存しない）ことがわかるので，

$$p(\boldsymbol{y}|\boldsymbol{\mu}, \boldsymbol{\Sigma}, \boldsymbol{A}, \boldsymbol{b}, \boldsymbol{S}) \propto \exp\left(-\frac{1}{2}\boldsymbol{y}^\top \boldsymbol{S}^{-1}\boldsymbol{y} + \boldsymbol{y}^\top \boldsymbol{S}^{-1}\boldsymbol{b} + \frac{1}{2}\boldsymbol{\mu}'^\top (\boldsymbol{\Sigma}')^{-1}\boldsymbol{\mu}'\right) \tag{A.29}$$

となる．

ここからは，$\boldsymbol{\mu}'$, $\boldsymbol{\Sigma}'$ をもとに戻し，改めて $\boldsymbol{y}$ について整理する．まず $\boldsymbol{\mu}'$ の定義を代入し，展開した上で，$\boldsymbol{y}$ について整理すると以下のようになる（展開，整理に関する変形はこれまでと同様の考え方で行うことができるので省略する）．

$$\begin{aligned}
&p(\boldsymbol{y}|\boldsymbol{\mu}, \boldsymbol{\Sigma}, \boldsymbol{A}, \boldsymbol{b}, \boldsymbol{S}) \\
&\propto \exp\Bigg(-\frac{1}{2}\boldsymbol{y}^\top \boldsymbol{S}^{-1}\boldsymbol{y} + \boldsymbol{y}^\top \boldsymbol{S}^{-1}\boldsymbol{b} \\
&\qquad + \frac{1}{2}(\boldsymbol{\Sigma}'\{\boldsymbol{A}^\top \boldsymbol{S}^{-1}(\boldsymbol{y}-\boldsymbol{b}) + \boldsymbol{\Sigma}^{-1}\boldsymbol{\mu}\})^\top \\
&\qquad \times (\boldsymbol{\Sigma}')^{-1}(\boldsymbol{\Sigma}'\{\boldsymbol{A}^\top \boldsymbol{S}^{-1}(\boldsymbol{y}-\boldsymbol{b}) + \boldsymbol{\Sigma}^{-1}\boldsymbol{\mu}\})\Bigg) && \text{(A.30)} \\
&\propto \exp\Bigg(- \frac{1}{2}\boldsymbol{y}^\top \underbrace{(\boldsymbol{S}^{-1} - \boldsymbol{S}^{-1}\boldsymbol{A}\boldsymbol{\Sigma}'\boldsymbol{A}^\top \boldsymbol{S}^{-1})}_{(a)}\boldsymbol{y} \\
&\qquad + \boldsymbol{y}^\top (\underbrace{\boldsymbol{S}^{-1}\boldsymbol{A}\boldsymbol{\Sigma}'\boldsymbol{\Sigma}^{-1}}_{(b)}\boldsymbol{\mu} + \underbrace{(\boldsymbol{S}^{-1} - \boldsymbol{S}^{-1}\boldsymbol{A}\boldsymbol{\Sigma}'\boldsymbol{A}^\top \boldsymbol{S}^{-1})}_{(a)}\boldsymbol{b})\Bigg) && \text{(A.31)}
\end{aligned}$$

さらに，$\boldsymbol{\Sigma}'$ の定義を代入し，(a)，(b) のそれぞれを整理する．まず (a) については，

$$\begin{aligned}
(a) &= \boldsymbol{S}^{-1} - \boldsymbol{S}^{-1}\boldsymbol{A}\boldsymbol{\Sigma}'\boldsymbol{A}^\top \boldsymbol{S}^{-1} && \text{(A.32)} \\
&= \boldsymbol{S}^{-1} - \boldsymbol{S}^{-1}\boldsymbol{A}(\boldsymbol{\Sigma}^{-1} + \boldsymbol{A}^\top \boldsymbol{S}^{-1}\boldsymbol{A})^{-1}\boldsymbol{A}^\top \boldsymbol{S}^{-1} && \text{(A.33)}
\end{aligned}$$

となるが，この右辺はウッドベリーの恒等式 (A.16) の右辺と同じ形をしているので，

$$(a) = (\boldsymbol{S} + \boldsymbol{A}\boldsymbol{\Sigma}\boldsymbol{A}^\top)^{-1} \tag{A.34}$$

となる．

次に (b) については，$\boldsymbol{\Sigma}'$ がウッドベリーの恒等式 (A.16) の左辺と同じ形をしていることを利用すると，以下のように変形できる．

$$
\begin{aligned}
(b) &= \boldsymbol{S}^{-1}\boldsymbol{A}(\boldsymbol{\Sigma}^{-1} + \boldsymbol{A}^\top \boldsymbol{S}^{-1}\boldsymbol{A})^{-1}\boldsymbol{\Sigma}^{-1} && \text{(A.35)} \\
&= \boldsymbol{S}^{-1}\boldsymbol{A}(\boldsymbol{\Sigma} - \boldsymbol{\Sigma}\boldsymbol{A}^\top(\boldsymbol{S} + \boldsymbol{A}\boldsymbol{\Sigma}\boldsymbol{A}^\top)^{-1}\boldsymbol{A}\boldsymbol{\Sigma})\boldsymbol{\Sigma}^{-1} && \text{(A.36)} \\
&= \boldsymbol{S}^{-1}\boldsymbol{A} - \boldsymbol{S}^{-1}\boldsymbol{A}\boldsymbol{\Sigma}\boldsymbol{A}^\top(\boldsymbol{S} + \boldsymbol{A}\boldsymbol{\Sigma}\boldsymbol{A}^\top)^{-1}\boldsymbol{A} && \text{(A.37)} \\
&= (\boldsymbol{S}^{-1}(\boldsymbol{S} + \boldsymbol{A}\boldsymbol{\Sigma}\boldsymbol{A}^\top) - \boldsymbol{S}^{-1}\boldsymbol{A}\boldsymbol{\Sigma}\boldsymbol{A}^\top)(\boldsymbol{S} + \boldsymbol{A}\boldsymbol{\Sigma}\boldsymbol{A}^\top)^{-1}\boldsymbol{A} && \text{(A.38)} \\
&= (\boldsymbol{S} + \boldsymbol{A}\boldsymbol{\Sigma}\boldsymbol{A}^\top)^{-1}\boldsymbol{A} && \text{(A.39)}
\end{aligned}
$$

これらを式 (A.31) に代入すると，

$$
\begin{aligned}
&p(\boldsymbol{y}|\boldsymbol{\mu}, \boldsymbol{\Sigma}, \boldsymbol{A}, \boldsymbol{b}, \boldsymbol{S}) \\
&\propto \exp\left(-\frac{1}{2}\boldsymbol{y}^\top(\boldsymbol{S} + \boldsymbol{A}\boldsymbol{\Sigma}\boldsymbol{A}^\top)^{-1}\boldsymbol{y} + \boldsymbol{y}^\top(\boldsymbol{S} + \boldsymbol{A}\boldsymbol{\Sigma}\boldsymbol{A}^\top)^{-1}(\boldsymbol{A}\boldsymbol{\mu} + \boldsymbol{b})\right) && \text{(A.40)} \\
&\propto \exp\left(-\frac{1}{2}(\boldsymbol{y} - (\boldsymbol{A}\boldsymbol{\mu} + \boldsymbol{b}))^\top(\boldsymbol{S} + \boldsymbol{A}\boldsymbol{\Sigma}\boldsymbol{A}^\top)^{-1}(\boldsymbol{y} - (\boldsymbol{A}\boldsymbol{\mu} + \boldsymbol{b}))\right) && \text{(A.41)}
\end{aligned}
$$

を得る．したがって，式 (A.23) から式 (A.25) と同様の議論により，$\underset{\sim}{\boldsymbol{y}}$ の周辺分布は以下の正規分布となる．

$$
\mathcal{N}(\boldsymbol{A}\boldsymbol{\mu} + \boldsymbol{b}, \boldsymbol{S} + \boldsymbol{A}\boldsymbol{\Sigma}\boldsymbol{A}^\top) \tag{A.42}
$$

□

付録B 最適化問題

B.1 1変数関数の最適化問題

最適化問題について説明するために，ある1変数関数 $f(x)$ の最も小さい値を求めることを考えることにする．$f(x)$ の最も小さい値を最小値と呼び，最小値をとる点 x を最小点と呼ぶ．例えば $f(x) = 5x^4 + 2x^3 - 7x^2 + 1$ のとき，そのグラフは**図 B.1** のようになり，最小値は -3，最小点は $x = -1$ となる．最小値あるいは最小点を求める問題を最小化問題と呼ぶ．ある $f(x)$ の最も大きい値を求めることを考える場合は，$f(x)$ の最も大きい値を最大値と呼び，最大値をとる点 x を最大点と呼ぶ．また最大値あるいは最大点を求める問題を最大化問題と呼ぶ．さらに最大化問題と最小化問題を合わせて最適化問題と呼ぶ．最適化問題において，最大化あるいは最小化する関数のことを目的関数と呼ぶ．

$f(x) = 5x^4 + 2x^3 - 7x^2 + 1$ の最小化問題では，**図 B.2** に示した最小点を求めればよいが，この最小点に関して接線の傾きが x 軸と平行すなわち接線の傾き

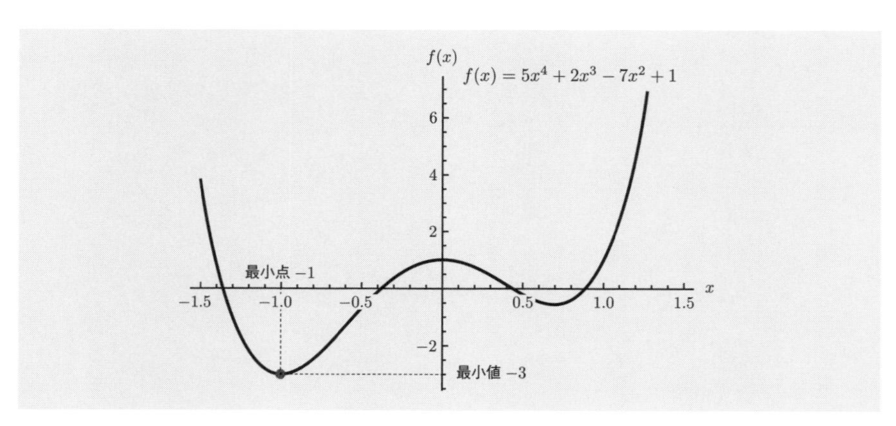

図 B.1 最小値と最小点の例

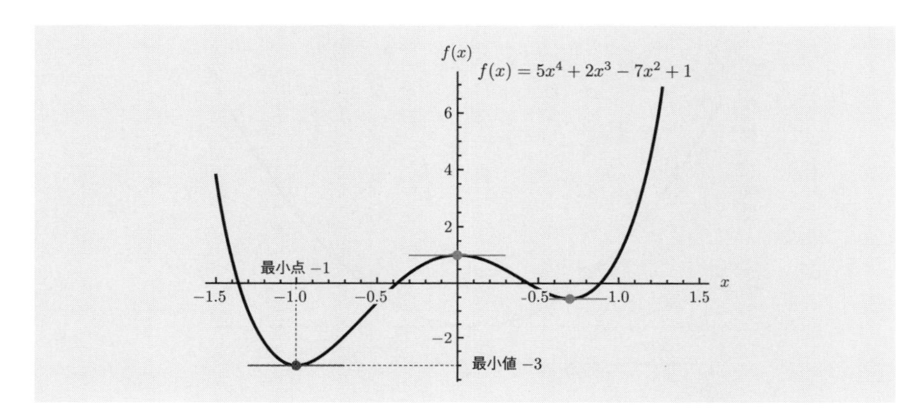

図 B.2　接線の傾きが 0 となる点の例

が 0 であるという特徴があることがわかる．1 変数の最適化問題では，この特徴に着目して最小点あるいは最大点を求めることになる．ただし，接線の傾きが 0 となる点が最小点や最大点であるとは限らない点には注意する必要がある．例えば $f(x) = 5x^4 + 2x^3 - 7x^2 + 1$ の最小化問題を考えた場合，$x = -1, 0, 0.7$ のときに $f(x)$ の接線の傾きが 0 となるが，最小点となるのは $x = -1$ のときである．したがって，接線の傾きが 0 となる点が実際に最小点あるいは最大点となるかを判断する必要がある．1 変数の最適化問題では，そのような判断をするために $f(x)$ あるいは $-f(x)$ が後述の凸関数と呼ばれる関数であるかどうかについても着目する．

ここまで説明したように 1 変数の最適化問題では目的関数 $f(x)$ の傾きが 0 であるかどうかと，$f(x)$ あるいは $-f(x)$ が凸関数であるかどうかに着目することになる．そこで，本節では 1 変数関数の場合の接線の傾きと凸関数について説明する．

B.1.1　接線の傾きと 1 変数関数の微分法

1 変数関数の最適化問題で必要となる接線の傾きは，微分法[†1]によって求めることができる．微分法で扱われる $f(x)$ のある点における接線の傾きを出力する関数を $f(x)$ の**導関数**と呼び，導関数を求めることを**微分**するという．また，接線の傾きを**微分係数**と呼ぶ．導関数は $f'(x), \frac{\mathrm{d}f(x)}{\mathrm{d}x}, \frac{\mathrm{d}f}{\mathrm{d}x}$ などと表す．$x = a$ における接線の傾きは $\frac{\mathrm{d}f(a)}{\mathrm{d}x}$ となる．$f(x) = \frac{1}{2}x^2 + x + 1$ の接線の例を**図 B.3** に示す．導関数は $\frac{\mathrm{d}f(x)}{\mathrm{d}x} = x + 1$ であり，$x = -3$ における接線の傾きは $\frac{\mathrm{d}f(-3)}{\mathrm{d}x} = -2$ となる，また，$x = -1$ における接線の傾きは $\frac{\mathrm{d}f(-1)}{\mathrm{d}x} = 0$ となる．

†1 微分法の詳細については杉浦[7] を参照されたい．

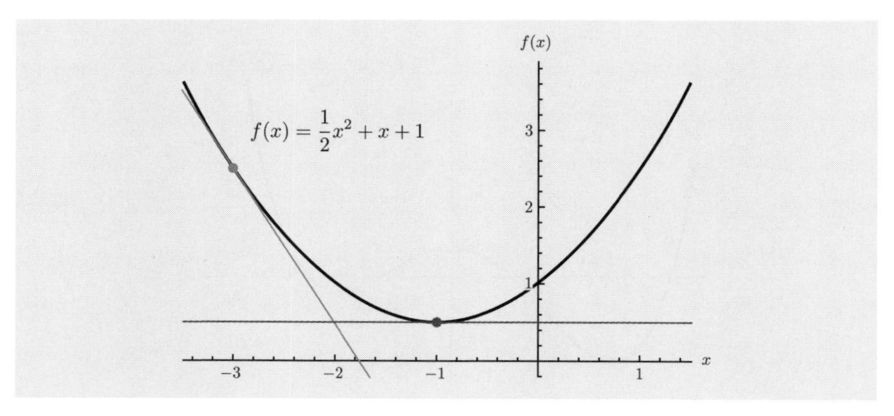

図 B.3　接線の例

B.1.2　1 変数の凸関数

接線の傾きが 0 となる点が最小点や最大点となるかを判断する上で重要となるのが，目的関数が凸関数と呼ばれる関数であるかどうかである．1 変数関数の場合，凸関数とは関数のグラフ上の任意の 2 点を結ぶ線分を引いたときに 2 点の間の関数のグラフがその線分より下に存在する関数のことである．1 変数関数と関数上の 2 点を結ぶ線分の例を**図 B.4** と**図 B.5** に示す．**図 B.4** より $f(x) = \frac{1}{2}x^2 + x + 1$ のグラフは関数上の 2 点を結ぶどの線分に対しても下に存在し，$f(x) = \frac{1}{2}x^2 + x + 1$ は凸関数であることがわかる．また，**図 B.5** より $f(x) = 5x^4 + 2x^3 - 7x^2 + 1$ のグラフは関数のグラフ上の 2 点を結ぶ線分を引いたときに上下どちらにも存在することがあるので，$f(x) = 5x^4 + 2x^3 - 7x^2 + 1$ は凸関数でないことがわかる．凸関数の定義は以下のようになる．

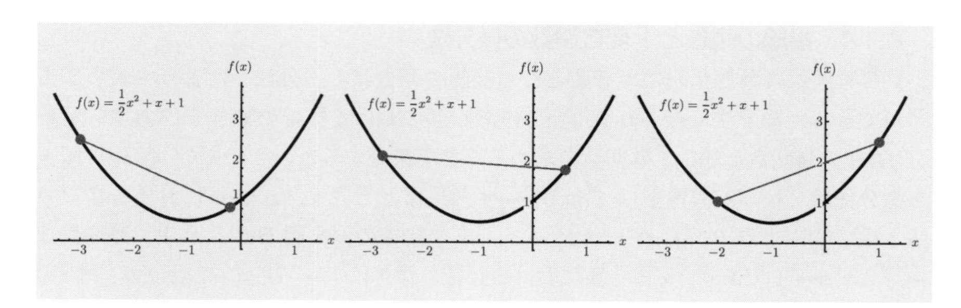

図 B.4　凸関数のグラフと関数のグラフ上の 2 点を結ぶ線分の例

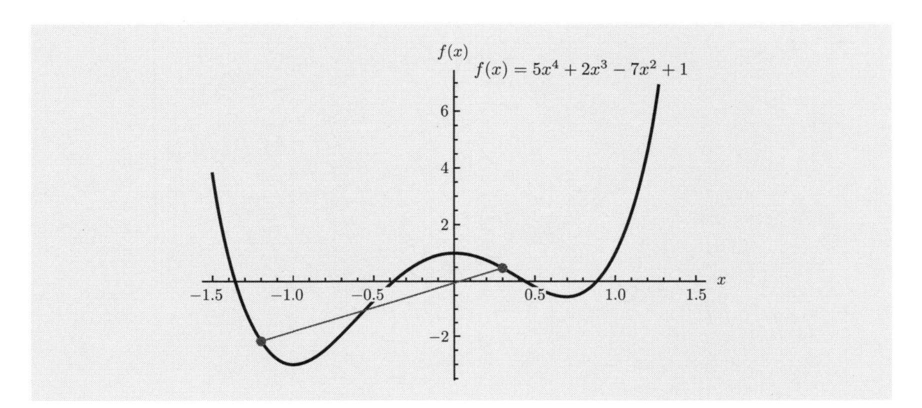

図 B.5　非凸関数のグラフと関数のグラフ上の 2 点を結ぶ線分の例

定義 B.1.1　ある区間 I に含まれる任意の 2 点 x', x'' と任意の実数 $0 < \lambda < 1$ に対して，

$$f(\lambda x' + (1 - \lambda)x'') \leq \lambda f(x') + (1 - \lambda)f(x'') \tag{B.1}$$

が成立するとき，関数 $f(x)$ は区間 I で**凸関数**であるという．任意の区間で凸関数であるとき，関数 $f(x)$ は凸関数であるという．また式 (B.1) において $\leq$ の代わりに $<$ が成り立つとき，**狭義凸関数**であるという．

1 変数関数 $f(x)$ が狭義凸関数であれば，接線の傾きが 0 すなわち $\frac{\mathrm{d}f(a)}{\mathrm{d}x} = 0$ となる点 a が最小点となることが知られている．例えば $f(x) = \frac{1}{2}x^2 + x + 1$ は狭義凸関数であり，**図 B.3** からもわかるように接線の傾きが 0 となる点が最小点となる．

B.2　多変数関数の最適化問題

2 変数関数 $f(x_1, x_2) = (x_1 - 2)^2 + 2x_2^2 + 100$ の最小化問題を例として，多変数関数の最適化問題について説明する．$f(x_1, x_2) = (x_1 - 2)^2 + 2x_2^2 + 100$ のグラフと $f(x_1, x_2)$ の最小点に対応するグラフ上の点は**図 B.6** のようになり，最小値は 100 であり，最小点は $(x_1, x_2) = (2, 0)$ である．

$f(x_1, x_2) = (x_1 - 2)^2 + 2x_2^2 + 100$ の変数の値を $x_1 = 2$ あるいは $x_2 = 0$ に固定すると，最小点における x_1 方向の接線の傾きと x_2 方向の接線の傾きは**図 B.7** のよ

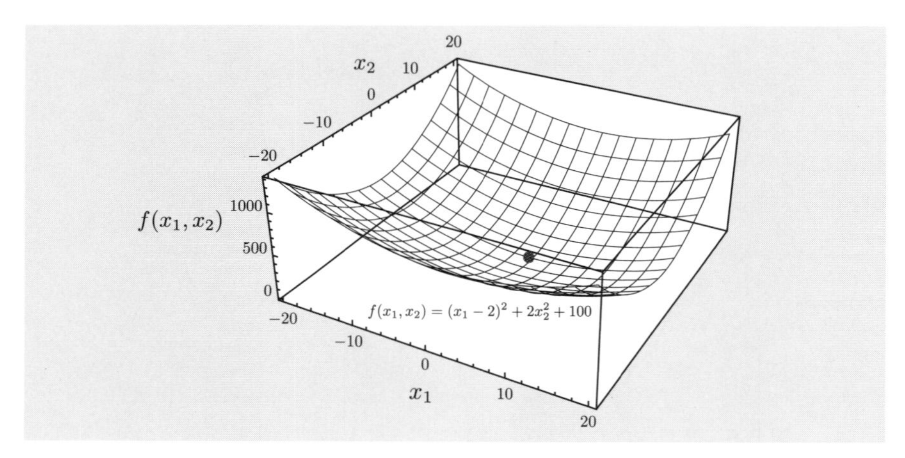

図 B.6　2 変数関数の最小値と最小点の例

うになり，最小点に関して x_1 方向の接線の傾きと x_2 方向の接線の傾きがどちらも 0 であるという特徴があることがわかる．多変数関数の最適化問題では，この特徴に着目して最小点あるいは最大点を求めることになる．多変数の場合も接線の傾きに関する特徴を用いるという点では 1 変数関数の場合と同様であるが，変数の方向ごとに接線の傾きが 0 であるかを考える必要がある．また，多変数関数の最適化問題においても，各変数方向の接線の傾きが 0 となる点が実際に最小点あるいは最大点となるかを判断するために目的関数が凸関数であるかどうかに着目する．そこで，本節では多変数関数の場合の接線の傾きと凸関数について説明する．

B.2.1　接線の傾きと多変数関数の微分法

多変数関数のある変数方向の接線の傾きは，1 変数関数の場合と同様に微分法によって求めることができる．ただし，1 変数関数のときに用いる導関数の代わりに多変数関数 $f(x_1, \ldots, x_m)$ のある点における変数 x_i 方向の接線の傾きを出力する関数を用いる．そのような関数を $f(x_1, \ldots, x_m)$ の x_i についての**偏導関数**と呼び，$f(x_1, \ldots, x_m)$ の x_i についての偏導関数を求めることを $f(x_1, \ldots, x_m)$ を x_i について**偏微分**するという．また，変数 x_i 方向の接線の傾きのことを x_i についての**偏微分係数**という．$f(x_1, \ldots, x_m)$ の x_i についての偏導関数は $\frac{\partial f(x_1, \ldots, x_m)}{\partial x_i}$, $\frac{\partial f}{\partial x_i}$, $f_{x_i}(x_1, \ldots, x_m)$ などと表す．$f(x_1, x_2) = (x_1 - 2)^2 + 2x_2^2 + 100$ の x_1 についての偏導関数は $\frac{\partial f(x_1, x_2)}{\partial x_1} = 2x_1 - 4$ であり，**図 B.7** のように $x_1 = 2$ のとき x_1 方向の接線の傾きは 0 となる．

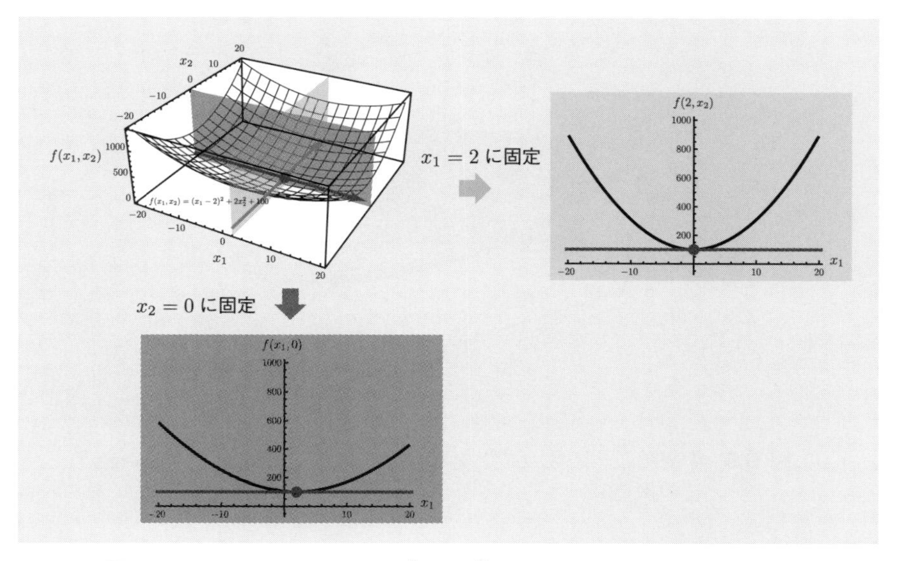

図 B.7　$f(x_1, x_2) = (x_1 - 2)^2 + 2x_2^2 + 100$ の x_1 方向の接線と x_2 方向の接線

B.2.2　多変数の凸関数

多変数の凸関数も 1 変数の場合と同様で関数のグラフ上の任意の 2 点を結ぶ直線を引いたときに 2 点の間の関数のグラフがその直線より下に存在する関数のことである．多変数関数のグラフと関数のグラフ上の 2 点を結ぶ線分の例を**図 B.8** と**図 B.9** に示す．**図 B.8** より $f(x_1, x_2) = (x_1 - 2)^2 + 2x_2^2 + 100$ は凸関数であることがわかる．また，**図 B.9** より $f(x_1, x_2) = x_1^3 + x_2 + 10$ は凸関数でないことがわかる．多変数の凸関数は以下のように定義される．

定義 B.2.1　ある領域 D に含まれる任意の 2 点 $\boldsymbol{x}' = (x'_1, x'_2, \ldots, x'_m)$ と $\boldsymbol{x}'' = (x''_1, x''_2, \ldots, x''_m)$ と任意の $0 < \lambda < 1$ に対して

$$f(\lambda \boldsymbol{x}' + (1 - \lambda)\boldsymbol{x}'') \leq \lambda f(\boldsymbol{x}') + (1 - \lambda) f(\boldsymbol{x}'') \tag{B.2}$$

が成立するとき，関数 $f(\boldsymbol{x})$ は領域 D で**凸関数**であるという．任意の領域で凸関数であるとき，関数 $f(\boldsymbol{x})$ は凸関数であるという．また，式 (B.2) において $\leq$ の代わりに $<$ が成り立つとき，**狭義凸関数**であるという．

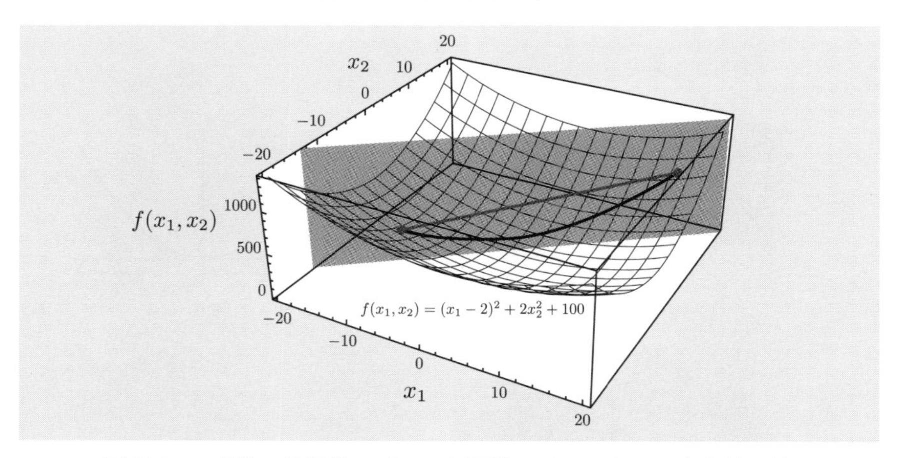

図 B.8　2変数の凸関数のグラフと関数のグラフ上の2点を結ぶ線分の例

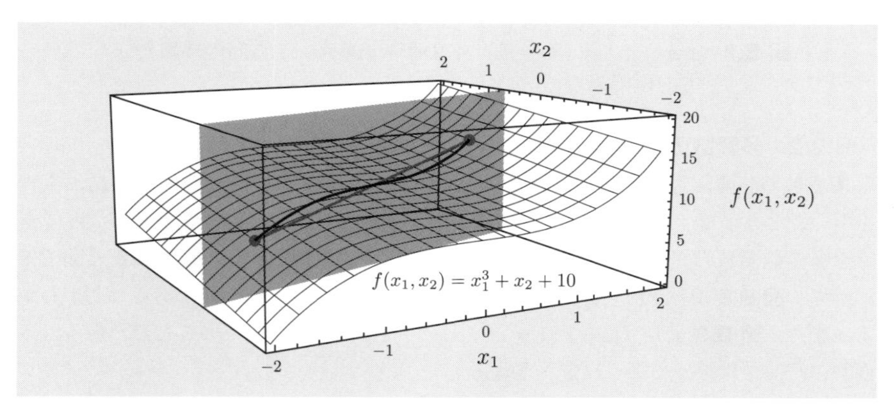

図 B.9　2変数の非凸関数のグラフと関数のグラフ上の2点を結ぶ線分の例

例えば $f(x_1, x_2) = (x_1 - 2)^2 + 2x_2^2 + 100$ は狭義凸関数であり，**図 B.7** からもわかるように x_1 方向と x_2 方向の接線の傾きがどちらも0となる点が最小点となる．

B.3　最適化問題の解法

代表的な最適化問題である凸関数の最小化問題について説明する．前節までで説明したように目的関数が凸関数の場合，接線の傾きが 0 となる点が最小点であり，接線の傾きは微分係数あるいは偏導係数によって表される．したがって，目的関数が凸関数の場合，最小点を求めるためには微分係数あるいは偏微分係数が 0 となる点を求めればよい．以下では，そのような点を求める方法として，目的関数の導関数あるいは偏導関数を 0 とおいて方程式を解く方法と，導関数あるいは偏導関数を利用して接線の傾きを求め，その値を更新することにより徐々に点を見つけ出す方法を説明する．

B.3.1　導関数あるいは偏導関数に関する方程式を解く方法

目的関数が多変数の凸関数である場合に偏導関数を 0 とおいて方程式を解いて，偏微分係数が 0 となる点を求める方法は以下のようになる．目的関数が 1 変数の凸関数の場合は，偏導関数の代わりに導関数を考えれば同様である．

手順 1　目的関数 $f(x_1, \ldots, x_m)$ の偏導関数を 0 とおいて以下の連立方程式を作る

$$\begin{cases} \frac{\partial f(x_1,\ldots,x_m)}{\partial x_1} = 0 \\ \vdots \\ \frac{\partial f(x_1,\ldots,x_m)}{\partial x_m} = 0 \end{cases} \tag{B.3}$$

手順 2　手順 1 の連立方程式を解き，偏微分係数が 0 となる点を得る

重回帰式 $y = \beta_0 + \beta_1 x_1 + \beta_2 x_2$ の偏回帰係数 $\beta_0, \beta_1, \beta_2$ を最小 2 乗法で求める場合を例にして，この方法を確認することにする．この場合，目的関数を 2 乗誤差損失とし，それを最小化することを考えればよい．**表 B.1** のデータが与えられていた場合，目的関数は

$$S(\beta_0, \beta_1, \beta_2) = \sum_{i=1}^{4} (y_i - (\beta_0 + \beta_1 x_{i1} + \beta_2 x_{i2}))^2 \tag{B.4}$$

$$\begin{aligned} &= 4\beta_0^2 + 17117\beta_1^2 + 973\beta_2^2 \\ &\quad + 518\beta_0\beta_1 + 122\beta_0\beta_2 + 8068\beta_1\beta_2 \\ &\quad - 310\beta_0 - 20780\beta_1 - 5080\beta_2 + 6825 \end{aligned} \tag{B.5}$$

表 B.1 データの例

No.	y	x_1	x_2
1	30	68	15
2	55	78	18
3	20	53	10
4	50	60	18

であり，凸関数となる．式 (B.5) の偏導関数を 0 とおいて連立方程式を作ると次式のようになる．

$$\begin{cases} \frac{\partial S(\beta_0,\beta_1,\beta_2)}{\partial \beta_0} = 8\beta_0 + 518\beta_1 + 122\beta_2 - 310 = 0 \\ \frac{\partial S(\beta_0,\beta_1,\beta_2)}{\partial \beta_1} = 518\beta_0 + 34234\beta_1 + 8068\beta_2 - 20780 = 0 \\ \frac{\partial S(\beta_0,\beta_1,\beta_2)}{\partial \beta_2} = 122\beta_0 + 8068\beta_1 + 2946\beta_2 - 5080 = 0 \end{cases} \tag{B.6}$$

この連立方程式を解くと偏微分係数が 0 となる点として

$$\begin{cases} \beta_0 = -25.352 \\ \beta_1 = 0.035 \\ \beta_2 = 4.053 \end{cases} \tag{B.7}$$

が得られ，この点が最小点となる．なお，**表 B.1** のデータと最小 2 乗法によって得られた重回帰式のグラフは**図 B.10** のようになる．

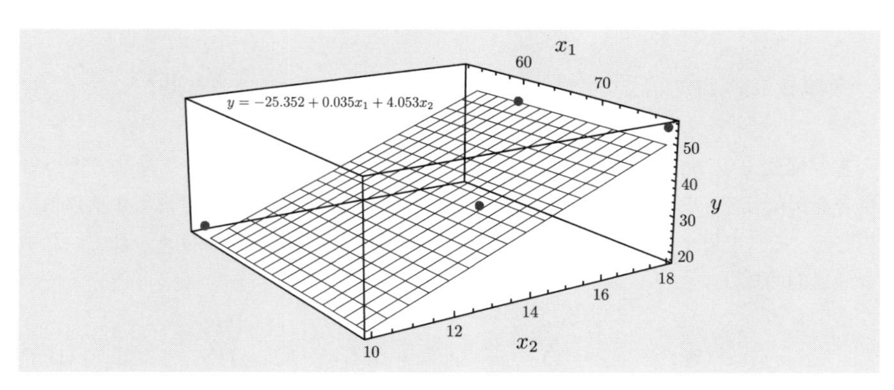

図 B.10 データと重回帰式のグラフ

B.3.2 勾 配 法

目的関数が多変数の凸関数である場合に偏導関数を利用して接線の傾きを求め，その値を更新することにより偏導関数が 0 となる点を徐々に見つけ出す方法は以下のようになる．目的関数が 1 変数の凸関数の場合は，偏微分係数の代わりに微分係数を考えれば同様である．このような方法は勾配法と呼ばれる．

手順 1　初期点 $\boldsymbol{x}^{(0)} = \left[x_1^{(0)}, x_2^{(0)}, \ldots, x_m^{(0)}\right]^\top$ を定め，$k = 0$ とする

手順 2　$\dfrac{\partial f(\boldsymbol{x}^{(k)})}{\partial x_1}, \dfrac{\partial f(\boldsymbol{x}^{(k)})}{\partial x_2}, \ldots, \dfrac{\partial f(\boldsymbol{x}^{(k)})}{\partial x_m}$ が 0 に十分近ければ終了し，点 $\boldsymbol{x}^{(k)}$ を得る．そうでなければ手順 3 へ進む

手順 3　$\nabla f^{(k)} = \left[\dfrac{\partial f(\boldsymbol{x}^{(k)})}{\partial x_1}, \dfrac{\partial f(\boldsymbol{x}^{(k)})}{\partial x_2}, \ldots, \dfrac{\partial f(\boldsymbol{x}^{(k)})}{\partial x_m}\right]^\top$ を計算し $\boldsymbol{x}^{(k+1)} = \boldsymbol{x}^{(k)} - \nabla f^{(k)} h$ とする[†1]

手順 4　$k = k + 1$ として，手順 2 へ戻る

[†1] h は点の移動量を定める任意の正の定数である．

凸関数 $f(x_1, x_2) = (x_1 - 2)^2 + 2x_2^2 + 0.5x_1x_2$ を目的関数としてそれを最小化する場合を例にして，この方法を確認することにする．はじめに上記の方法を図を用いて説明しておく．最小化する目的関数のグラフは**図 B.11**(a) のようになり，それを上から見た様子を等高線を用いて表すと**図 B.11**(b) のようになる．**図 B.11**(b) では，領域の色が濃いほど目的関数の値が小さいことを表している．さらに手順 3 の点の更新を上から見た様子は**図 B.12** のようになる[†2]．**図 B.12** に示されているように点は $-\nabla f^{(k)} = \left[-\dfrac{\partial f(\boldsymbol{x}^{(k)})}{\partial x_1}, -\dfrac{\partial f(\boldsymbol{x}^{(k)})}{\partial x_2}, \ldots, -\dfrac{\partial f(\boldsymbol{x}^{(k)})}{\partial x_m}\right]^\top$ の方向に動く．点が動く方向を定めるベクトル $\nabla f^{(k)}$ は，勾配ベクトルと呼ばれる．勾配ベクトルの各成分は各変数方向の接線の傾きであるため，最も急な方向に点を動かすように更新が行われることになる．

次に具体的に手順を確認する．手順 1 において，$k = 0$ とし初期点と点の移動量を定める定数をそれぞれ $\boldsymbol{x}^{(0)} = [-15, 10]^\top$，$h = 0.2$ に定めたとする．手順 2 では，偏導関数

$$\frac{\partial f(\boldsymbol{x})}{\partial x_1} = 2x_1 + 0.5x_2 - 4, \tag{B.8}$$

$$\frac{\partial f(\boldsymbol{x})}{\partial x_2} = 0.5x_1 + 4x_2 \tag{B.9}$$

[†2] **図 B.12** では，点の更新の様子を見やすくするために $-\nabla f^{(k)}$ のベクトルの大きさを縮小して図示している．

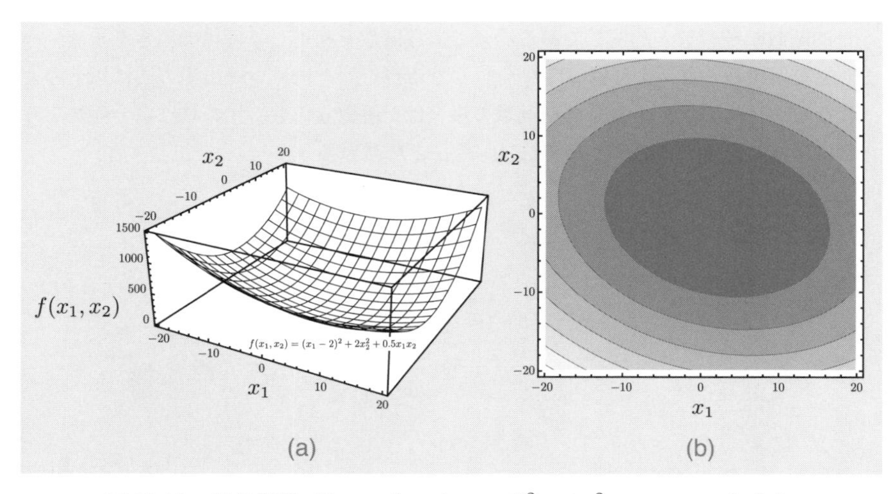

図 B.11　目的関数 $f(x_1, x_2) = (x_1 - 2)^2 + 2x_2^2 + 0.5x_1x_2$ とそれを上から見た図（等高線）

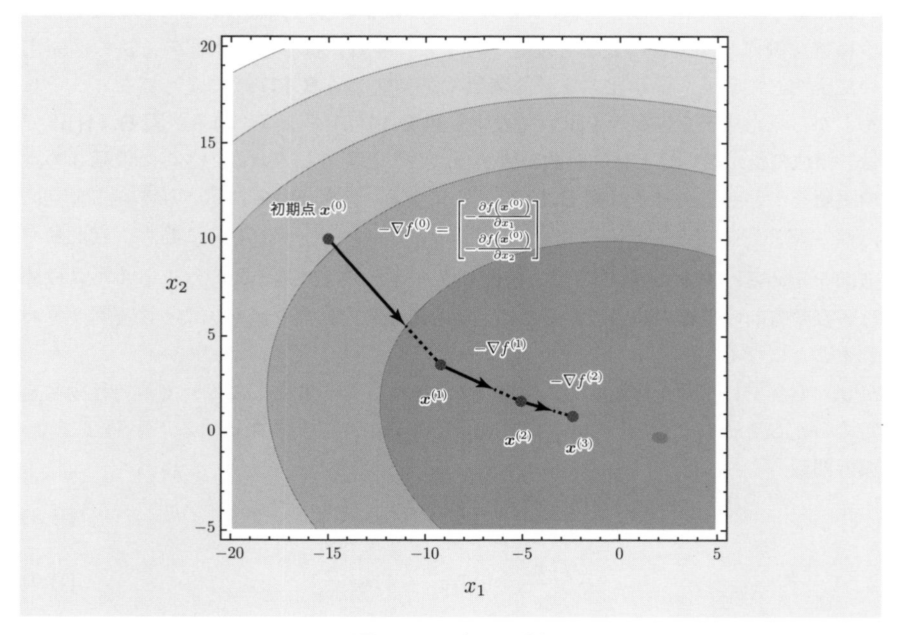

図 B.12　点の更新

により $\frac{\partial f(\boldsymbol{x}^{(0)})}{\partial x_1} = -29$，$\frac{\partial f(\boldsymbol{x}^{(0)})}{\partial x_2} = 32.5$ となる．ここでは，これらの値が十分 0 に近いとはいえないと判断し，手順 3 に進むことにして説明を進める．手順 3 では，

$$\nabla f^{(0)} = \begin{bmatrix} -29 \\ 32.5 \end{bmatrix}, \tag{B.10}$$

$$\boldsymbol{x}^{(1)} = \boldsymbol{x}^{(0)} - \nabla f^{(0)} h \tag{B.11}$$

$$= \begin{bmatrix} -15 \\ 10 \end{bmatrix} - 0.2 \begin{bmatrix} -29 \\ 32.5 \end{bmatrix} \tag{B.12}$$

$$\boldsymbol{x}^{(1)} = \begin{bmatrix} -9.2 \\ 3.5 \end{bmatrix} \tag{B.13}$$

となる．手順 4 では $k = 0 + 1 = 1$ として手順 2 へ戻る．以降も手順 2 から手順 4 を繰り返したとすると $k = 1$ のとき，

$$\nabla f^{(1)} = \begin{bmatrix} -20.65 \\ 9.4 \end{bmatrix}, \tag{B.14}$$

$$\boldsymbol{x}^{(2)} = \boldsymbol{x}^{(1)} - \nabla f^{(1)} h \tag{B.15}$$

$$= \begin{bmatrix} -5.07 \\ 1.62 \end{bmatrix} \tag{B.16}$$

$k = 2$ のとき，

$$\nabla f^{(2)} = \begin{bmatrix} 13.33 \\ 3.945 \end{bmatrix}, \tag{B.17}$$

$$\boldsymbol{x}^{(3)} = \boldsymbol{x}^{(2)} - \nabla f^{(2)} h \tag{B.18}$$

$$= \begin{bmatrix} -2.404 \\ 0.831 \end{bmatrix} \tag{B.19}$$

のようになる．

データ科学の活用例と本書との対応

本表は，実社会でのデータ科学活用例として想定される目的や問題設定の具体例を表示し，本テキスト内で用いている用語との対応およびその内容を解説している箇所を示したものである．

意思決定写像の入力	データ科学における分析の目的	意思決定写像の出力	評価基準
量的×量的の多変数データ	特徴記述	回帰係数ベクトル	目的変数の値と特徴記述を行う関数の間の距離の合計値（最小化）
	構造推定	母回帰係数ベクトルの推定量	推定量の不偏性 推定量の分散
			尤度（最大化）
			2 乗誤差損失に基づくベイズ危険関数（最小化）
		母回帰係数ベクトルの各要素に対する信用区間	母回帰係数ベクトルの各要素が信用区間に含まれる確率（最大化） 信用区間の区間幅（最小化）
		母回帰係数ベクトルの各要素に対する信頼区間	母回帰係数ベクトルの各要素に対する信頼係数（最大化） 信頼区間の区間幅（最小化）
		母回帰係数ベクトルの各要素に対する仮説検定結果	第 1 種・第 2 種の誤り確率（最小化）
		母回帰の推定量	推定量の不偏性 推定量の分散
	予測	新たな説明変数に対応した目的変数値	構造推定の評価基準を利用
			2 乗誤差損失に基づくベイズ危険関数（最小化）

あらかじめデータ分析の適用先が決まっている読者にとっては，類似の問題から自らが学ぶべき内容を探すために活用していただきたい．また，そうでない読者にとってもデータ科学の問題の具体例を知るために活用できるであろう．

<table>
<tr><th>データ生成観測
メカニズムの設定</th><th>応用例</th><th>関連する統計学，
機械学習等の話題</th><th>関連ページ</th></tr>
<tr><td>なし</td><td>・生徒の勉強時間と試験の点数を 1 次関数で記述したい
・中古マンションについて，広さ・築年数と価格の関係を記述したい</td><td rowspan="3">重回帰分析・線形回帰モデル</td><td>14–19,
46–48</td></tr>
<tr><td rowspan="2">目的変数は説明変数の 1 次関数値に正規分布に従う確率変数が加わる</td><td rowspan="7">・生徒の勉強時間と試験の点数の関係を明らかにしたい
・中古マンションについて，広さ・築年数と価格の関係を明らかにしたい
・植物のサイズ（高さなど）と種子数の関係を明らかにしたい</td><td>20–24,
30–32,
48–51,
53–55</td></tr>
<tr><td>24–26,
30–32, 51,
53–55</td></tr>
<tr><td rowspan="2">目的変数は説明変数の 1 次関数値に正規分布に従う確率変数が加わり，母回帰係数は確率分布に従う</td><td rowspan="2">重回帰分析・線形回帰モデル・ベイズ統計学・ベイズ線形回帰</td><td>26–28,
30–32,
51–55</td></tr>
<tr><td>28–32,
52–55</td></tr>
<tr><td rowspan="4">目的変数は説明変数の 1 次関数値に正規分布に従う確率変数が加わる</td><td>重回帰分析・線形回帰モデル・区間推定</td><td>39–41, 44,
59–60,
62–63</td></tr>
<tr><td>重回帰分析・線形回帰モデル・仮説検定</td><td>41–44,
60–63</td></tr>
<tr><td rowspan="2">重回帰分析・線形回帰モデル</td><td>32–34,
55–56</td></tr>
<tr><td rowspan="2">・生徒の勉強時間から試験の点数を予測したい
・広さ・築年数から中古マンションの価格を決定したい
・植物のサイズから種子数を予測したい</td><td>34–36,
38–39,
56–59</td></tr>
<tr><td>目的変数は説明変数の 1 次関数値に正規分布に従う確率変数が加わり，母回帰係数は確率分布に従う</td><td>重回帰分析・ベイズ統計学・ベイズ線形回帰</td><td>36–39,
57–59</td></tr>
</table>

<table>
<tr><th>意思決定写像の入力</th><th>データ科学における分析の目的</th><th>意思決定写像の出力</th><th>評価基準</th></tr>
<tr><td>量的×質的の多変数データ</td><td colspan="3">量的×量的の場合と同様</td></tr>
<tr><td rowspan="14">質的×量的の多変数データ</td><td rowspan="4">特徴記述</td><td rowspan="2">データを分割する領域を記述する線形関数の係数ベクトル</td><td>群間群内分散比（最大化）</td></tr>
<tr><td>マージン・ソフトマージン（最大化）</td></tr>
<tr><td>ロジスティック関数にてデータの比率を記述する際の線形関数の係数ベクトル</td><td>目的変数の値と特徴記述を行う関数の間の距離の合計値（最小化）</td></tr>
<tr><td>データを記述する木構造</td><td>木構造を用いてデータ領域を分割した際の各領域におけるデータの偏り（最大化）</td></tr>
<tr><td rowspan="2">構造推定</td><td>データの従う多変量正規分布のパラメータの推定量</td><td rowspan="2">尤度（最大化）</td></tr>
<tr><td>データの従うロジスティック回帰モデルの係数ベクトルの推定量</td></tr>
<tr><td rowspan="6">予測</td><td rowspan="6">新たな説明変数に対応した目的変数値</td><td>構造推定の評価基準を利用</td></tr>
<tr><td>0-1 損失に基づくベイズ危険関数（最小化）</td></tr>
<tr><td>構造推定の評価基準を利用</td></tr>
<tr><td>0-1 損失に基づくベイズ危険関数（最小化）</td></tr>
<tr><td>マージンを用いた特徴記述の評価基準を利用</td></tr>
<tr><td>木構造を用いた特徴記述の評価基準を利用</td></tr>
</table>

	データ生成観測メカニズムの設定	応用例	関連する統計学，機械学習等の話題	関連ページ
		・勉強時間と試験の点数の例において，説明変数に「塾に通っているかどうか」という変数を追加して分析したい ・中古マンションの広さ・築年数と価格の例において，説明変数に「建築物の構造（鉄筋・鉄骨）」という変数を追加して分析したい ・植物のサイズと種子数の例において，「植物の種類」という変数を追加して分析したい	数量化 I 類・分散分析	65–68
	なし	・過去の受講生 100 人分の模試の成績と入学試験の合否の関係を記述したい ・検査受診者 100 人分の細胞の視覚的特徴（画像における凹みなどの特徴量）とがん判定の関係を記述したい	判別分析	84–89
			サポートベクトルマシン	89–98
			ロジスティック回帰分析	101–106
			決定木	106–111
	各群のもとで説明変数は異なる多変量正規分布に従う	・生徒の勉強時間と合否を関係づけるメカニズムを知りたい ・財務指標データと経営状態（優良・不良）の背後にある関係を知りたい	判別分析	116–120
	群の発生確率はロジスティック回帰モデルに従う		ロジスティック回帰分析	129–132
	各群のもとで異なる多変量正規分布に従う	・模試の成績からその受験生の合否を予測したい ・新規患者の細胞の視覚的特徴からがんであるかどうかを判定したい ・顧客の財務指標データから経営状態を予測したい ・取引データから不正取引を検知したい	判別分析	120–124
				124–127
	群の発生確率はロジスティック回帰モデルに従う		ロジスティック回帰分析	133
				133–135
	同質性を仮定		サポートベクトルマシン	138–139
			決定木	140–142

参考文献

[1] 永田靖，入門実験計画法，日科技連出版社，2000.

[2] 永田靖，統計的品質管理—ステップアップのためのガイドブック，朝倉書店，2009.

[3] 久保拓弥，データ解析のための統計モデリング入門，岩波書店，2012.

[4] 宮川雅巳，統計的因果推論—回帰分析の新しい枠組み，朝倉書店，2004.

[5] 佐和隆光，回帰分析（新装版），朝倉書店，2020.

[6] 松井秀俊，小泉和之，統計モデルと推測，講談社，2019.

[7] 杉浦光夫，解析入門 I，東京大学出版会，1980.

[8] 竹内啓，数理統計学—データ解析の方法，東洋経済新報社，1963.

上記の他に，本書の内容のさらなる発展あるいは線形代数や最適化についてより詳しく学びたい方は下記を参考にするとよい.

- C. M. ビショップ，パターン認識と機械学習（上，下），丸善出版，2012.
- 小西貞則，多変量解析入門—線形から非線形へ，岩波書店，2010.
- 川久保勝夫，線形代数学，日本評論社，1999.
- 金谷健一，これなら分かる最適化数学—基礎原理から計算手法まで，共立出版，2005.
- 佐武一郎，線形代数学（新装版），裳華房，2015.

索　　引

●● ま行 ●●

●● や行 ●●

●● ら行 ●●

監修者

松嶋敏泰（まつしまとしやす）

早稲田大学理工学術院 教授
早稲田大学データ科学センター 所長，博士（工学）

著　者

早稲田大学データ科学教育チーム

松嶋敏泰（まつしまとしやす）（本書のはじめに，1 章）

須子統太（すことうた）

早稲田大学社会科学総合学術院 准教授
早稲田大学データ科学センター 教務主任，博士（工学）

小林　学（こばやしまなぶ）

早稲田大学データ科学センター 教授，博士（工学）

野村　亮（のむらりょう）（4 章，5 章，6 章）

早稲田大学データ科学センター 教授，博士（工学）

堀井俊佑（ほりいしゅんすけ）（2 章，3 章）

早稲田大学データ科学センター 准教授，博士（理学）

安田豪毅（やすだごうき）（付録 B）

早稲田大学データ科学センター 准教授，博士（工学）

中原悠太（なかはらゆうた）（付録 A）

早稲田大学データ科学センター 講師，博士（工学）

ライブラリ データ科学=2
データ科学入門 II
── 特徴記述・構造推定・予測──回帰と分類を例に ──

2023年3月10日 © 初 版 発 行

監修者 松 嶋 敏 泰　　発行者 森 平 敏 孝
著 者 早稲田大学　　印刷者 篠倉奈緒美
データ科学　　製本者 小 西 惠 介
教育チーム

発行所 株式会社 サ イ エ ン ス 社
〒151-0051 東京都渋谷区千駄ヶ谷1丁目3番25号
営業 ☎ (03)5474-8500(代) 振替 00170-7-2387
編集 ☎ (03)5474-8600(代)
FAX ☎ (03)5474-8900
印刷 (株)ディグ　　製本 (株)ブックアート

《検印省略》

サイエンス社のホームページのご案内
https://www.saiensu.co.jp
ご意見・ご要望は
rikei@saiensu.co.jp まで．
ISBN978-4-7819-1567-8
PRINTED IN JAPAN